高职高专“十三五”规划教材

辽宁省职业教育改革发展示范校建设成果

修井工艺

赵志明　主编　马　爽　杨占伟　副主编

化学工业出版社

·北京·

本书系统地介绍了井下作业设备的使用、井下作业工具的使用、井下作业施工准备、起下作业、循环作业、打捞作业、解除卡钻事故作业、找漏与堵漏作业和油井找水与堵水作业等内容。本书在编写的过程中参照井下作业工国家职业标准，以修井作业典型工作项目为载体，实现了理论和实践一体化教学的学习设计。

本书通俗易懂，以现场操作方法为重点，内容叙述简明，突出细节且步骤清晰。针对性和实践性都很强，适用于大中专院校石油工程类专业学生井下作业有关的理论和实践的学习，也适用于刚刚进入修井作业一线的员工的指导性学习，还可以用作修井作业现场工作从业者的参考书。

图书在版编目（CIP）数据

修井工艺/赵志明主编. —北京：化学工业出版社，2019.2（2025.1重印）
高职高专“十三五”规划教材
ISBN 978-7-122-33499-2

Ⅰ.①修… Ⅱ.①赵… Ⅲ.①修井-高等职业教育-教材
Ⅳ.①TE358

中国版本图书馆CIP数据核字（2018）第294555号

责任编辑：满悦芝 丁文璇
责任校对：张雨彤　　装帧设计：张　辉

出版发行：化学工业出版社（北京市东城区青年湖南街13号 邮政编码100011）
印　　装：北京科印技术咨询服务有限公司数码印刷分部
787mm×1092mm 1/16 印张13½ 字数331千字 2025年1月北京第1版第3次印刷

购书咨询：010-64518888　　售后服务：010-64518899
网　　址：http://www.cip.com.cn
凡购买本书，如有缺损质量问题，本社销售中心负责调换。

定　　价：45.00元

序

世界职业教育发展的经验和我国职业教育的历程都表明，职业教育是提高国家核心竞争力的要素之一。近年来，我国高等职业教育发展迅猛，成为我国高等教育的重要组成部分。《国务院关于加快发展现代职业教育的决定》、教育部《关于全面提高高等职业教育教学质量的若干意见》中都明确要大力发展职业教育，并指出职业教育要以服务发展为宗旨，以促进就业为导向，积极推进教育教学改革，通过课程、教材、教学模式和评价方式的创新，促进人才培养质量的提高。

盘锦职业技术学院依托于省示范校建设，近几年大力推进以能力为本位的项目化课程改革，教学中以学生为主体，以教师为主导，以典型工作任务为载体，对接德国双元制职业教育培训的国际轨道，教学内容和教学方法以及课程建设的思路都发生了很大的变化。因此开发一套满足现代职业教育教学改革需要、适应现代高职院校学生特点的项目化课程教材迫在眉睫。

为此学院成立专门机构，组成课程教材开发小组。教材开发小组实行项目管理，经过企业走访与市场调研、校企合作制定人才培养方案及课程计划、校企合作制定课程标准、自编讲义、试运行、后期修改完善等一系列环节，通过两年多的努力，顺利完成了四个专业类别20本教材的编写工作。其中，职业文化与创新类教材4本，化工类教材5本，石油类教材6本，财经类教材5本。本套教材内容涵盖较广，充分体现了现代高职院校的教学改革思路，充分考虑了高职院校现有教学资源、企业需求和学生的实际情况。

职业文化类教材突出职业文化实践育人建设项目成果；旨在推动校园文化与企业文化的有机结合，实现产教深度融合、校企紧密合作。教师在深入企业调研的基础上，与合作企业专家共同围绕工作过程系统化的理论原则，按照项目化课程设计教材内容，力图满足学生职业核心能力和职业迁移能力提升的需要。

化工类教材在项目化教学改革背景下，采用德国双元培育的教学理念，通过对化工企业的工作岗位及典型工作任务的调研、分析，将真实的工作任务转化为学习任务，建立基于工作过程系统化的项目化课程内容，以“工学结合”为出发点，根据实训环境模拟工作情境，尽量采用图表、图片等形式展示，对技能和技术理论做全面分析，力图体现实用性、综合性、典型性和先进性的特色。

石油类教材涵盖了石油钻探、油气层评价、油气井生产、维修和石油设备操作使用等领域，拓展发展项目化教学与情境教学，以利于提高学生学习的积极性、改善课堂教学效果，对高职石油类特色教材的建设做出积极探索。

财经类教材采用理实一体的教学设计模式，具有实战性；融合了国家全新的财经法律法规，具有前瞻性；注重了与其他课程之间的联系与区别，具有逻辑性；内容精准、图文并茂、通俗易懂，具有可读性。

在此，衷心感谢为本套教材策划、编写、出版付出辛勤劳动的广大教师、相关企业人员以及化学工业出版社的编辑们。尽管我们对教材的编写怀有敬畏之心，坚持一丝不苟的专业态度，但囿于自己的水平和能力，疏漏之处在所难免。敬请学界同仁和读者不吝指正。

周铭

盘锦职业技术学院　院长

2018 年 9 月

前言

修井作业是油田勘探开发过程中保证油气水井正常生产的技术手段，是油田生产的重要环节。本书以辽宁省改革示范校油气开采技术专业建设为背景，以满足石油工业的快速发展对井下作业提出的更高要求，培养更适合修井作业一线的高级技术专业人才，实现理论和实践教学中井下作业系统各岗位操作的规范化、标准化和程序化为目的，油气开采技术专业项目组开发并编写了本书。

本书在对油田企业进行充分调研的基础上，与修井作业专家共同对修井作业工岗位群进行工作任务分析，参照井下作业工国家职业标准，提炼出了典型工作任务，充分考虑井下作业工职业道德、职业规范、安全意识、环保意识等方面的要求，确定了理论和实践一体化教学的内容设计。本书为任务驱动型教材，通俗易懂，针对性和实践性都很强。全书根据井下作业施工流程来编排教学内容，从生产实际出发，以任务教学法为主线，以现场操作方法为重点，其内容叙述简明，突出细节，步骤清晰。在编写过程中，着重介绍修井作业施工过程中所涉及的主要施工任务，详细介绍各项任务的正确操作程序及注意事项，令学习人员在任务实施过程中掌握相关的理论知识和操作技能，将理论与实际有机结合，可以指导组织现场施工。

本书共分九个情境，三十七个项目。情境一由赵志明、马爽编写，情境二、情境三和情境四由赵志明、杨占伟编写，情境五、情境六由马爽、刘斌编写，情境七、情境八由赵志明、戴敏编写，情境九由张腾编写。

本书在编写过程中得到了辽河油田公司工程技术处和兴隆台采油厂有关同志的关心和支持，由于编者水平有限、经验不足，书中难免有不妥之处，恳请广大读者、同行和专家批评指正。

编者

2018 年 10 月

目录

学习情境一

井下作业设备

井下作业需要依靠一些专门的设备和工具来完成。井下作业设备主要包括：井下作业动力设备、提升设备、循环冲洗设备、井下作业控制设备和井下作业辅助设备等。使用时要依据所在作业的具体内容、井的性质及深浅程度、事故的性质和类型进行合理地选择；同时，还要考虑油田现有设备状况、油田或施工井所处的地理环境及位置以及设备使用的经济效益等因素。对所用设备进行合理选择，可以使设备及工具的能力符合要求并得到充分发挥，提高效益，保证安全。

项目一　井下作业动力设备

井下作业动力设备主要指的是作业机，是修井和井下作业施工中最基本、最主要的动力来源，按其运行结构分为履带式（通井机）和轮胎式（修井机）两种形式。作业机一般就是在拖拉机或汽车上安装一部绞车，利用发动机带动绞车滚筒转动，通过钢丝绳把动力传递给提升系统。

【知识目标】

① 了解井下作业动力设备的种类。

② 掌握通井机、作业机的作用。

③ 了解井下作业动力设备相关的特性参数。

【技能目标】

① 会区分井下作业动力设备。

② 能完成通井机、作业机的检查和准备工作。

【背景知识】

一、通井机

通井机是目前各油田修井作业最常用的一种动力设备，它的作用是起下油管、钻杆（抽油杆）以及井下打捞、抽汲等施工作业，是一种履带自行式拖拉机型（一般不带井架）的修井动力设备。其越野性能好，适用于低洼地带，它的缺点是行走速度慢，不适应快速转移施工的要求。

目前常用的通井机型号有红旗-100型、AT-10型（图1-1-1）、XT-12型（图1-1-2）、XT-15型等。AT-10型、XT-12型、XT-15型通井机与红旗型通井机相比，具有启动方便（电启动）、功率大、制动性能好、操作省力等优点，适用于中、深井作业。

图1-1-1 AT-10型通井机

图1-1-2 XT-12型通井机

二、修井机

修井机是修井施工中最基本、最主要的动力来源，它的作用是起下管（杆）柱及井下工具，完成提捞、抽汲和打捞等任务，是一种轮胎式自带井架的修井设备。它行走方便，安装简单，适用于快速搬迁施工作业，其缺点是洼、泥泞地带或雨季翻浆季节行走和进入井场相对受限制。各油田使用的修井机类型较多，有的型号已被逐渐淘汰。目前使用较多的有W65B型、XJ250型（图1-1-3）、XJ350型（图1-1-4）、XJ450型、XJ80型、XJ120型、XJ40型、WILLSON42B-500型等。

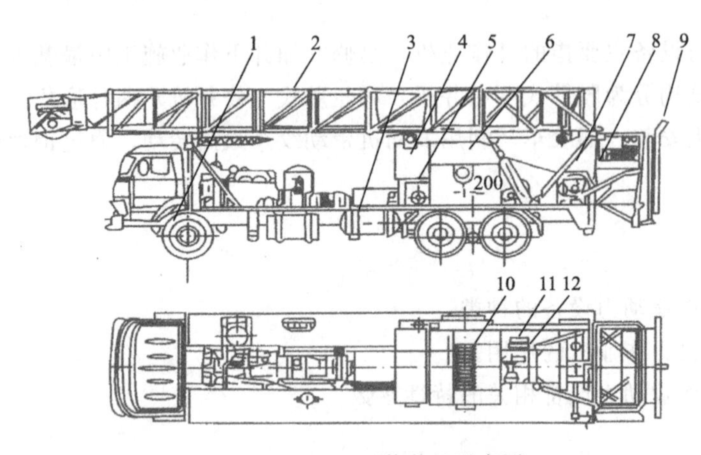

图1-1-3 XJ250型修井机示意图

1—自走车底盘；2—井架及游动系统；3—刹车冷却装置水箱；4—液路系统油箱；5—绞车传动装置；6—绞车架及护罩总成；7—钻盘传动装置；8—司钻操作台；9—井口操作台；10—滚筒及刹车系统；11—死绳固定器及指重表；12—液压绞车

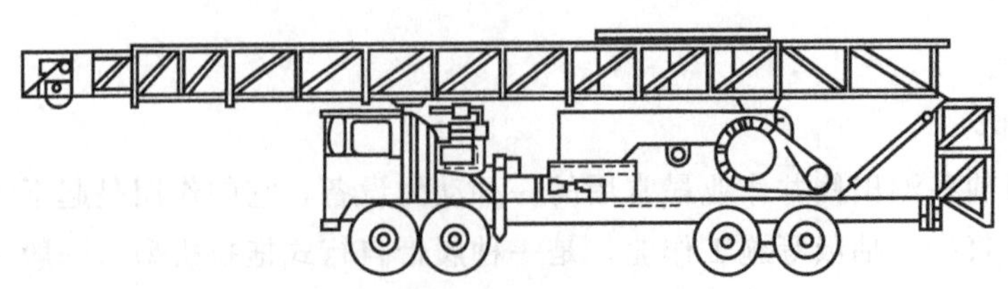

图1-1-4 XJ350型修井机示意图

三、其他相关的动力设备

（一）随车吊

随车吊全称随车起重运输车，是一种通过液压举升及伸缩系统来实现货物的升降、回转、吊运的设备，通常装配于载货汽车上。一般由载货汽车底盘、货厢、取力器、吊机组成。在井下作业队主要用于吊装并装载施工工具，牵引轮式值班房进行搬迁，如图 1-1-5 所示。

图 1-1-5　随车吊

（二）拖板车

如图 1-1-6 所示，拖板车在井下作业中主要用于履带式通井机的搬迁运移。

图 1-1-6　拖板车

（三）井架车

如图 1-1-7 所示，井架车用于固定式井架的搬迁运移和立放井架。

图 1-1-7　井架车

【技能训练】

一、通井机的操作规程及使用要求

（一）使用前的检查与准备工作

① 检查各部位螺栓（母）紧固情况，如有松动，及时按操作规程拧紧。

② 对各润滑部位按要求进行润滑，并按要求检查润滑油面高度。

③ 将支撑脚支撑牢固，固定销锁好，支撑脚下应垫好方木，支撑脚螺纹旋出长度不超过 170mm。

④ 检查各操纵杆是否灵活可靠，检查气压是否正常（必须达到方可进行起下作业）、各管路有无渗漏，并试行接合、分离，如有异常，排除后方可使用。

⑤ 仔细检查制动系统操作是否灵活，滚筒是否转动自如，刹车带间隙是否合适，并试行制动，如有异常，应排除后方可使用；禁止在制动助力器失灵的情况下进行起下作业。

（二）操作程序要求

① 分离主机离合器和滚筒离合器。

② 将主机变速杆推至空挡位置，并踏下右制动踏板，接合主机制动锁。

③ 将主机进退操作杆推到后退位置上。

④ 发出开车信号，启动发动机。

⑤ 接合主离合器，检查油压、气压是否正常，变速箱润滑系统油压应为 0.1～0.2MPa，气压为 0.60～0.75MPa。

⑥ 分离主离合器，将滚筒换向杆和变速杆推到所需要的位置上。

⑦ 接合主离合器。

⑧ 松开滚筒制动装置，同时接合滚筒离合器并控制油门，调整发动机转速，使通井机进入正常工作状态。

（三）使用注意事项

① 变速箱换向，变速操纵杆与主离合器操纵杆之间设有连锁装置，换向、变速时需切开主离合器方可进行，换向必须在滚筒主轴完全停转时方可进行，否则易损坏部件。

② 变速箱两个变速操纵杆之间设有互锁机构，变速时必须在一个变速杆处于空挡位置时，另一个变速杆才可进行挂挡。

③ 操作离合器应平缓、柔和，离合器过快的结合将发生转动件之间的冲击，离合器不允许在半结合状态下工作。

④ 下钻时应使用制动器控制速度，不允许使用离合器作制动用，一般下放速度应不超过为宜。

⑤ 起下管柱作业时，应根据负荷情况及时换挡，不允许超负荷或长时间过低速运转。

⑥ 在使用和准备使用制动器时，不得切开主离合器，不得使发动机熄火，因为液压泵失去动力将会使制动器失去制动助力作用。

⑦ 作业时通井机不允许倾斜和偏置，撑脚应保持撑紧状态，通井机不允许有剧烈的抖动。

⑧ 应随时注意观察、倾听通井机各部位运转情况，发现变速箱、减速箱、制动器、离合器及油压系统等有异常，应及时处理，必要时可停止作业，处理异常情况。

⑨ 若停止作业时，应在助力器有效的时候，将制动毂制动住，并锁住制动操纵杆，必要时应推上棘轮停止器。

⑩ 禁止在制动助力器失灵的情况下起下作业或悬吊重物。

⑪ 一般起下作业时，滚筒距井架最大距离不超过 3m。

二、修井机的操作规程及使用要求

（一）行驶中的操作规程及注意事项

1. 严格控制发动机传动箱的工作温度

发动机最高温度不应超过 85℃，传动箱最高工作温度不应超过 121℃，否则应降低转速，甚至停车检查，排除故障后方可行驶。

2. 注意异常响动、发热、冒烟

行驶中载车各部位若有不正常的声响、发热、冒烟应立即停车检查，排除故障后方可行驶。

3. 传动箱各排挡的操作和使用

① 起步：先将挡位挂入低挡，慢慢加大油门即可起步。

② 在传动箱处于低挡位时，车速未跑起之前，不要急于换高挡位，只能在车速跑起来后，才允许逐一地换上高挡位。

③ 处于高挡位时，若需要降挡，要先降低油门使车速降下来后才能换低挡。禁止在高速行驶中，用突然降挡的办法降低车速。

④ 从前进挡换倒挡或从倒挡换前进挡之前，应使载车完全静止。

⑤ 严禁空挡溜车，这样操作会严重损坏变速箱造成失控事故。

⑥ 严禁在没有分开传动系统或使驱动轮离开地面时，牵引或顶推载车，这样做会严重损坏变速箱。

4. 行车时速

载车在公路上行驶不应超过最高时速，行驶前应做出载车超高、超宽、超长等标志。

5. 浮动桥的使用

在较平坦的道路上行驶时，使用浮动桥以均摊载车各桥的载荷。浮动桥气囊气压应在规定范围内。

6. 前加力的使用

在沙地、泥泞、松软等道路上行驶困难时应使用前桥驱动，越过困难地段应立即解除。

7. 轮间封锁和桥间封锁的使用和操作

① 轮间封锁：行驶中若某桥有一边轮胎打滑时，应将轮间封锁控制阀打开，指示灯亮表明轮间封锁挂合，轮间封锁挂合后，方向机处于中间位置上。

② 桥间封锁：行驶中若两后桥有一桥打滑时，应将桥间封锁控制阀打开，桥间封锁指示灯亮，表示封锁挂合，这时方向机应处于中间行驶位置。

③ 不论桥间封锁或轮间封锁，都只能直线行驶，不许转弯行驶，解除封锁要使车停稳后进行。

8. 下坡减速器的使用

下坡减速器在下较大坡时使用。操作时应注意间隔使用，即使用后解除一次，然后再用。

9. 长途中的定时检查

长途行驶应定时停车检查：传动部分有无松动，轮胎气压是否充足，有无漏油、漏水、漏气现象，车上紧固物有无松动以及检查其他不安全因素。

10. 人员要求

行车中除司机外，修理人员应跟车随行，以便处理行驶中偶然发生的故障。

11. 灭火器

修井机在上修和回撤当中，必须携带8kg干粉灭火器2个以上。

12. 车辆要求

保证车辆制动、传动，后视镜，刮雨器，喇叭及各指示灯灵敏可靠。

（二）修井机作业的安全操作规程

① 修井机作业人员必须持证上岗，培训学习人员操作时，司钻必须在场指导监护。

② 操作者应具备下列条件。

ⅰ.熟悉修井机的一般性能，能正确选择排挡，熟知各排挡位置的变换方法，气路流程、气控开关的作用及操作方法等。

ⅱ.会校对指重表，会计算指重表吨位。

ⅲ.能根据柴油机的声音、泵压变化等情况判断修井机负荷及井下情况是否正常。

ⅳ.能正确检查大绳的断丝及磨损情况，懂得死、活绳的固定要求及检查方法。

ⅴ.防碰天车必须调整至最佳位置，灵活可靠。

ⅵ.能正确无误、动作熟练地进行司钻岗位的各项操作，能应变处理在操作过程上可能出现的不正常现象。

③ 操作修井机时，必须遵守钻进和提下钻操作规程中的各项要求。

④ 清洁、保养、检修必须在停机状态下进行，关闭气开关及三通旋钮阀（刹住刹把，刹把和气开关必须有人看管），以防发生人身恶性事故。作业完毕，必须及时清除工具杂物，装好护罩，经仔细检查无误后方可启动。

⑤ 提升游动系统时，无论空车或重车，高速或低速都严禁司钻离开刹把位置。

⑥ 刹车毂、离合器钢毂严禁在高温时用冷水或蒸汽冷却。调整刹车时必须停车并将游动滑车放至钻台。

⑦ 必须严格按照钻机各排挡负荷和技术要求操作，严禁违章和超负荷运行。

⑧ 液压设备的压力表必须灵敏，工作时压力必须达到设计要求。操作时应先检查各个开关是否都处在关闭状态、机器附近是否有人，以防操作时出现事故。

⑨ 滚筒钢丝绳在游动滑车放至地面时，滚筒上至少留有15圈以上。

⑩ 滚筒刹车钢带有伤痕、裂纹时要及时更换，刹车毂磨损8～9mm或龟裂较严重时应更换。

⑪ 刹车带固定保险螺帽，必须装双帽，与绞车底座之间的间隙调节到3～5mm为宜。刹车下不准支垫撬杠等异物，防止进入曲拐下面卡死曲柄，造成刹车失灵事故。

⑫ 刹把的高低位置应便于操作，并具备固定刹把的链或绳。刹车钢带两端的销子是保险销，刹车系统的销子及保险销必须齐全可靠。

⑬ 刹车片磨损剩余厚度小于18mm时应更换，刹车片不准更换单片，以防接触面不均失灵。刹车片的螺钉、弹簧垫必须齐全。

三、归纳总结

① 井场及井调查完毕后，需要调查通往井场经过的公路、村庄、河流、沼泽、沙漠、树林等。针对不同的路况要采取不同的措施。

② 引路车在前，然后是车载式修井机，轮式值班房，最后是装载设备工具的卡车。路过村庄、学校等人口密集的公共场所时车速应放慢，最好有专人下车指挥监视。

③ 如果是特殊路段运输，车序基本不变。要注意的是过河流、峡谷、沼泽、沙漠等特殊路段时要对该路段进行详细的调查研究才能使车辆通过。同时操作人员应该掌握河流、峡谷的地理资料以及近期内有无异常变化（地震、泥石流、滑坡、沙尘暴等），要及时与当地百姓沟通，了解相关信息。

④ 在局势动荡的地区运输时，车辆行驶过程中最好不要在路途中停留，防止出现车辆

落单情况。如果是特别紧张区域，最好雇佣当地专业石油工人驾驶车辆，单位人员可统一乘坐其他交通工具到井场，以确保人身安全。操作人员在车队出发前一定要通知队员并且在运输过程中严格监视。

⑤ 严禁人货混装，不稳定货物要用绳索固定或加垫木和方木。

⑥ 装运货物时，严禁超长、超宽、超高、超重。

⑦ 行车前，要认真检查轮胎、底盘及各部位固定螺丝和拖钩等。

⑧ 轮式值班房要有完好的刹车装置及行车指示灯。

⑨ 车载式修井机乘车人员不得超员，不得违章载物，非工作人员不准乘车。

⑩ 运输前，对行车路线上的障碍要及时清理或制定防范措施。

⑪ 运输进行时要严格控制速度，土路行驶时要选择平坦道路，通过危险路段（包括村镇、繁华地区、胡同、铁路道口、转弯、窄路、窄桥、掉头、下陡坡，进出非机动车道）时必须有专人指挥，要提前 100m 减速到 5km/h，严禁爬行坡度大于 30°的斜坡。严禁在发动机熄火时下坡、转向。

四、思考练习

① 简述通井机、修井机的作用。

② 简述通井机、修井机操作的注意事项。

项目二　提升设备

提升设备由井架和提升系统组成。提升系统由游动系统（包括天车、游动滑车、大钩、钢丝绳）和吊环、吊卡组成。应用提升设备可以完成井下作业工程中的起下作业。

【知识目标】

① 了解井架的分类。

② 掌握井架的作用，游动系统的作用。

③ 掌握吊环、吊卡的作用。

【技能目标】

① 会进行井架的分类。

② 熟悉井架的安装施工及使用要求。

③ 熟练游动系统各部分的使用要求。

【背景知识】

一、井架

在井下作业过程中，井架的用途主要是装置天车，支撑整个提升设备，以便悬吊井下设备、工具和进行各种起下作业，有的井架还可以将油管（钻杆）立放或立柱式排放。一般修井时均采用固定式轻便井架或修井机自带各种类型的井架，特殊的大修作业时，需使用钻井井架。

（一）井架的分类

按井架的可移动性来分，有固定式井架和可移动式井架。从井架的高度来分，固定式井架又可分为18m、24m、29m等几种井架。目前在井下作业中，常用的固定式井架有BJ-18型、BJ-29型和JJ-80-18型等。其主要技术规格见表1-2-1。

表1-2-1 常用井架技术规格

井架型号	配套天车	井架高度/m	额定负荷/kN	最大负荷/kN	支脚距/mm	自重/t
BJ1-18	TC-50	18.28	400	600	1530	3.035
	TC1-50	—	500	700	—	3.625
BJ2-18	TC-30	18.28	300	450	1530	3.42
BJ-18	TC3-50	18.28	500	700	1530	3.42
BJ-29	TC1-50	28.9	500	700	2130	5.8
	TC3-50	—	—	—	—	5.347
JJ-80-18	T3-2-1	18.3	800	1000	1530	4.5
JJ-80-21	T3-2-1	21.3	800	1000	1530	5.162
JJ-80/29-W	T3-2-1	29	800	1000	1520	6.403

（二）井架的安装施工及使用要求

各油田修井使用的井架种类较多，安装方式也不相同。但不管采用何种设备、何种方式进行井架安装，都必须按照井架安装操作规程进行，以确保安全，符合质量要求。

以BJ-18型井架为例介绍移动式井架的安装。BJ-18型移动式井架按97°角的标准立起后，支脚底座面到井架顶面的垂直高度为18m。主要由本体、支座、天车和绷绳等组成。

1. 绷绳坑及地锚位置准备

先确定井架立放的方向，然后根据井深负荷和井架高度确定绷绳位置及数目。一般前面两道绷绳，后面四道绷绳。

① 绷绳坑到井口距离：

后一道坑：20～22m；开挡：12～16m。

后二道坑：18～20m；开挡：14～16m。

前绷绳坑：18～20m；开挡：18～20m。

② 地锚深度不小于2m。

③ 绷绳和地锚必须定期检查。

2. 井架基础

井架基础的作用是使井架承受负荷后不会下沉、倾斜与翻转，在施工作业过程中要保持稳定性。井架基础的种类较多，主要有混凝土浇筑、木方组装、管子排列焊接、混凝土预制等几种。

二、游动系统

（一）天车

天车是游动系统的固定部件，安装在井架顶部最高处（故称为天车），由一组定滑轮、天车轴、天车架及轴承等主要零件组成，如图1-2-1所示。目前常用的天车有轮，同装在一根天车轴上，排成一行。负荷在294～490kN，轮径有432mm、460mm、525mm和567mm四种，适用的钢丝绳直径为18.5～26mm。

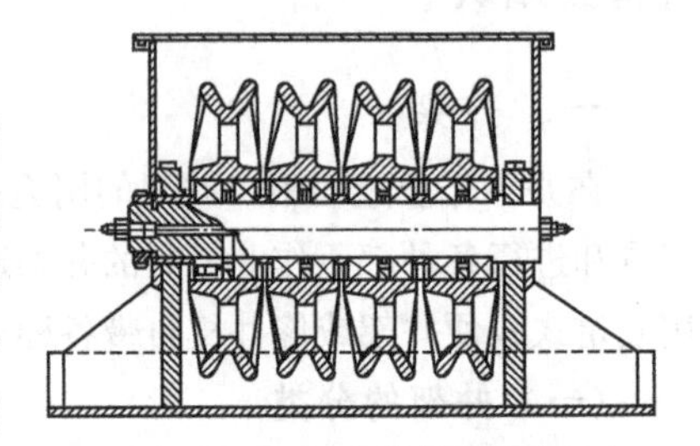

图1-2-1 天车结构示意图

1. 用途

天车通过钢丝绳与游动滑车构成游动系统，以完成悬吊与起下作业。

2. 技术要求

① 每个滑轮的轴承应能单独进行润滑。每个滑轮应能用手转动，且相互之间不得干涉。

② 滑轮绳槽需要经表面淬火，其硬度为45～50HRC，淬硬深度不小于2mm。

③ 铸造滑轮槽底圆弧表面不允许有砂眼、气孔、夹砂等缺陷存在。对出现的铸造缺陷允许采用适当的方法予以修复。

④ 游动滑车、天车均应有防止钢丝绳跳槽的装置。

⑤ 天车轴（包括快绳轮轴和死绳轮轴）和天车梁的弯曲屈服安全因数 n_s 为1.67。

⑥ 使用时其安全负荷必须与井架、游动滑车和大钩的安全负荷相匹配。

（二）游动滑车

游动滑车由一组动滑轮（一般滑轮的数目为3～4个）组成，同装在一根游车轴上，排成一列。起重量为300～1176kN，自身质量为290～1000kg，通过钢丝绳与天车组成游动系统，适用的钢丝绳直径为18.5～22mm。结构如图1-2-2所示。

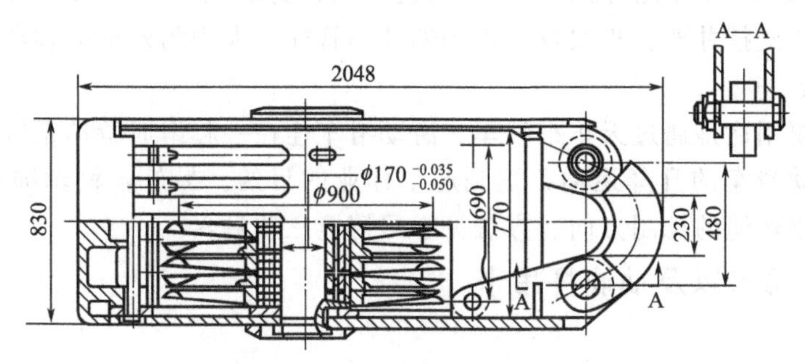

图1-2-2 游动滑车结构示意图

1. 用途

游动滑车是通过钢丝绳与天车组成游动系统，使从绞车滚筒钢丝绳来的拉力变为井下管柱上升或下放的动力，并有省力的作用。

2. 使用要求

游动滑车由于种类较多，规格不同，使用时需进行合理选择，确保在安全负荷范围内使用。

① 在使用中最大负荷不能超过游动滑车的安全负荷。

② 游动系统使用的钢丝绳直径必须与游动滑车轮槽相适应，不能过大或过小。

③ 在未安装前或使用一段时间后应加注黄油（润滑脂）。

④ 滑轮护罩上的绳槽应合适，以免钢丝绳通过时受护罩的磨损而缩短使用寿命。

⑤ 游动滑车使用一个时期后，应将滑轮翻转安装一次，使滑轮磨损程度趋近一致，防止某一个方向磨损太厉害。

⑥ 在进行装卸、上吊或下放时必须小心谨慎，以免将轮槽边碰伤损坏。

⑦ 进行起钻时必须注意，以免使游动滑车碰到天车或指梁。

⑧ 游动滑车上的滑轮必须经常清洗，以免加速滑轮的磨损，损害钢丝绳。

（三）大钩

大钩的作用是悬吊井内管柱，实现起下作业。大钩有一个主钩和两个侧钩，如图1-2-3

所示。主钩用于悬挂水龙头，两个侧钩用于悬挂吊环。

三钩式大钩和游动滑车组合在一起构成组合式大钩（也称为游车大钩）。组合式大钩的主要优点是可减少单独式游动滑车和大钩在井架内所占的空间，当采用大钩的结构用轻便井架时，组合式大钩更具优越性。

1. 用途

大钩的作用是悬吊井内管柱，实现起下作业。一般大、中修常用大钩的负荷量为294～490kN。

2. 使用要求

大钩是在高空重载下工作的，而且受往复变化的振动、冲击载荷作用，工作环境恶劣。使用时的要求如下。

① 使用时要进行合理的选择，大钩应有足够的强度和安全系数，以确保安全生产。

② 钩口安全锁紧装置及侧钩闭锁装置既要开关方便，又应安全可靠，确保水龙头提环和吊环在受到冲击、振动时不自动脱出。

③ 在起下钻杆、油管时，应保证钩身转动灵活；悬挂水龙头后，应确保钩身制动可靠，以保证卸扣方便和施工安全。

④ 应安装有效的缓冲装置，以缓和冲击和振动，加速起下钻杆、油管的进程。

⑤ 在保证有足够强度的前提下，应尽量使大钩自身的质量小，以便起下作业时操作轻便。另外，为防止碰挂井架、指梁及起出的钻柱、管柱，大钩的外形应圆滑、无尖锐棱角。

（四）钢丝绳

钢丝绳的主要用途是通过天车把绞车、游动滑车连在一起组成游动系统，从而把绞车的旋转运动变为游动滑车的升降运动，达到起下作业的目的。另外，钢丝绳还可用于井架绷绳，固定井架。钢丝绳的捻制方向、方法见学习情境三项目六。

三、吊环、吊卡以及抽油杆吊卡

（一）吊环

1. 用途

吊环是起下修井工艺管柱时连接大钩与吊卡用的专用提升用具。吊环成对使用，上端分别挂在大钩两侧的耳环上，下端分别套入吊卡两侧的耳孔中，用来悬挂吊卡。

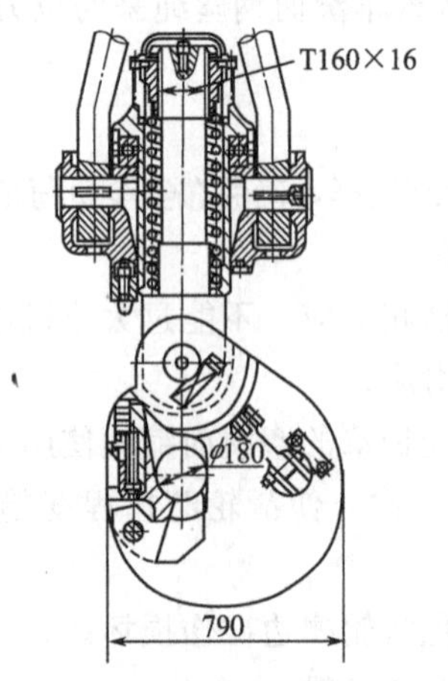

图 1-2-3 大钩的结构示意图

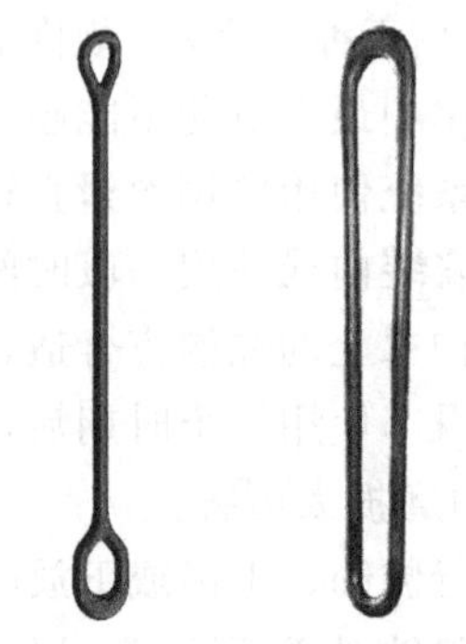

图 1-2-4 吊环结构示意图

2. 结构特点

按结构不同，吊环分单臂吊环和双臂吊环两种形式，如图 1-2-4 所示。单臂吊环是采用高强度合金钢锻造而成，具有强度高、质量小、耐磨等特点，因而适用于深井作业。双臂吊环则是用一般合金钢锻造、焊接而成，因此只适用于一般修井作业中。单臂吊环在双吊卡起下钻、管柱过程中，因质量小而消耗的体力少，但套入吊卡耳孔中较困难。双臂吊环质量较大，但套入吊卡耳孔比较方便。

3. 使用要求

① 吊环应配套使用，不得在单吊环情况下使用。

② 经常检测吊环直径、长度的变化情况，成对的吊环直径长度不相同时，不得继续使用。

③ 应保持吊环清洁，不得用重物击打吊环。

（二）吊卡

1. 用途

吊卡是用来卡住并起吊油管、钻杆、套管等的专用工具。在起下管柱时，用双吊环将吊卡悬吊在游车大钩上，吊卡再将油管、钻杆、套管等卡住，便可进行起下作业。

2. 基本结构形式

修井作业施工中常用的吊卡一般有活门式和月牙形两种。基本结构形式如图 1-2-5 所示。活门吊卡的特点是承重力较大，适用于较深井的钻杆柱的起下。月牙形吊卡的特点是轻便、灵活，适用于油管柱或较浅井的钻杆柱的起下。

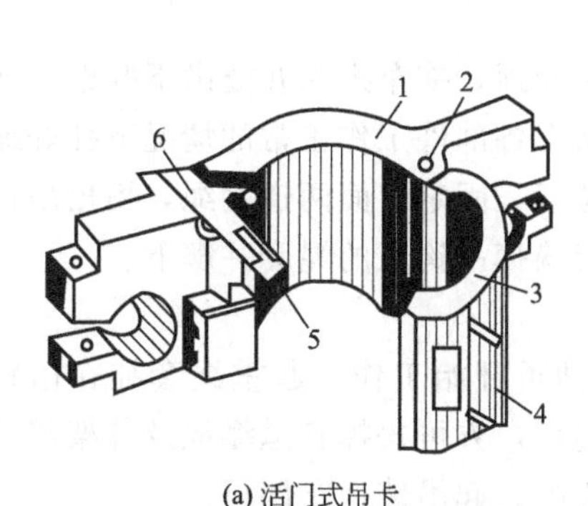

(a) 活门式吊卡

1—吊卡体；2—活门销子；3—吊卡活门；4—手柄；5—锁扣销子；6—锁扣

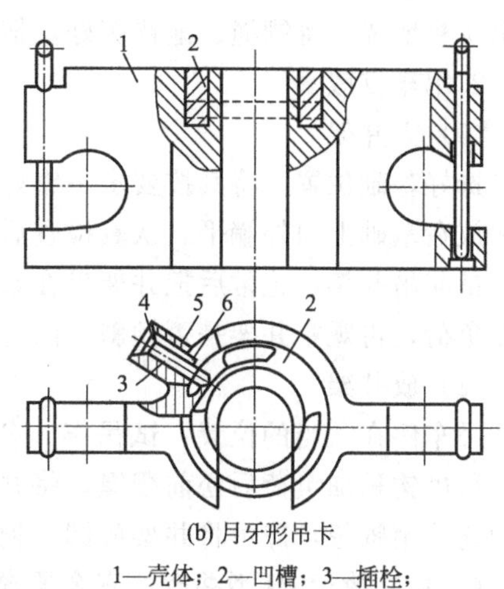

(b) 月牙形吊卡

1—壳体；2—凹槽；3—插栓；4—手柄；5—弹簧；6—弹簧底垫

图 1-2-5　吊卡结构示意图

3. 使用注意事项

① 吊卡负荷是否小于钻柱质量。

② 吊卡口径是否合乎使用钻柱口径，内吊卡口径一般大于钻柱最大管身直径 2～3mm，若吊卡长期使用口径大于管身直径 5mm 时，应修补后再用。

③ 吊卡各转动部位是否灵活。

④ 吊卡安全保险装置是否完整可靠。

（三）抽油杆吊卡

抽油杆吊卡是起下抽油杆的专用吊卡，主要由卡体、吊环和旋转卡套等组成，如图 1-2-6 所示。抽油杆吊卡中间的卡具（卡套）是可以更换的，可以更换直径从 19～25mm 的各种

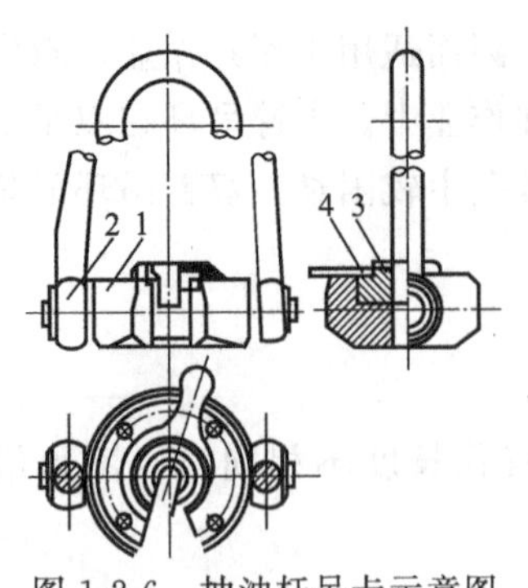

图 1-2-6 抽油杆吊卡示意图
1—卡体；2—吊环；3—卡具；4—手柄

卡套，以适用于不同规格抽油杆的起下作业。一般工作负荷为 50kN，可以适用于一般井深的起下抽油杆作业，使用时将吊环悬挂在游车大钩开口内即可，使用要求可参照吊卡。

【技能训练】

一、立放井架操作

（一）立放井架分类

立放 BJ-18 型井架现场多用两种方法，一是立放运井架车立放，另一是吊车立放。

1. 立放运井架车立放

在载重汽车底盘上装配专用的设备，把立放运井架于一身的专用车称为立放运井架车，简称井架车。常用的型号有 LFY1802/T148、LFY1803/奔驰、LTY1804/T815 等。立放井架时有 3 个步骤。

① 立放前的准备，检查设备。

② 立井架。

③ 放井架，托架抱住井架，松开前绷绳，然后将托架收回落到支架上，收回液压支腿，拔出所有地锚，将绷绳、地锚缠好，捆牢在井架上即可。

2. 吊车立放

（1）立井架

选好基础位置并将其按要求平整好。吊车停住打好千斤顶，拖车进入井场吊下井架，把井架放在基础上向外躺平。认真检查后，启动吊臂，在吊车各部件工作正常的情况下挂好绳套，试起吊井架，正常后把井架坐在基础上，观察井架位置，固定后面两道绷绳，稍松吊钩到无负荷，再观察井架是否倾斜，固定其余绷绳，上井架摘掉吊钩上的绳套并解下。

（2）放井架

吊车停在适当的位置，试吊车，各方面工作正常后即可开始工作。起重绳套挂在吊钩上，待吊钩稍加负荷后松前绷绳，将井架竖直，重心平衡后，方可松掉各道绷绳及井架与基础的连接销轴等，即可将井架放倒。把绳套挂在井架重心处，起吊装拖车即可。

（二）立放运 BJ 型井架的安全要求

① 立井架前要认真检查对井架和设备，认真执行操作规程。

② 井架立起后，前绷绳未装卡牢固时，井架车的托架和吊车的游车不得收回或摘掉。

③ 放井架时，托架未靠近井架或吊车的游车未与井架起重绳挂牢之前，井架前第一道绷绳不得摘掉。

④ 立井架前应清除掉井架上的泥土、杂物，以防井架立起后危害人身安全。

⑤ 立放井架时，指挥人员应站在井架车操作台斜对面，与操作人员视线无遮挡，距井口 3～5m 的位置。其他人员应站在以井架高度为半径的范围以外的安全的地方。六级风以上和风雪天不得立放井架。

⑥ 在井架和二层台上进行操作时，要穿硬底鞋，系好安全带，脚下踩实、站牢。一般情况下要一只手扶东西，一只手操作。

⑦ 用井架车纵向调整缸调整井架位置时，操作要平稳，若有卡挂现象，排除故障后再

调整。

⑧ 严格按标准施工，井架底座中心距井口达到规范标准，天车正对井口。

⑨ 按规定标准下地锚，装卡绷绳，及时更换锈蚀严重的绷绳或地锚，有大风警报时，采取加固绷绳、地锚或将井架放倒等措施。

⑩ 立放 29m 井架时，放落井架二层平台，应用吊车或其他动力牵引平台悬吊缓慢下放。无动力设备放平台时，应将两根平台悬吊绳在井架立柱上各缠两圈，每根绳由 4 人以上拉紧，然后缓松，慢放，直到放平。

(三) 井架的使用要求

① 应在安全负荷范围内使用，不允许超负荷使用。

② 在重负荷时不许猛刹猛放。

③ 井下作业施工中，每天对天车、地滑车、游动滑车打黄油一次。

④ 所有黄油嘴保持完好，若因卡、堵、坏打不进黄油时，应及时修理或更换。

⑤ 发现井架扭弯、拉筋断裂、变形时，及时请示有关部门鉴定处理后方可使用。

⑥ 经常检查各道绷绳吃力是否均匀，吊卡、天车、井架螺丝等是否紧固。

⑦ 井架基础附近不能积水和挖坑。

二、油管吊卡的使用

① 选择扣合尺寸与所用油管直径一致的吊卡。

② 井口两名操作工人面向井口站立。

③ 两人扶住吊卡吊耳，合力抬起吊卡，开口向下（内）扣在油管本体上（靠近油管接箍)。

④ 一人拔起吊卡月牙手柄，推动月牙环油管本体进入吊卡本体另一侧凹槽内，松开吊卡月牙手柄，使其固定在吊卡本体手柄固定槽内。

⑤ 转动吊卡使其开口朝上（或朝向油管桥方向)，进行起下油管作业。

三、抽油杆吊卡的使用

① 选择扣合尺寸与所用抽油杆的直径一致的抽油杆吊卡。

② 井口两名操作工人面向井口站立。

③ 一人伸手扶住抽油杆吊卡吊柄，另一人伸手捏住抽油杆吊卡前舌，将抽油杆吊卡退出抽油杆本体，一手抓抽油杆吊卡吊柄，另一只手抓住抽油杆吊卡本体，将抽油杆吊卡端起，使开口对正抽油杆本体（靠近接箍端)，轻轻用力将抽油杆吊卡推进抽油杆本体，使抽油杆吊卡锁舌锁紧抽油杆吊卡本体。

④ 一人手扶抽油杆吊卡吊柄，一人手扶抽油杆吊钩，将抽油杆吊卡吊柄挂入抽油杆吊钩内，进行起下抽油杆作业。

四、归纳总结

① 立、放井架时必须专人操作，专人观察指挥，班组人员配合操作。

② 立、放井架时，在井架起升、回收的过程中手不能离开液压阀手柄，以免发生意外。

③ 校井架调整时应缓慢进行千斤起升或降低，严禁快速起升或降低千斤。

④ 升液压缸压力不得超过 14MPa。

⑤ 风速大于六级不得升、降井架。

⑥ 立、放井架时在绷绳拉伸范围内的抽油机必须停抽，待立、放井架完毕后方可起抽。

⑦ 校正井架一定要做到绷绳先松后紧，防止井架变形，校正井架后，每道绷绳受力要

均匀。

⑧ 若井架倾斜度过大或左右偏差太大，必须放井架调整车身位置，调整完毕重新立井架。

⑨ 吊卡通径与最大提升载荷应符合现场作业要求。

⑩ 使用前应检查锁销、手柄及月牙的开启与关闭是否灵活，锁紧螺钉是否紧固，如不符合要求，应加以排除。

⑪ 吊环套入吊卡主体两侧耳孔后，必须插入并锁好吊卡销子。

⑫ 使用吊卡过程中吊卡开口必须朝上（或朝向油管桥方向）。

⑬ 抽油杆吊卡扣入后，要进行试拉动作，检查锁舌是否锁紧。

⑭ 抽油杆吊卡使用过程中，手抓吊柄中部位置，以免抽油杆吊钩或抽油杆接箍夹伤手指。

⑮ 油管吊卡使用时严禁双月牙使用。

五、思考练习

① 简述轮式修井机立、放井架操作方法。

② 简述油管吊卡的使用方法。

③ 简述抽油杆吊卡的使用方法。

项目三　循环冲洗设备

在井下作业（修井）施工中，循环冲洗设备的主要作用是向井内打入各种液体介质，实现循环和洗井工艺，以满足压井、冲砂、替喷（诱喷）、洗井、增产措施中向井内泵送酸液和压裂液以及水力喷砂射孔等作业的要求。循环冲洗设备主要包括泥浆泵、洗井车（水泥车）、高压洗井管线、水龙头、弯头及管汇等。

【知识目标】

① 了解井下作业循环冲洗设备的组成。

② 掌握泥浆泵、水龙头及水龙带的作用。

【技能目标】

熟练掌握泥浆泵、水龙头的使用要求。

【背景知识】

一、泥浆泵

在大修和井下作业施工过程中，泥浆泵主要用于循环修井工作液，完成冲洗井底、冲洗鱼顶等作业施工。一般有条件的井场可配备电驱动泥浆泵，在无电源情况下，配备柴油机驱动的泥浆泵。

（一）泥浆泵的形式

与修井机配套的泥浆泵主要有双缸双作用泵和三缸单作用泵两种形式。双缸双作用泵有2个缸，每个缸中的活塞在一侧吸入的同时，在另一侧排出，活塞往复1次，吸入、排出各

2次。三缸单作用泵有3个缸，3个活塞，活塞仅一面给流体施加压力，活塞往复1次，泵做1次吸入和排出。

按液缸的布置方式分类，往复泵有卧式、立式之分；按活塞式样分类，有活塞泵、柱塞泵之分。对修井泵来说大多数为卧式活塞泵。

（二）泥浆泵的基本结构

泥浆泵的基本结构如图1-3-1所示。

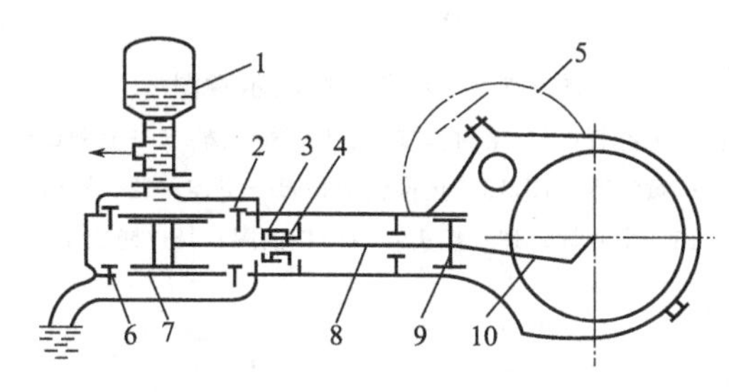

图1-3-1 泥浆泵的结构示意图

1—空气包；2—排出阀；3—拉杆密封盒；4—活塞拉杆；5—皮带轮；6—上水阀；7—缸套；8—中心拉杆；9—十字心；10—连杆

（三）泥浆泵的使用要求

① 安全阀必须灵活可靠，保险阀销钉的耐压强度不得大于水龙带允许的安全压力，保险阀杆要有护罩。

② 泵的皮带或传动轴护罩必须完整、紧固。

③ 压力表应保证灵敏准确，禁止使用已失灵的压力表，严禁超压运行。

④ 开泵前，操作人员必须与有关人员进行信号联系，待回信号后方可挂泵。

⑤ 启动泵时，动力和液力端部位以及高压管线附近、水龙带下面禁止站人。

⑥ 开泵时挂离合器应缓慢，不得猛合，应特别注意压力表变化，一旦泵压偏高，应迅速换挡，严防憋泵。待泥浆返出井口，泵压正常后方可离开操纵位置。

⑦ 泥浆泵在运转过程中，要倾听泥浆泵各部运转有无异常声响，要巡回检查，操作人员不得离开岗位。

⑧ 倒换闸门时，必须掌握先开后关的原则，操作人员不得正对闸门，停泵后摘开离合器，操作杆应处于空挡位置并应打开回水闸门。

⑨ 冬季操作，停泵后应立即拆泵，砸开管线放净液力部位的循环液体并用低速挡转动2～3圈，严防泥浆泵冻结损坏。

⑩ 冬季操作，应按先接管线后装泵的原则进行，装泵前用蒸汽预热，快速用热水装好泵，立即投入运行，以防因冻结造成事故。

二、水龙头

水龙头的作用是悬吊井下管柱、连接循环冲洗管线中固定部分和旋转部分，并进行旋转井下管柱（循环管线的一部分）完成洗井、冲砂、解卡循环等施工作业，具有高压密封循环修井工作液通道的功能。

（一）基本结构形式

水龙头由固定和转动两大部分组成，基本结构形式如图1-3-2所示。使用时，固定部分与提升大钩连接，起到悬吊井下管柱的作用，活动部分与方钻杆连接，并能随同方钻杆和井

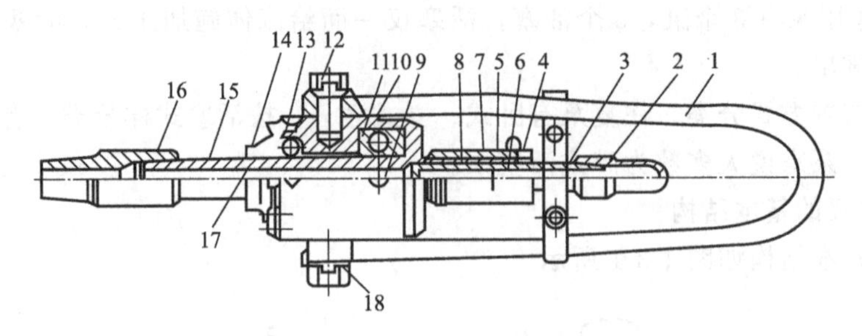

图 1-3-2 水龙头结构示意图

1—提环；2—鹅颈管；3—冲管；4—密封盒垫环；5—密封圈；6—上密封圈座；7—下密封圈；8—密封盒；9—黄油嘴；10,13—止推轴承；11—主体；12—螺栓；14—底盖；15—中心管；16—接头；17—挡油圈；18—防松垫

下管柱一同转动。

(二) 使用要求

① 各润滑部位的钙基润滑脂应充足。

② 鹅颈管螺纹与下端体螺纹完好无损、清洁。

③ 开始使用时，应逐步旋转，缓慢加压，各密封部位无渗漏，如有渗漏应先松开压紧块，适当左旋调整圈，然后将两个压紧螺栓（母）压紧。

④ 严禁超载、超压使用。

⑤ 提环必须放入游车大钩开口内，下端连接螺纹与方钻杆连接时，中间需加保护接头。

⑥ 与水龙带连接的活接头应砸紧，并加保险绳。

⑦ 搬迁时，严禁直接在地面拖拽。

⑧ 每连接使用 8h 以上，应加注润滑脂一次，而且要加满。

⑨ 长期停用，应做好防腐工作。

三、水龙带

水龙带（图 1-3-3）是井下作业中进行循环施工的重要配件，其一端与水龙头的鹅颈管或活动弯头连接，另一端与立管或地面管相连。循环液由钻井泵或水泥车泵出，经地面管线或立管、水龙带，到水龙头或活动弯头进井下管柱，最后由油套环形空间返回地面，实现循环钻井、冲砂和洗井等工作。

水龙带既能承受一定的压力，又能弯曲和通过液体，因此在钻具上下活动的循环作业中使用较多。

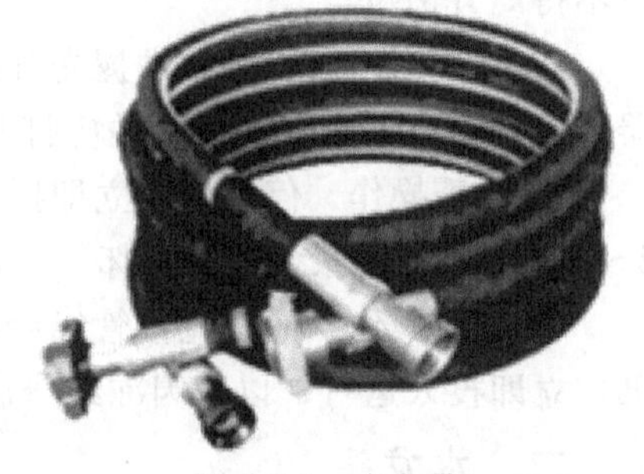

图 1-3-3 水龙带

【技能训练】

一、泥浆泵的操作

(一) 泵启动前的检查

① 检查动力端润滑油油位和油质。

② 打开泵高压出口闸阀。

③ 喷淋泵水箱内加足洁净水，并打开循环水阀。

④ 拧紧所有螺栓，检查缸套、阀盖是否上紧，检查卡箍总成上的螺栓是否上紧。

⑤ 检查安全阀的安全销钉，定期保养。

⑥ 关闭泵低压闸阀。

⑦ 检查喷淋泵传动皮带张紧度。

⑧ 检查空气包压力是否在范围之内。

(二) 泵的启动

① 柴油机工况运转正常后，启动液力偶合器。

② 可以打开低压阀门以清除吸入泥浆泵管线和泥浆泵内的空气，保证泵的平稳运转，延长阀及活塞的使用寿命。

③ 检查动力端油路上的压力表读数，如不上压，应及时停泵检修。

④ 检查喷淋泵的工作情况，冷却水要充分喷淋到缸套及活塞上。

(三) 停泵后的工作

① 检查缸套机架腔，如有大量泥浆、油污沉淀时需及时清理。

② 泵每运行一天后，松开活塞卡箍一次，将活塞转动 1/4 圈后上紧卡箍。

③ 检查排出空气包的预充压力是否正常。

④ 观察各个报警孔，如有泥浆排出，应及时更换相应密封圈（共 3 处）。

二、归纳总结

① 泥浆泵作业中要检查泥浆泵出口压力。

② 检查液力端各密封是否有滴漏现象，检查各螺栓是否有松动现象。

③ 泥浆泵运行中要做到四勤（勤看、勤听、勤摸、勤闻）。

④ 检查喷淋泵工作是否正常，冷却水是否变质，连接喷淋管的各管线有无磨损情况。

⑤ 检查动力端各密封部位是否有润滑油泄漏、油压是否正常，工作时油压应在 0.05MPa。

⑥ 注意倾听泥浆泵液缸工作情况，发现异常及时处理。

⑦ 观察拉杆的连接卡箍是否有松动。

三、思考练习

① 简述循环冲洗设备都有哪些。

② 简述泵的使用要求。

项目四　井下作业控制设备

井下作业控制设备是对油气井实施压力控制，对事故进行预防、监测、控制、处理的关键手段，是实现安全井下作业的可靠保证。通过井下作业控制设备可以做到在井内带压的情况下，完成起下管柱的作业，既可以减少对油气层的损害，又可以保护套管，防止井喷和井喷失控，实现安全作业。常规作业经常使用手动开关的井口控制器；高压井、气井以及大修取套井施工时，要使用液（气）动和手动双重开关的防喷器。

【知识目标】

① 了解井口控制装置的组成。

② 掌握封井器（防喷器）的作用。

③ 了解不压井作业装置的组成及其配置。

【技能目标】

① 熟练封井器的使用要求。
② 清楚带压作业操作规程。

【背景知识】

一、井口控制装置

常规作业使用的机械式井口控制装置如图 1-4-1 所示。按其工作原理可分为井口控制部分、加压部分和油管密封部分。

井口控制部分由自封封井器、半封封井器、全封封井器、法兰短节和连接法兰组成。其作用是在不压井起下作业时控制井口压力，使作业施工安全顺利地进行。

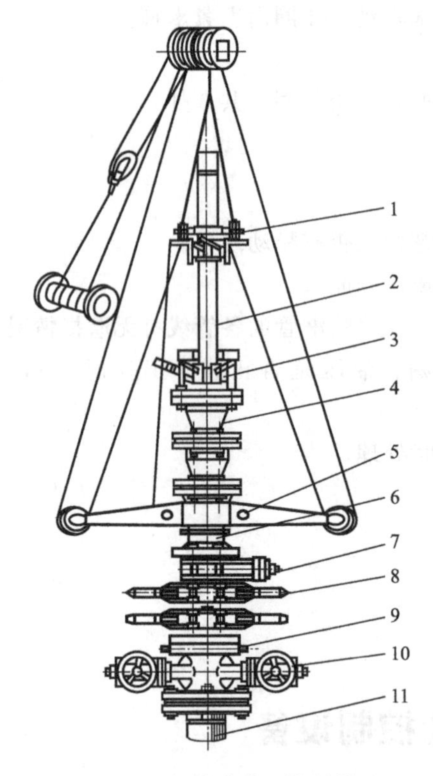

图 1-4-1 机械式井口控制装置
1—分段加压吊卡；2—油管；3—安全卡瓦；4—自封封井器；5—加压支架；6—法兰短节；7—全封封井器；8—半封封井器；9—顶丝法兰；10—四通；11—套管

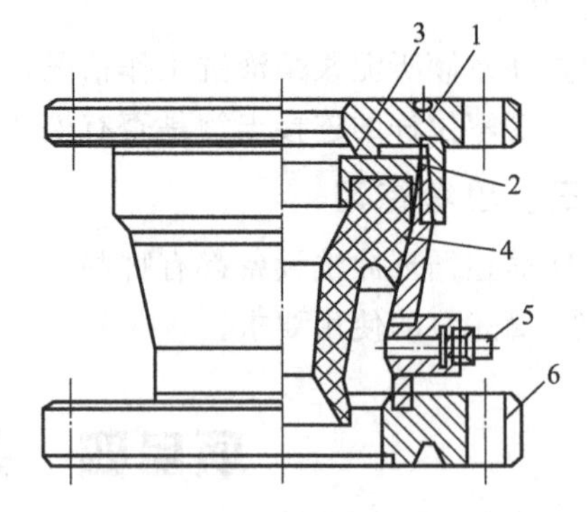

图 1-4-2 自封封井器结构示意图
1—压盖；2—压环；3—密封圈；4—胶皮芯子；5—放压丝堵；6—壳体

1. 自封封井器

(1) 结构和工作原理

自封封井器由壳体、压盖、压环、密封圈、胶皮芯子和放压丝堵组成，如图 1-4-2 所示。它依靠井内油套环空的压力和胶皮芯子自身的伸缩力使胶皮芯子扩张，起到密封油套环形空间的作用。井内管柱和井下工具能顺利通过自封芯子，最大通过直径应小于115mm。

(2) 使用要求

通过自封封井器的下井工具，外径应小于115mm。通过较大直径的下井工具时，可在自封的胶皮芯子上涂抹黄油。冬天使用时，应用蒸汽加热，以免拉坏胶皮芯子。

2. 半封封井器

半封封井器是靠关闭闸板来密封油套环形空间的井口密封工具。

(1) 结构和工作原理

半封封井器由壳体、半封芯子总成、丝杠等组成，如图1-4-3所示。其密封元件为两个带半封圆孔的胶皮芯子，它装在半封芯子总成上，转动丝杠，可以带动半封芯子总成运动，完成开关操作。

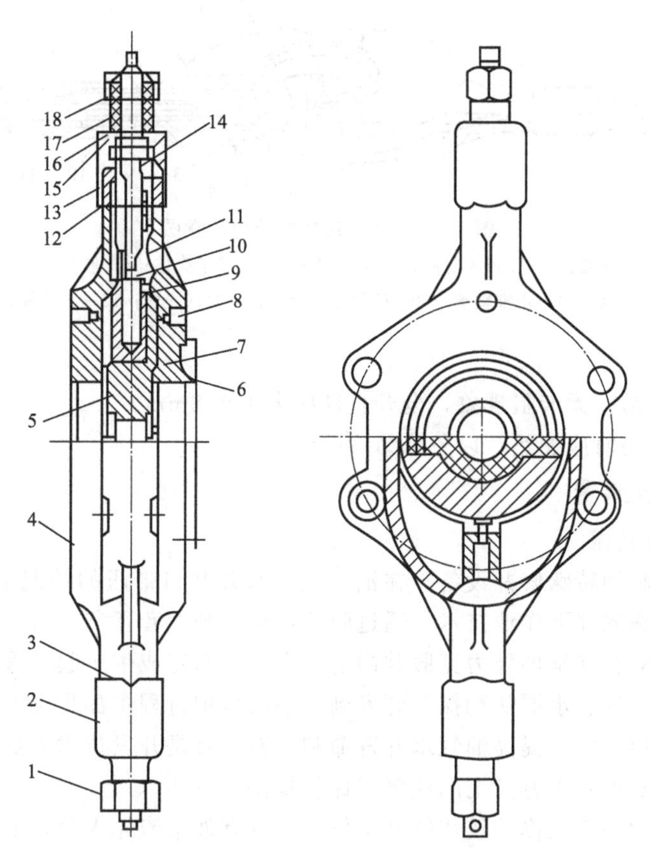

图1-4-3 半封封井器结构示意图

1—压帽；2—轴承外壳；3—止动螺钉；4—壳体；5—半封芯子总成；6—压圈；7—U形密封圈；8—螺钉；9—接头；10—倒键；11—密封圈；12—垫片；13—止推轴承；14—下垫圈；15—“人”字密封圈；16—中垫圈；17—密封圈压帽；18—丝杠

(2) 使用要求

① 芯子手把应灵活，无卡阻现象，要求能够保证全开或全关。

② 胶皮芯子无损坏、无缺陷，并随时检查，如有问题及时更换。

③ 使用时不能使芯子关在油管接箍或封隔器等下井工具上，只能关在油管本体上。

④ 正常起下时，要保证处于全开状态。

⑤ 冬季施工时，应用蒸汽加热后再转动丝杠，以免半封内结冰，拉脱丝杠。

⑥ 开关半封时两端开关圈数应一致。

3. 全封封井器

全封封井器是用于起出管（钻）柱后封闭井口的控制装置。

(1) 结构与工作原理

全封封井器由壳体、闸板、丝杠等组成，如图 1-4-4 所示。它的外形和工作原理与半封封井器基本相同。不同之处是闸板没有半圆孔，两块闸板关紧可以密封井口。转动丝杠，可以开井或关井。

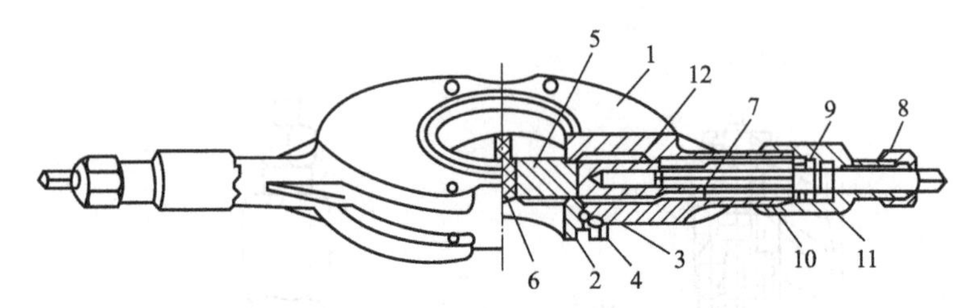

图 1-4-4 全封封井器结构示意图

1—壳体；2—压盖；3—U 形密封圈；4—固定螺钉；5—芯子壳体；6—胶皮芯子；7—丝杠；8—压帽；9—止推轴承；10—O 形密封圈；11—丝杠壳体；12—芯子接头

(2) 使用要求

① 丝杠开关灵活，无卡阻现象，全开直径应大于 178mm。

② 冬季施工使用时应加热，以免冻结后拉脱丝杠。

二、带压作业装置

（一）带压作业技术

带压作业是指利用特殊修井设备，在油、气、水井井口带压的情况下，实施起下管杆、井筒修理及增产措施的井下作业技术。通过防喷器组控制油套环空压力，堵塞器控制油管内部压力，然后通过对管柱施加外力克服井内上顶力，从而完成带压起下管柱。

几乎所有的油、气、水层从勘探，开发到后期的维护过程中都受到不同程度的伤害。如何避免或减小油气层伤害，提高油气水井寿命和产能一直是开发技术人员努力的方向。带压作业技术的出现为实现真正意义上的油气层保护提供了可能。

相对于油井来说，带压作业较传统井下作业，没有外来流体入侵，油气层就没有外来固相、液相的伤害，不会产生新的层间矛盾，地层压力系统不会受到破坏，不需要重新建立平衡，有利于油井修复后稳产、高产。相对于传统水井作业，在不放喷、不放溢流的情况下带压作业，对单井而言不需要卸压，同时解决了污水排放问题，降低注水成本；对整个注采网来说，对周边受益井，注水站注入工作不影响，保持整个注采网络地层压力系统不受破坏，不需要再建压力平衡，有利于提高注水实效。

（二）带压作业装置

带压作业装置根据作业井别不同而有所不同，但其核心部分包括三大系统，分别是井口密封系统、加压动力系统和附属配套系统。

1. 井口密封系统

井控密封系统主要由三闸板防喷器、单闸板防喷器、环形防喷器和升高短接等部分组成。其作用是在起下管柱过程中实现油套环空密封。

（1）三闸板防喷器

三闸板防喷器（全封、半封、安全卡瓦）目前主要应用型号为 3FZ18-21 和 3FZ18-35，如图 1-4-5 所示。

三闸板防喷器的下腔装全封闸板，可以在井内没有管柱的情况下密封井内压力。

三闸板防喷器的中间装半封闸板，根据井内的油管直径，配上相应的半封闸板，可以在井内有油管的情况下密封环形空间。

三闸板防喷器的上腔装卡瓦闸板，卡瓦闸板不起密封作用，其闸板上装的是卡瓦，配上相应规格的卡瓦牙，可以在上部设备进行检修或更换配件时卡紧油管，防止油管窜出或掉入井内。

图 1-4-5　三闸板防喷器

（2）单闸板防喷器

单闸板防喷器（图 1-4-6）主要应用型号为 FZ18-21 和 FZ18-35，参与倒出接箍及井下工具，其闸板及密封胶件都用特种耐压、耐磨材料制成，减小作业油管压痕对前密封的损坏，保证闸板前密封具有一个合理的寿命。

图 1-4-6　单闸板防喷器

（3）环形防喷器

环形防喷器（图 1-4-7）主要应用型号为 FH18-21 和 FH18-35。用于起下油管过程中密封油管及套管环空，确保井内流体不喷出。环形防喷器动密封均采用唇形结构的密封圈，最大限度地降低了密封圈的磨损，密封可靠胶芯不易翻胶，有漏斗效应。另外，井压亦有助于密封作用。

图 1-4-7　环形防喷器

（4）各种防喷器的组合形式

基本配置 包括一台三闸板防喷器、两台单闸板防喷器和一台环形防喷器。可适用于井筒压力35MPa以下的井的带压作业，如图1-4-8所示。

高压力配置 如果压力较高，或是井内情况工具比较复杂，也可以增加一台单闸板防喷器，变为一台三闸板防喷器、三台单闸板防喷器和一台环形防喷器（图1-4-9）。这种结构方式适用于要进行二次投堵的情况：一是投堵塞器不到位，需要二次投堵；二是对于起配水器以下的管柱。

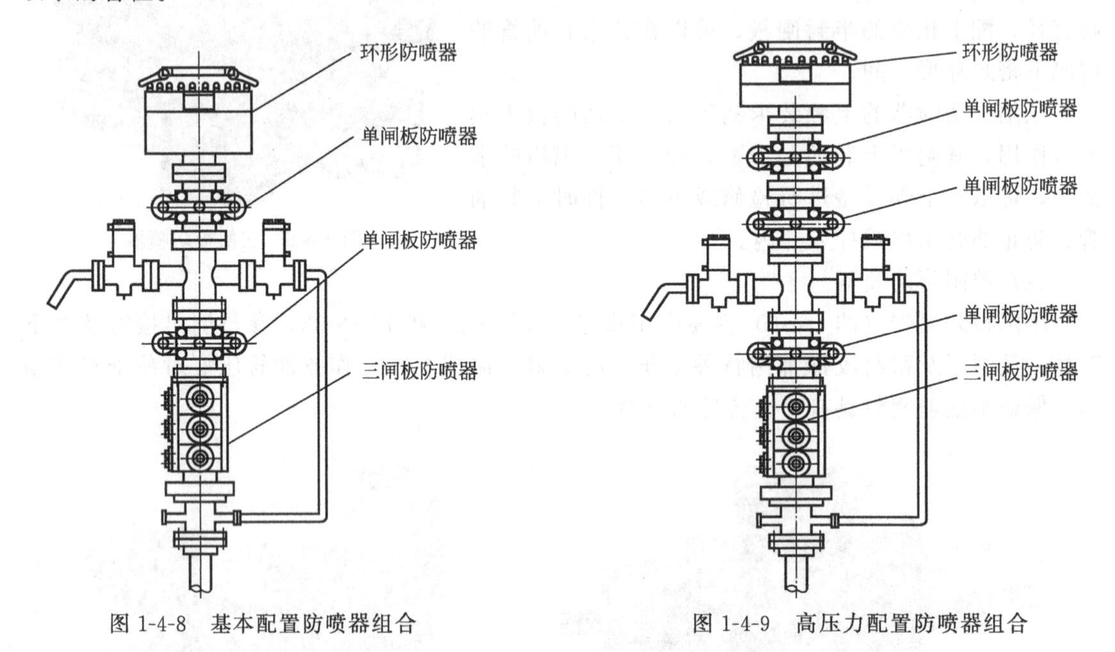

图1-4-8 基本配置防喷器组合

图1-4-9 高压力配置防喷器组合

低压力配置 如果井筒压力较低，可以减少一台单闸板防喷器，变为一台三闸板防喷器、一台单闸板防喷器和一台环形防喷器的组合，如图1-4-10所示。这种结构适用于井筒压力14MPa的井的带压作业。也可以将三闸板防喷器改为双闸板防喷器，变为一台双闸板

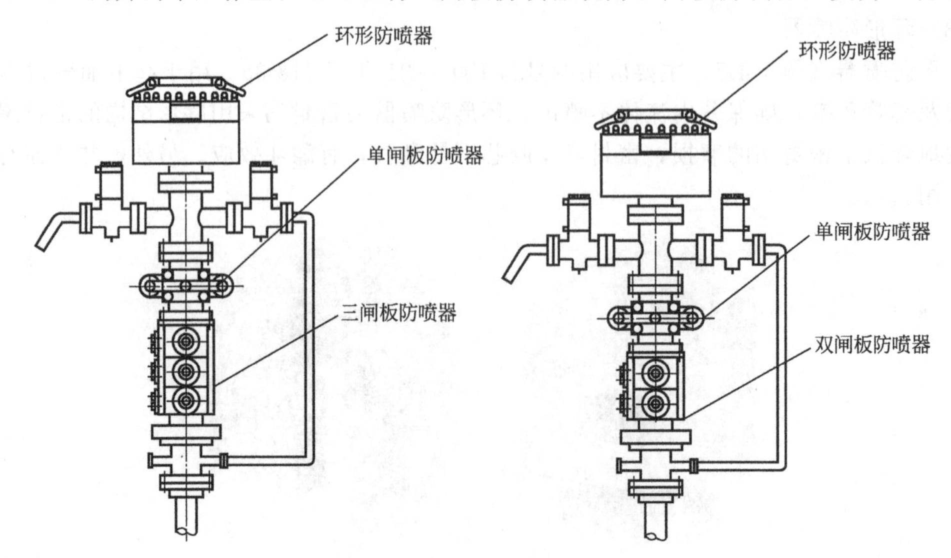

图1-4-10 低压力配置防喷器组合

防喷器、一台单闸板防喷器和一台环形防喷器的组合。这样可以降低设备的高度，适用于与井架较低的修井机配合进行带压作业。

2. 加压动力系统

加压动力系统主要由双向双作用液压缸、上游动卡瓦和下固定卡瓦等组成。用于油管自身重量小于井内液体作用于油管的上顶力时，提放管柱，以保证安全起下。

（1）双向双作用液压缸

双向双作用液压缸即升降油缸（图 1-4-11），行程为 3.5m 左右，在固定卡瓦打开时，通过游动卡瓦咬住井内管柱，操控液压系统，在管柱重量小于井内液压的上顶力（浮力）时，实现井内管柱的安全起下。当管柱重量大于井内液压的上顶力时，停止使用升降液缸，用修井机大钩起下油管。

（2）固定卡瓦和游动卡瓦

固定卡瓦（图 1-4-12）在作业过程中主要用于卡住油管，阻止油管上窜。当井内压力对油管上浮力小于井内油管重量时，不用固定卡瓦而改用大钩及吊卡，防止油管掉下去。

图 1-4-11　双向双作用液压缸

图 1-4-12　固定卡瓦

游动卡瓦是在井内管柱的重量小于井内压力对油管的上浮力时，用游动卡瓦卡住油管，随着升降油缸上升或下降从而提出或压入油管。当井内管柱重量大于井内压力对油管的上浮力时，油缸及游动卡瓦停用，改用大钩及吊卡。

（3）横梁

横梁的作用是承受作业过程中的作用力，并且将整套系统连接并固定成一体，从而保证了整个系统的稳定性。包括游动横梁、上横梁、中横梁、下横梁。

游动横梁下面安装的是游动卡瓦，上面可以安装重力卡瓦或是吊卡。它的两端分别与升降液缸的活塞杆相连，在作业过程中带到游动卡瓦一起运动，主要是承受游动卡瓦和升降液缸的作用力。

上横梁和中横梁的主要作用是将升降液缸和中间的防喷器组连接在一起，保证装置的稳定性。上横梁卡在溢流筒和升降液缸上，中横梁卡在短节和升降液缸上。它们的两边是合页形式的卡子，可以转过 100°的角度，卡在升降液缸上。下横梁两边与升降液缸的下部相连，中间卡在下横梁座上，下横梁座下部连接三闸板防喷器，上面连接特种单闸板防喷器。

3. 附属配套系统

附属配套系统主要由液压控制系统、油管堵塞器、双向阀、卸油箱、工作平台等组成。

（1）液压控制系统

液压控制系统由液控操作台、蓄能器系统及联结软管等组成。

液控操作台（图 1-4-13）实现对井口封井器的开关动作及升降油缸的上下运动，同时可分别调整各封井器系统液压，使各封井器在最佳工作压力工作，延长各部位工作寿命。蓄能器系统能储存一定的压能，在作业机或液压泵出现故障时，靠储存能量实现液压快速关井，提高带压作业的安全系数。联结软管为高压软管，和蓄能器、液控操作台联结，传递液压能量，实现远程控制液压缸和井控装备。

图 1-4-13　液控操作台

（2）油管堵塞器

最近几年，结合生产实际情况，国内有针对性地研发了系列油管堵塞器和配件堵塞器以及其他堵井工艺，有效地解决了带压作业技术中油管内部堵塞的核心问题。

FXY211-50 油管堵塞器（图 1-4-14）主要由钢体、卡瓦、密封胶筒、密封胶皮组成，工作原理：油管堵塞器靠水泥车打压，将油管堵塞器推送至设计位置，停泵后油管堵塞器在地层压力的推动下向上运行，至油管接箍处时卡瓦牙卡在油管之间的缝隙处，不能运行。但堵塞器的本体继续运行，安全剪钉断，密封胶筒受压扩张，实现油管内堵塞。

图 1-4-14　FXY211-50 油管堵塞器

（3）双向阀

双向阀（图 1-4-15）在完井时安装在管柱最下部，在油管下入过程中，在单向翻板的作用下，凡尔球座于上球座中，起反向止回作用，使油管内部保持常压，油管下入完成后，向油管内打压，在液力作用和球的自重作用下，凡尔球冲过单向翻板座入下球座中，起挡球作用，可以实现分注作业。

（4）卸油箱

一般在上环形防喷器上方加装一个升高短节式的卸油短节，一方面便于上部防顶卡瓦的安装，另一方面从环形防喷器微漏出的水和接箍瞬间流出的水能通过导流管流到指定地方，不要上喷和流到井口处，污染地面环境。

（5）工作平台

工作平台（图 1-4-16）包括主工作平台和辅助平台。主平台上安装有司钻控制台、斜梯、逃生滑道、油管坡道，主平台主要是提供作业的空间。

辅助平台上有环形防喷器及部分控制阀，为环形防喷器及固定卡瓦的检修提供空间。

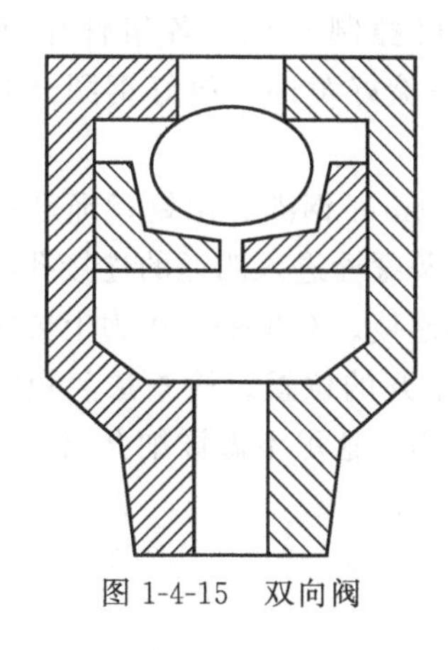
图 1-4-15 双向阀

图 1-4-16 工作平台

【技能训练】

一、井口控制装置的安装

(一) 安装防喷器

① 检查、清洁大四通钢圈槽并涂抹黄油，检查、清洁井口钢圈并涂抹黄油后放入钢圈槽内。

② 吊带穿过游动滑车大钩钩体内，两端挂在防喷器上，缓慢吊起防喷器，吊起过程中控制防喷器，防止刮碰。

③ 将防喷器提至操作人员胸部位置时，停止提升，检查、清洁防喷器钢圈槽并涂抹黄油，在防喷器两侧对应井口大四通套管闸门处各安装 2 条螺丝。

④ 缓慢下放，当防喷器两侧螺丝接触大四通上法兰螺孔时，井口操作人员用手扶正防喷器，使防喷器两侧螺丝顺利穿过大四通上法兰螺孔，将防喷器平稳坐在井口大四通上。

⑤ 左右转动防喷器，使钢圈进入防喷器底法兰的钢圈槽内，摘掉吊带，对角上紧 4 条法兰螺栓。

⑥ 将剩余的法兰螺栓对角上紧，并用大锤按对角顺序依次砸紧。

⑦ 按设计要求对防喷器进行密封性试压。

(二) 拆卸防喷器

① 先用大锤按对角顺序依次砸松并卸掉大四通上法兰其余 8 条螺丝（防喷器两侧对应井口大四通套管闸门处 4 条螺丝先卸螺丝下部螺帽，螺栓与上部螺帽留在防喷器两侧），然后用大锤按对角顺序依次砸松并卸掉 4 条对角螺丝。

② 吊带穿过游动滑车大钩钩体内，两端挂在防喷器上，缓慢吊起防喷器，井口操作人员用手扶正防喷器轻轻摇晃，使螺栓顺利提出大四通上法兰螺孔，吊起过程中控制防喷器，防止刮碰。

③ 将防喷器提至操作人员胸部位置时，停止提升，取下防喷器两侧法兰盘处 4 条螺丝。

④ 控制防喷器缓慢下放至地面（不影响井口操作），下部要铺设保护装置，避免损坏、脏污钢圈槽，然后摘下吊带与牵引绳。

二、归纳总结

① 在地面检查井口控制装置的各部件，半封封井器和全封封井器的丝杆应开关自如、

无卡阻现象。全部打开封井器，由下到上按万能法兰、全封封井器、半封封井器、法兰短节、半封封井器、自封封井器、安全卡瓦的顺序组装井口控制装置。各组件中间放入ϕ211mm钢圈，钢圈和钢圈槽用擦布擦拭干净，在钢圈槽内涂好黄油，放好钢圈，对角平衡用力上紧螺母。

② 用擦布擦净井口四通的钢圈槽，涂好黄油，放入ϕ211mm钢圈。用钢丝绳套吊起组装好的井口控制装置，缓慢放下，让井口控制装置底部的4条螺栓进入四通的连接孔内。与井口四通连接时，要选择封井器丝杠，便于开关的位置方向连接。对角平衡用力上紧螺母。

③ 再次检查全封封井器和半封封井器的丝杠是否处于全开的位置。检查法兰短节上的放空闸门是否关闭。高压防喷井控设备在常规作业中很少使用，这里不做详细介绍。

三、思考练习

① 简答井口控制装置的组成。

② 简述井口防喷器安装与拆卸方法。

项目五　井下作业辅助设备

修井过程中，除上述各种专用设备外，还需要有一定的辅助设备才能保证修井工作顺利进行。修井辅助设备主要有值班车、运载车辆、加热设备等。

【知识目标】

① 了解常见的井下作业辅助设备结构特点。

② 了解常见的井下作业辅助设备的作用。

【技能目标】

认知常见的井下作业辅助设备。

【背景知识】

一、加热设备

修井施工中，需要加热各种液剂进行循环刺洗及冲洗打捞等作业，这靠加热设备来完成。目前常用的加热设备有锅炉和锅炉车等。常用的锅炉有卧式锅炉和内燃锅炉。锅炉车有两种，一种是蒸汽清蜡车，另一种是热油熔蜡车。

图1-5-1为洗井清蜡车［热油（水）清蜡车］。该系列车型集高压洗井、加热洗井、蒸

图1-5-1　洗井清蜡车

汽清蜡三项功能于一身，主要用于生产油井的热洗、解堵、高压洗井、试压、管杆清蜡。一机多用，简化了工作程序，节省了时间和费用，提高了工作效率。该车锅炉燃料：柴油、CNG、LNG。其相关参数如表 1-5-1。

表 1-5-1　洗井清蜡车相关技术参数

最高工作压力/MPa	35(冷洗)/20(热洗)/6(蒸汽清蜡 s)
最大排量/m^3	50、80(冷洗)/20(热洗)
最高工作温度/℃	160(热洗)/200(蒸汽清蜡)
加热炉热效率/%	≥90
额定发热量/WM	1.0
工作介质	清水、原油

二、压裂车

油田专用压裂车是压裂施工的主要设备，属油气田钻采特种车辆设备。主要作用是向油气井内注入高压、大排量的压裂液，通过向地层泵液注压将地层压开，把支撑剂挤入裂缝，提高油气层渗透率和油、气井采收率。油气田现场施工对压裂车技术性能要求很高，压裂车须具有压力高、排量大、耐腐蚀、抗磨损性强等特点。

一般油田专用压裂车多以成套设备即成套压裂机组形式出现，压裂泵车（图 1-5-2）是压裂施工机组核心设备，主要由发动机、液力变速箱、压裂泵、控制系统和其他附件组成。压裂机车组一般由压裂泵车、仪表车、配液车、管汇车、混砂车、输砂车和供液车等组配而成，是装有底盘的移动泵注设备，通过高压、大排量泵注酸液或处理液，实现压裂增产目的。

(a) 2500型压裂泵车

(b) 2500型压裂泵车

图 1-5-2　压裂泵车

三、混砂车

混砂车（图 1-5-3）又称为液砂比例混合机，是进行油层水力压裂的核心设备。油田现场常用混砂车分为：双筒机械旋转式混砂车、供液风吸式混砂车等。大部分混砂车都装有螺旋式输砂器或真空吸砂器等装置，用以完成混砂和供砂任务。混砂车主要由供液、输砂、混砂、传动等四个系统组成。确保混砂车工作性能的良好与稳定，是完成压裂任务和取得良好的压裂效果的关键。

图 1-5-3　混砂车

四、液氮车

液氮车（图 1-5-4）在油田改造措施中主要给液氮压裂和酸化供应大量的氮，以满足施工的需要，是一种独立的液氮储运、泵注及转换装置。该车能在低压状态下短期储存和运输氮，并能把低压液氮转换为高压液氮或高压常温氮气排出。

图 1-5-4　液氮车

五、管汇车

管汇车由装载底盘、随车液吊、高低压管汇及高低压管件、高压管件架、高压管件箱、低压管件盒、灌注泵、试压泵等组成，用于压裂车和混砂车的连接以及压裂酸化现场作业前的试压工况。同时高低压管架具有足够的安装支撑，整车装配合理，满载管汇时前后桥不能超载，具有良好的抗震性能和越野性能，能适应石油天然气压裂酸化现场作业要求。其主要特点是各种高低压管汇件均装在带有随车吊机的底盘上。图 1-5-5 所示为 GHC105 型管汇车。

图 1-5-5　GHC105 型管汇车

六、思考练习

简述井下作业辅助设备的组成。

学习情境二

井下作业工具的使用

井下作业工具是井下作业设施系统中的重要组成部分。近些年来，随着修井工艺的发展与进步，修井工具也有了长足的发展。修井工具发展到现在已形成十几大类、数百种规格。本项目通过把井下作业工具分为常用地面修井工具、常用地下修井工具和封隔器及辅助类工具三个方面来研究。

项目一　常用地面修井工具的使用

地面工具是修井作业中用来辅助操作员工完成修井任务的手工工具和配合井下工具完成工艺措施的配套工具。这些工具是降低操作员工劳动强度先进利器，也是完成修井任务的必要保障。通过学习可使操作员工掌握修井工具的正确使用方法，做到安全、高效修井，避免因操作失误引起的人身伤害和工具损坏。

【知识目标】

① 了解常用地面修井工具的分类。

② 掌握常见地面修井工具的原理。

【技能目标】

学会常见地面工具的使用。

【背景知识】

一、管钳

管钳是修井作业施工中的主要操作工具，应用十分广泛，了解和掌握管钳的正确使用和维护保养方法，是保障安全、高效施工的基本要求。

（一）管钳的作用和相关参数

① 管钳是修井施工作业过程中用来上卸管类或圆柱状物体的工具。

② 管钳钳口开到最大时，从钳头到钳尾的长度为管钳尺寸。其规格是按钳柄长短尺寸来分，包括150～1200mm多种，管钳的各种规格和使用范围如表2-1-1所示。

③ 管钳结构包括活动钳口、固定钳口、固定钳口架、开口调节环、管钳把等，如

图 2-1-1 所示。

表 2-1-1　管钳规格和使用范围

规格	基本尺寸/mm	偏差	适用的管子直径/mm	最大夹持管径/mm
6in	150	±3%		20
8in	200	±3%		25
10in	250	±3%		30
12in	300	±4%		40
14in	350	±4%		50
18in	450	±4%	38.1 以下	60
24in	600	±5%	50.8～63.5	75
36in	900	±5%	63.5～76.2	85
48in	1200	±5%	76.2～101.6	110

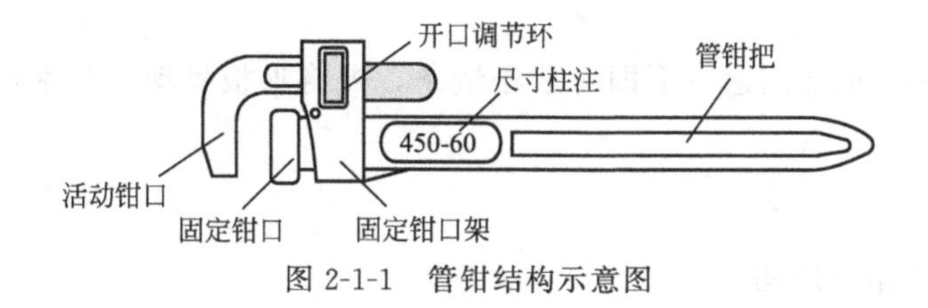

图 2-1-1　管钳结构示意图

（二）管钳工作原理

管钳工作原理是将钳力转换为扭力，用在扭动方向的力越大，也就钳得越紧。用钳口的锥度增加扭矩，通常锥度在 3°～8°。管钳能自动适应不同的管径，自动适应钳口对管施加应力而引起的塑性变形，在降低管径的效应下，保证扭矩，不打滑。

二、链钳

（一）链钳的作用和结构

① 链钳主要用于外径尺寸较大、管壁较薄的金属管的螺纹装卸，也可用于管壁较厚的管材上卸扣。

② 链钳主要由手柄、钳头、链条等主要部件组成，如图 2-1-2 所示。

钳头上用销子固定有两块夹板，每块夹板的四边角均做成梯形齿，以便与管壁咬合，防止打滑。链条采用全包式，可绕过管子卡在二夹板的锁紧部位，使包合管子的外力分布均匀，更加适合薄壁管材的螺纹上扣、卸扣工作。

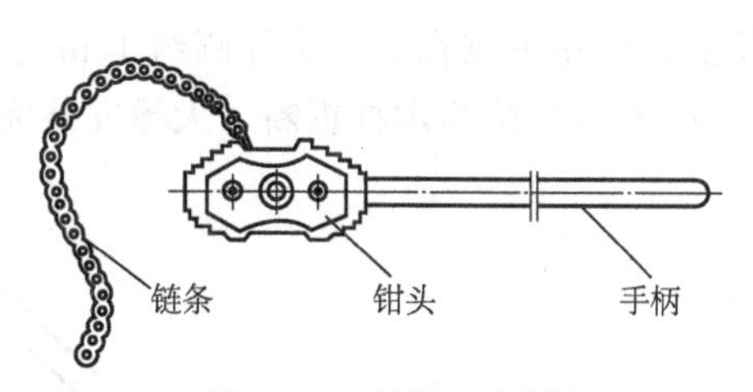

图 2-1-2　链钳示意图

（二）使用链钳上卸螺纹

1. 平放管件上卸螺纹

① 将需要连接的管线用垫木垫平，管体距地面的间距以能保证链钳链条通过为宜。

② 将钳头垂直摆放在所需转动的管体的螺纹连接部位，其钳头摆放方向与所需转动方向一致；然后将链条绕过管体并拉紧卡在夹板锁紧部位的卡子。

③ 将钳柄向后稍拖一下，使卡板头上的梯形齿与管体紧密咬合；双手紧握钳柄向上抬起即可转动管体。若双手下压钳柄回位，可使卡板头梯形齿与管体咬合放松，然后再稍向后拖一下，又可使咬合紧密。只要这样反复多次即可达到上卸管线螺纹的目的。

④ 工作结束下压钳柄可使包合管子的链条松动，不要后拖钳柄。然后左手托起钳头后部，使钳头抬起，右手即可将链条从夹板上取出。若咬合较紧，不易取出链条时，可将钳柄敲打一下，使链条松动即可取出。

2. 立放管件上卸螺纹

① 面对管线站立，双脚分开与肩同宽，手持钳柄与管体中心线垂直，将钳头方向与旋转管体方向一致并紧靠在管体上面；然后把链条转动方向相反绕管体一周拉紧，并扣到夹板的锁紧部位。

② 将钳柄稍向后拖，使齿头梯形齿紧紧咬在管体上面，然后转动手柄。若空间允许可沿圆周方向连续推动旋转；若连续推转受到空间限制，则可将钳柄推转到最大角度，左手托起链钳夹板，右手将钳柄扳回原位，再次推转手柄；如此反复进行即可达到上卸螺纹的目的。

③ 工作结束将钳柄往回退一下即可放松链条，再将夹板晃动，右手托住钳头，左手取出链条。

三、大锤

(一) 大锤的作用和结构

大锤是施工现场使用比较广泛的施工工具，主要用来锤击紧固、敲打物体使其移动或变形。最常用来锤击紧固井口螺丝、活动弯头与活接头连接等。

大锤由锤头和手柄组成，如图 2-1-3 所示。大锤的头部是用 S55C 的硬质钢热处理后制成的，手柄使用蜡木杆加工而成。大锤的重量一般以磅为单位，在国际单位中，也统一使用磅作为大锤的分类标准。例如：1 磅（Pound）大锤表示大锤重量 0.45kg。施工现场应用比较广泛的是 12 磅、16 磅大锤。

(二) 大锤的使用

1. 安装大锤

将大锤头从蜡木杆细端装入，在坚实处下顿，将大锤头顿向蜡木杆粗端，大锤头下顿到位后，使用钢锯在大锤头外侧约 1cm 左右处将蜡木杆锯断，在蜡木杆细端距大锤头内侧约 80cm 左右处将蜡木杆锯断，大锤安装完毕，如图 2-1-4 所示。

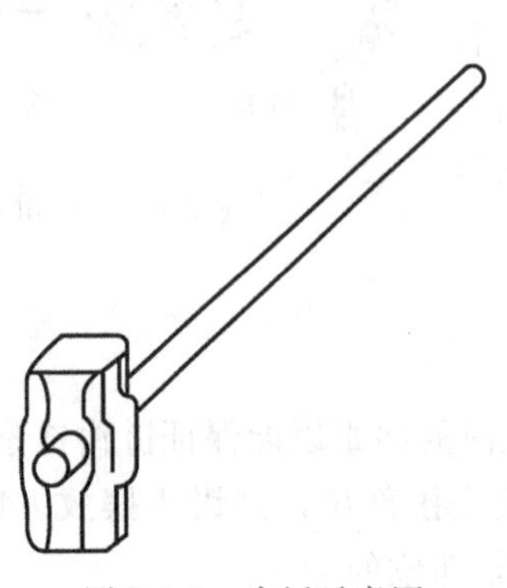

图 2-1-3　大锤示意图

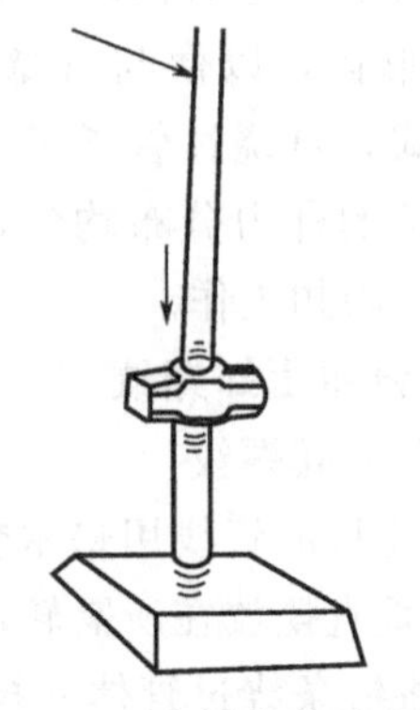

图 2-1-4　大锤安装示意图

2. 使用大锤

（1）背后锤击

① 双脚叉开，一手握锤把中部，另一只手握锤把尾部。

② 先轻轻锤击 1～2 回，确认锤击轨迹。

③ 将大锤向肩后挥起，向锤击点挥锤进行锤击。

（2）抡锤锤击

① 双脚叉开，一手握锤把中部，另一只手握锤把尾部。

② 先轻轻锤击 1～2 回，确认锤击轨迹。

③ 将大锤从下侧向肩后画圆弧状抡起，向锤击点抡锤进行锤击。

（3）横向锤击

在操作大锤时原则上不能进行横向锤击，在操作条件受限不得已的情况下，可进行横向锤击。

① 在腋下位置握住锤柄尾部，左、右手握锤把中部。

② 像画圆弧似地进行横向锤击操作。

（三）注意事项

① 使用大锤时，必须观察周围环境，在大锤运动范围内严禁站人，不许用大锤与小锤互打。

② 应先轻锤 1～2 回，确认锤打轨迹后再进行正式锤打。

③ 不得单手抡大锤操作。

④ 有人用手扶正物体锤击时，不得大力抡锤锤击，以免砸手。

⑤ 锤头不准淬火，不准有裂纹和毛刺，发现飞边卷刺应及时修整。

四、扳手

（一）扳手的用途及原理

① 用途：利用杠杆原理拧转螺栓、螺钉、螺母。

② 工作原理：扳手通常在柄部的一端或两端带有把手，以施加外力。使用时沿螺纹旋转方向在把手柄部施加外力，拧转螺栓或螺母，达到紧扣或卸扣的目的。

（二）活动扳手的结构和适用范围

① 活动扳手结构包括呆板唇、活络板唇、涡轮和轴销、手柄，如图 2-1-5 所示。

② 活动扳手适用范围如表 2-1-2 所示。

表 2-1-2　活动扳手适用范围

长度/mm	100	150	200	250	300	350	375	450	600
开口最大宽度/mm	14	19	24	30	36	41	46	55	65

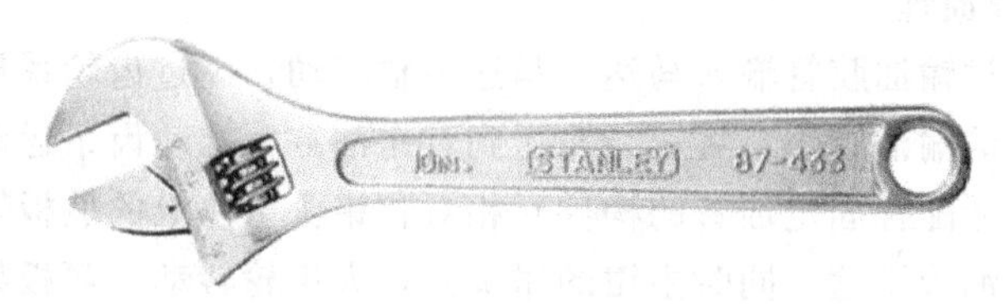

图 2-1-5　活动扳手示意图

(三) 活动扳手的使用

① 使用时，右手握手柄，手越靠后，扳动起来越省力。

② 扳动小螺母时，因需要不断地转动涡轮，调节虎口的大小，所以手应握在靠近呆板唇的位置，用右手四指及掌心握住扳手手柄，并用大拇指调整涡轮，调整虎口开口宽度，以扳手咬住后松紧度适当，不松不旷为宜，以适应螺母的大小。

③ 拧紧时，右手握紧扳手手柄向内拉动，用力适当，使扳手顺时针转动上扣（固定钳口在右，活动钳口在左）。

④ 卸松时左手握紧扳手手柄向内拉动，用力适当，使扳手逆时针转卸扣（固定钳口在左，活动钳口在右）。

(四) 使用单头固定扳手（死扳手）

① 一手将背帽死扳手打好，另一只手抓住另一个死扳手手柄中部，进行上扣或卸扣操作。

② 转动死扳手时应逐渐用力，防止用力过猛造成滑脱或断裂。

③ 锤击时一手先打好背帽死扳手，另一只手抓住死扳手手柄中部，打好螺帽后，手掌伸开，用掌心与虎口推住死扳手手柄中部。另一人手持大锤锤击死扳手手柄尾部。

五、液压钳

(一) 液压钳的作用与结构

① 液压钳是用于上卸油管扣、抽油杆扣、钻杆扣与井下工具等的专用设备。

② 液压钳的结构包括前导杆总成、主钳、背钳、后导杆总成、悬吊器、液压控制机构总成，如图 2-1-6 所示。

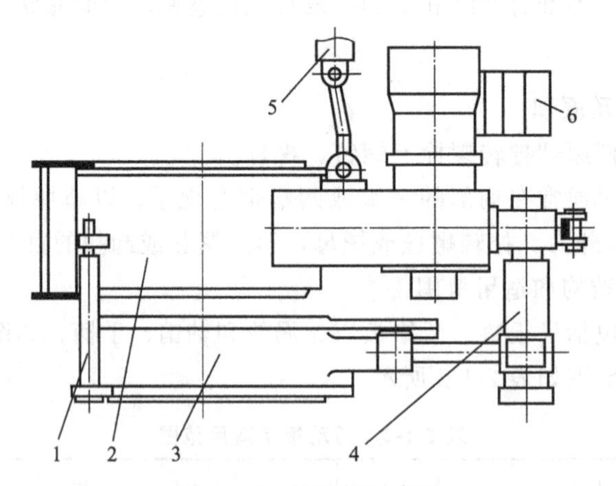

图 2-1-6 液压钳示意图

1—前导杆总成；2—主钳；3—背钳；4—后导杆总成；5—悬吊器；6—液压控制机构总成

(二) 液压钳工作原理

压力源将压力通过输油胶管输入马达，马达主轴转动，经过齿轮系使钳头开口大齿轮转动，同时联接主背钳的输油胶管，将压力输送到背钳油缸，推动齿条运动，经过齿轮副带动颚板（背钳内部与钳牙配合固定油管的构件）相对背钳头主体上的坡板转动一定角度，使颚板总成上的钳牙夹紧油管接箍，同时主钳的钳头开口大齿轮转动，颚板架在制动器摩擦力的作用下，先不转动，迫使颚板上的滚子沿坡板爬坡，推动颚板及钳牙径向移动直至咬紧油管，然后随开口大齿轮转动，实现旋紧或旋开油管螺纹的目的。

六、活动弯头和活接头

（一）活动弯头

1. 活动弯头的结构和作用

① 活动弯头是改变施工中管线的连接方向和方便管线连接的用具。

② 活动弯头是由两臂采用两件组成，中间用高压活动滚珠及密封件连接在一起，其特点是两臂可以自由转向，且一臂连接上管线后，另一臂仍可以转向。在连接管线时，对于高低、左右方向均可以在一定范围内进行调整，使管线连接速度快，因而在修井施工冲洗、压裂等工艺中经常使用，如图 2-1-7 所示。

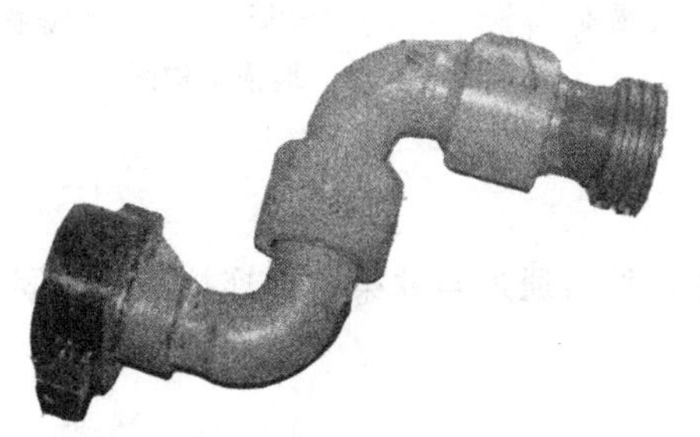

图 2-1-7 活动弯头示意图

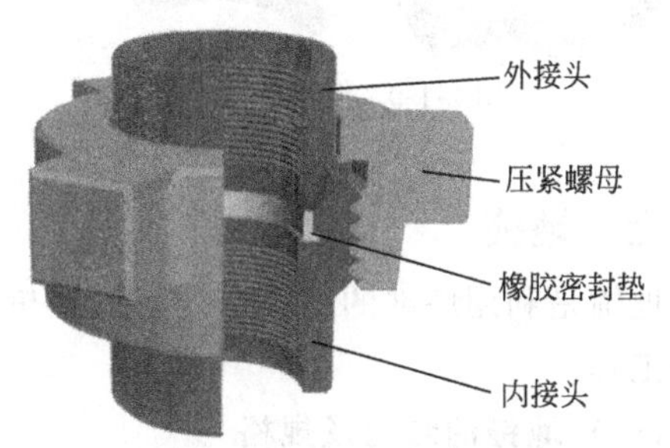

图 2-1-8 活接头示意图

2. 活动弯头的使用

① 先检查活动弯头两端外接头、内接头和压紧螺母的螺纹是否完好，活动密封是否灵活好用，若有损坏应更换。

② 用钢丝刷将螺纹刷干净，涂上黄油。

③ 连接时，一人扶正活动弯头对正活接头，另一人旋转压紧螺母上扣，将活动弯头两端对扣上好，然后用大锤砸紧。

④ 将内接头的密封圈放好，用锤击打压紧螺母的三爪（顺时针方向为旋紧，逆时针为旋松）。

（二）活接头（由壬）

1. 活接头作用与结构

① 活接头是井下作业用中用来连接各种施工管线的用具，具有操作灵活、耐高压等特点。井下作业施工常用的活接头有 ϕ50mm、ϕ62mm、ϕ76mm 三种。

② 活接头包括外接头、内接头、压紧螺母、橡胶密封垫，如图 2-1-8 所示。

2. 活接头的使用

① 先检查活接头的螺纹，若有损坏应更换。

② 用钢丝刷将活接头螺纹刷干净，涂上黄油，接在油管变扣上，用管钳拧紧。

③ 管线连接时，先对扣上好，然后用大锤砸紧。

④ 接头与软管的连接：首先在软管接头外螺纹上缠绕一层密封带，并缠绕均匀。在安装外接头时应先将压紧螺母套过管接头外螺纹，再将外接头拧在软管管接头外螺纹上。

⑤ 外接头与内接头连接：将内接头的密封圈放好，用大锤击打压紧螺母的三爪（顺时针方向为旋紧，逆时针为旋松）。

(三) 其他弯头

弯头实质上是地面管汇连接的附件，当管汇用于冲砂、压裂、酸化和堵水等施工时，弯头可以改变正反循环或交替往井内打入不同液剂，可以不用停泵进行，并有控制高压液流的作用。它由一些高压闸门、油壬、弯头、三通和短节等组成，如图 2-1-9 所示。

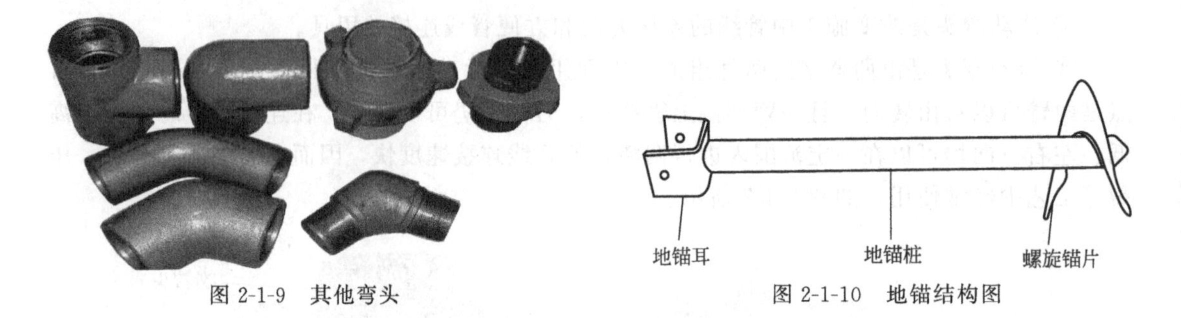

图 2-1-9　其他弯头　　图 2-1-10　地锚结构图

七、地锚

地锚是利用底部的螺旋锚片将地锚桩钻入地下，然后通过与井架绷绳连接来实现固定井架的工具。

(一) 地锚的结构及规格

地锚由螺旋锚片、地锚桩和地锚耳组成，如图 2-1-10 所示。

① 地锚桩长度不小于 1.8m。

② 地锚桩直径不小于 73mm。

③ 螺旋锚片直径不小于 250mm。

④ 螺旋锚片长度不小于 400mm。

(二) 下地锚

1. 步骤

(1) 确定地锚坑位置

① 根据修井机类型确定地锚距离尺寸。

② 以井口为起点，用卷尺沿修井机轴线方向，测量出地锚跨度的垂线距离，再左右确定两个后地锚坑位置。

③ 以修井机轴线井口相反方向，用同样方法确定两个前地锚坑位置。

(2) 挖地锚坑

① 根据地锚坑位置，用铁锹挖外径略大于螺旋锚片的地锚坑。

② 深挖地锚坑，达到螺旋锚片能够实施钻进为止。

③ 达到要求后清理干净地锚坑，使螺旋锚片在地锚坑内完全着地。

(3) 钻进地锚桩

① 将地锚放入地锚坑中，扶正地锚，用铁锹将螺旋锚片掩埋。

② 用加力杠穿过地锚耳，两侧对向旋转进行地锚桩钻进，直至地锚桩外露地面不高于 10cm。

③ 将地锚耳开口方向朝向井架，取下加力杆，完成下地锚操作。

④ 按以上操作方法，依次完成剩余待下地锚。

2. 下地锚注意事项

① 地锚坑应避开管沟、水坑、泥浆池等处，打在坚实的地面上。

②地锚坑应避开地下电缆处。

③ 地锚桩露出地面不高于 10cm。

④ 地锚耳及本体部分无开焊等缺陷。

⑤ 地锚耳开口应朝向井架。

⑥ 地锚销子强度可靠。

⑦ 地锚销应安装垫圈和开口销进行锁固。

⑧ 单体井架一般下 6 个地锚，修井机一般下 4 个地锚。

【技能训练】

一、管钳的使用操作

(一) 上卸油管螺纹操作

① 两名操作人员分别站在井口两侧，一人拿管钳一把，用一只手握住钳柄，另一只手调节管钳的调节环，将钳口开至适当尺寸，以卡住油管接箍为准。

② 叉开双脚站立，一手掌心向上握住管钳中上部，另一只手掌心向下握住管钳尾部，管钳端平，试卡油管接箍，若管钳已咬住油管接箍，打好背钳并扳紧。

③ 另一人拿管钳一把，用一只手握住钳柄，另一只手调节管钳的调节环，将钳口开至适当尺寸，以卡住油管为准。

④ 叉开双脚站立，一手掌心向上握住管钳中上部，另一只手掌心向下握住管钳尾部，管钳端平，试卡油管，若管钳已咬住油管，则双手握住管钳，顺时针旋转上紧油管。

⑤ 待需要加力时，两手握住钳柄，一手掌心朝上，一手掌心朝下，两腿成弓步，腰臂下塌，重心降低，两脚踏实，两人同时用力，直至上紧油管为止，然后去掉上下管钳。

⑥ 卸螺纹操作管钳调整同上，站位、手势相反。

(二) 上卸抽油杆螺纹操作

① 两名操作人员分别站在井口两侧，操作员甲拿管钳一把，用一只手握住钳柄，另一只手调节管钳的调节环，将钳口开至适当尺寸，以卡住抽油杆方头为准。

② 叉开双脚站立，一手掌心向上握住管钳中上部，另一只手掌心向下握住管钳尾部，管钳端平，试卡抽油杆方头，若管钳已咬住抽油杆方头，打好背钳并扳紧。

③ 操作员乙拿管钳一把，用一只手握住钳柄，另一只手调节管钳的调节环，将钳口开至适当尺寸，以卡住抽油杆方头为准。

④ 叉开双脚站立，一手掌心向上握住管钳中上部，另一只手掌心向下握住管钳尾部，管钳端平，试卡抽油杆方头，若管钳已咬住抽油杆方头，则右手掌心向下单手握住管钳中上部，手臂端平，肘部高于管钳旋转位置，顺时针旋转，在管钳旋转过程中，右手自然向后滑动至管钳尾部，同时手掌变成掌心向上握住管钳尾部推向操作员甲。

⑤ 操作员甲在接管钳时，用左手扶住背钳尾部，右手肘部高于管钳旋转位置，手掌向前，拇指朝下，用手掌虎口接住管钳中上部的同时，握紧手掌，顺时针旋转，在管钳旋转过程中，右手自然向后滑动至管钳尾部，同时手掌变成掌心向上握住管钳尾部推向井口操作员乙，二人交替旋转管钳直至将抽油杆上紧扣。

⑥ 待需要加力时，两手握住钳柄，一手掌心朝上，一手掌心朝下，两腿成弓步，腰臂

下塌，重心降低，两脚踏实，两人同时用力，直至上紧抽油杆为止，然后去掉上下管钳。

⑦ 卸螺纹操作管钳调整同上，站位和手法相反。

（三）连接地面管线（配件）操作

① 将地面管线（配件）用支架固定平整，一人拿管钳一把，用一只手握住钳柄，另一只手调节管钳的调节环，将钳口开至适当尺寸，以卡住油管接箍（配件母扣）为准。

② 双脚叉开，双腿呈45°跪蹲在管钳侧面，一手扶住管钳钳头，另一只手握住管钳中下部，管钳倾斜，钳口向上，管钳尾部支撑在坚实地面，卡住油管接箍（配件母扣）。

③ 另一人拿管钳一把，用一只手握住钳柄，另一只手调节管钳的调节环，将钳口开至适当尺寸，以卡住油管（配件）为准。

④ 左右叉开双脚站立，一手掌心向下扶住管钳钳头，另一只手掌心向下握住管钳尾部，试卡油管（配件），若管钳以咬住油管（配件），用手向下按压管钳尾部旋转上紧油管（配件）。

二、液压钳的使用操作

（一）液压钳上扣操作

① 将液压钳的上卸扣旋钮向右旋转180°，将其箭头端指向上扣方向，同时调整背钳旋向，使其与主钳旋向一致。

② 将变速挡手柄向上扳到高速位置，井口两名操作人员面对钳体，手拉钳头把手，将液压钳开口拉向井口油管。

③ 油管进入液压钳开口腔内，操作人员一只手稳住钳头把手，另一只手向外扳钳尾部的节流手柄上扣，初期紧扣后，用右手将挡把下扳，挂低速挡进行油管紧扣。

④ 将节流手柄向里推，使液压钳开口齿轮开口与液压钳本体开口对正，将钳体开口从油管本体上退出。

（二）液压钳卸扣操作

① 将液压钳体上的上卸扣旋钮向左旋转180°，将其箭头端指向卸扣方向，同时调整背钳旋向，使其与主钳旋向一致。

② 井口两名操作人员面对钳体，手拉钳头把手，将液压钳开口拉向井口油管。

③ 油管进入液压钳开口腔内，操作人员左手稳住钳头把手，右手将挡把下扳挂到低速挡，挂好挡后，再用右手推操作杆开始卸油管，卸松后再挂高速挡继续卸扣。

④ 卸完扣后，挂低速挡使液压钳开口齿轮开口与液压钳本体开口对正，将钳体开口从油管本体上退出。

（三）液压钳操作的注意事项

① 液压钳上扣或卸扣过程中，操作人员的手一定要始终握住操纵杆，不能让操纵杆向中间位置回动。

② 复位对缺口时一定要用低挡。

③ 操纵液压钳时，尾绳两侧不准站人，严禁两个人同时操作液压钳。

④ 操作液压钳人员要穿戴好劳保用品，操作动作不要过猛过快，以免发生事故，特别防止“咬手”事故发生。

⑤ 液压管线两端的快速接头要连接好，以防上卸油管螺纹时漏油。

⑥ 液压钳换挡时必须在较慢的转速下进行，以防损坏齿轮。

⑦ 维修液压钳时，必须切断动力源。

三、归纳总结

① 使用管钳时应先检查固定销钉是否牢固，钳头、钳柄有无裂痕，有裂痕者不能使用。

② 较小的管钳不能用力过大，不能加加力杠使用，不能将管钳当榔头或撬杠使用。

③ 在管钳紧扣、卸扣时，井口操作两人要同时对管钳施力，以避免施力不均或施力不同步造成管、杆上不紧或管钳脱手伤人。

④ 不能超过其额定使用范围。

⑤ 管钳地面使用时严禁人员站在钳柄上施力紧扣。

⑥ 用手向下按压管钳尾部时手掌要伸开，以免管钳滑脱伤手。

⑦ 用后要及时清洗，涂抹黄油，防止旋转螺母生锈，用后放回工具架上或工具房内。

⑧ 使用液压钳时要严格执行操作步骤，遵守注意事项。

四、思考练习

(1) 简述管钳上卸油管操作方法。

(2) 简述液压钳上卸扣操作方法。

项目二　常用井下修井工具的使用

【知识目标】

① 了解常用井下修井工具的分类。

② 掌握常见井下修井工具的原理。

【技能目标】

能会使用常见的井下修井工具。

【背景知识】

一、抽油泵及辅助工具

(一) 抽油泵

1. 有杆抽油泵

有杆抽油泵主要由工作筒、游动阀、柱塞、固定阀四大部分组成，根据装配和在油管中的固定方式可分为管式抽油泵和杆式抽油泵（图 2-2-1）。从用途上又可分为常规泵和特种泵。

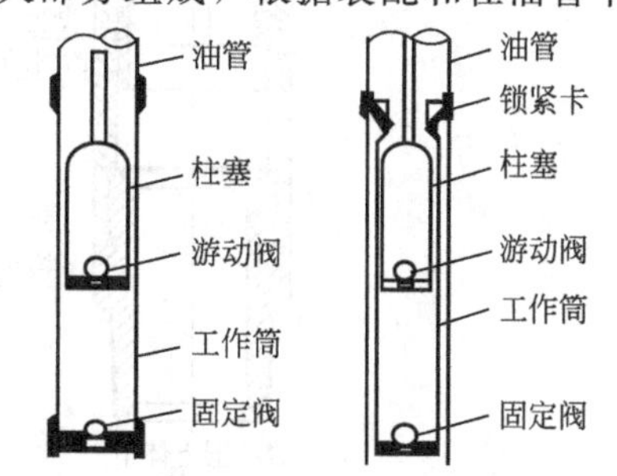

图 2-2-1　抽油泵

(1) 管式抽油泵

管式泵一般由泵筒总成、柱塞总成、固定阀固定装置、固定阀及打捞装置组成。管式泵结构简单，成本低，承载能力大，但检泵需要起下全部油管，工作量比杆式泵大，适用于浅井或中深井。

管式泵可分为整筒泵和组合泵。整筒泵泵筒的材质一般为铬钼铝，经氮化处理，硬度高，耐磨、耐腐蚀，结构简单，但加工难度大。

组合泵泵筒强度高，衬套材质一般为 20CrMn，经渗碳或碳氮共渗处理，硬度高，耐磨，衬套短，易加工，但衬套易错位。

(2) 杆式泵

杆式泵有内、外两个工作筒，外工作筒上端装有锥体座及卡箍，使用时将外工作筒随油管下入井中，然后把装有衬套、柱塞的内工作筒接在抽油杆的下端，放到外工作筒中并由卡簧固定。检泵时不需起出油管，而是通过抽油杆将内工作筒提出。因此，杆式泵又叫插入式泵，适用于下泵深度大，产量较小的油井。

(3) 无杆抽油泵

电动潜油泵是常用的无杆抽油泵。电动潜油泵一般指整套装置，该装置分为井下、地面和电力传送三部分。井下部分主要包括多级离心泵、油气分离器、保护器和潜油电机；地面部分主要包括变压器、控制柜和井口；电力传送部分是电缆。

(二) 泄油器

在油田抽油井中，大多数油井采用的是管式泵。由于管式泵固定阀是单向的，因此，在提油管作业时，油管内的原油就会喷洒在地面上，一方面造成原油损失和环境污染，另一方面增加了作业难度和作业工人的劳动强度。这些问题可以通过在井下管柱安装泄油器来解决。

1. 撞滑式泄油器

(1) 结构与工作原理

撞滑式泄油器由外管、滑套、销钉、密封圈、下接头、撞击头等组成，如图 2-2-2 所示。其工作原理为泄油器的滑套内径小于油管内径，形成第一个直径差。下接头内径小于滑套内径，形成第二个直径差。脱接器上体的上部直径大于下部直径形成第三个直径差。在这三个直径差的协调配合下，脱节器上体进出泄油器时碰不着滑套，因此它具有很高的可靠性。泄油时先将抽油杆提出，投入撞击头，撞击头直径大于滑套内径，撞击头落在滑套上，再投 1～3 根抽油杆，在抽油杆撞击力作用下撞断固定滑套的销钉，露出泄油孔泄油。

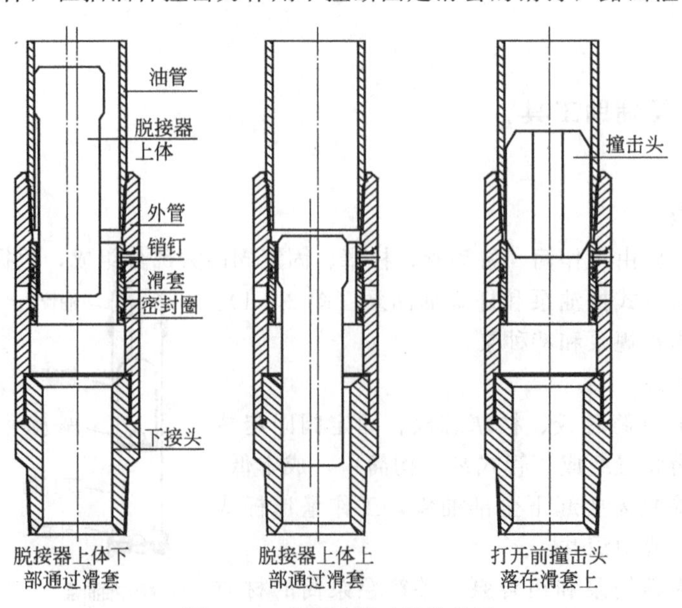

图 2-2-2 撞滑式泄油器结构图

（2）性能参数

撞滑式泄油器的性能参数见表 2-2-1。

表 2-2-1 撞滑式泄油器的性能参数

最大外径	最小通径	长度	联接扣型	适用范围
ϕ89mm	ϕ46mm	420mm	27/8TBG 油管扣	适用于 44 抽油泵
ϕ114mm	ϕ64mm	430mm	31/2TBG 油管扣	适用于 95 抽油泵

（3）使用要求与注意事项

该型泄油器紧接泵上，要求接脱接器的抽油杆上端接头不进入泄油器内。打开泄油器时，要保证撞击头先落于滑套上，抽油杆再撞击泄油器。因撞击头直径大，下落速度慢，要求撞击头投入 10min 后再投抽油杆。

2. 压缩式泄油器

（1）结构与工作原理

压缩式泄油器结构如图 2-2-3 所示，由上接头、外管、滑套、密封圈、弹簧、下接头组成。外管上开有泄油孔，并由滑套及密封圈封，滑套用弹簧支撑，上、下接头内径小于滑套内径，因此，活塞及其他工具通过泄油器时碰不着滑套。故泄油器不会打开，保证作业成功。作业时先将抽油杆起出，然后起油管，当油管见液面时，将开泄体 1～2 根抽油杆投入油管内，当开泄体下落到泄油器外管上部时，由于此处内径大，开泄体打开，外形尺寸大于滑套内径，落座于滑套上，在抽油杆重力作用下压缩弹簧，滑套下行，露出泄油孔泄油。

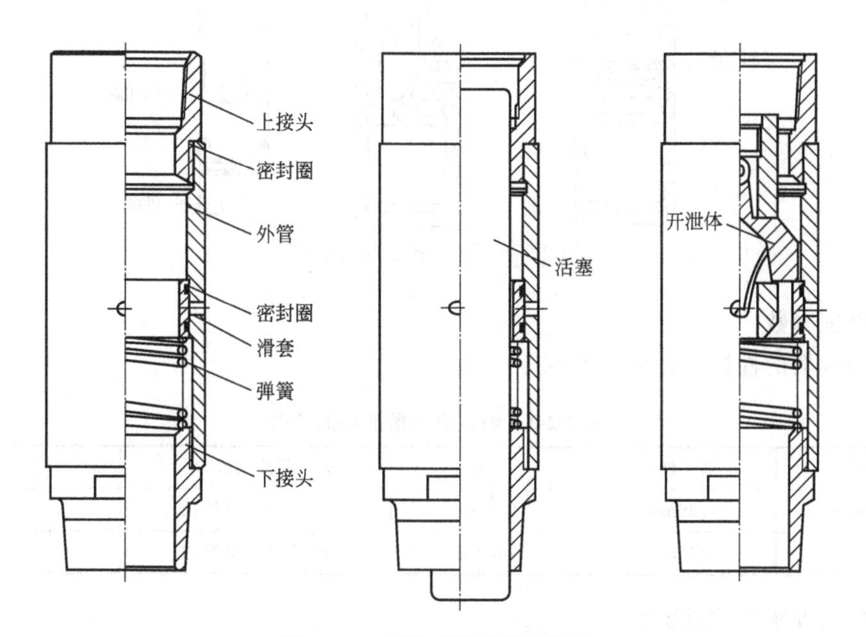

图 2-2-3 压缩式泄油器结构图

（2）性能参数

压缩式泄油器的性能参数见表 2-2-2。

表 2-2-2 压缩式泄油器的性能参数

最大外径	最小通径	长度	联接扣型	适用泵性
ϕ95mm	ϕ59mm	900mm	27/8TBG 油管扣	56 抽油泵
ϕ107mm	ϕ72mm	920mm	31/2TBG 油管扣	70 抽油泵

(3) 使用要求与注意事项

下井时，紧接抽油泵或提升短节上端，接活塞的抽油杆长度大于 7 米。下组合油管的井，油管大小头必须有锥度，防止开泄体遇阻。从井中起出的泄油器，需更换密封圈，试压(20MPa) 合格后方可下井。

3. 销钉泄油器

(1) 结构与工作原理

销钉泄油器由主体、销钉、密封垫等组成，如图 2-2-4 所示。其工作原理为泄油器销钉内有封闭的孔，开口端向外，销钉表面车有剪断控制槽，主体内径小于活塞直径。该型泄油器接在抽油泵固定阀与泵筒之间，由于活塞直径大于主体内径，因此活塞碰不着销钉。作业时先提出活塞，再提出油管，提出油管见液面后投入抽油杆（锯掉接头），抽油杆下落的冲击力作用在销钉上，使销钉在剪断控制槽处剪断，泄油器上部的液体泄入到井内。

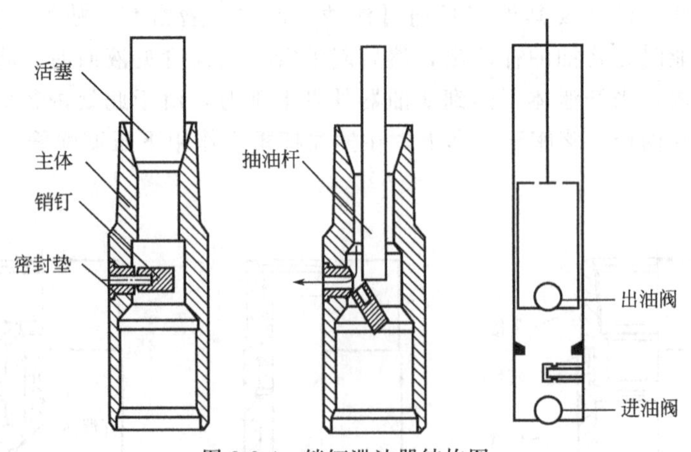

图 2-2-4 销钉泄油器结构图

(2) 性能参数

销钉泄油器的性能参数见表 2-2-3。

表 2-2-3 销钉泄油器的性能参数

最大外径	最小外径	长度	联接扣型	适用范围
ϕ89.5mm	ϕ36mm	230mm	27/8TBG 油管扣	≤56 泵
ϕ107mm	ϕ60mm	242mm	31/2TBG 油管扣	70 泵

(3) 使用要求与注意事项

该型泄油器不能在液压座封、磁性定位、防砂卡泵等抽油管柱上使用，因为该泄油器不能投固定阀。

(三) 油管悬挂器

油管悬挂器又名油管头，如图 2-2-5 所示。其作用是悬挂井内油管，并密封油管和油层套管之间的环形空间，为下接套管头、上接采油树提供过渡；通过油管头四通上的两个侧口（接套管阀门），完成套管注入及洗井等作业。顶丝的作用是防止井内压力太高将管柱顶出。安装和拆卸油管悬挂器是修井作业中比较重要的环节。

1. 锥形油管悬挂器

锥形油管悬挂器是一个锥形体，如图 2-2-6 所示，在油管悬重下，油管悬挂器牢牢的坐在四通锥座里。

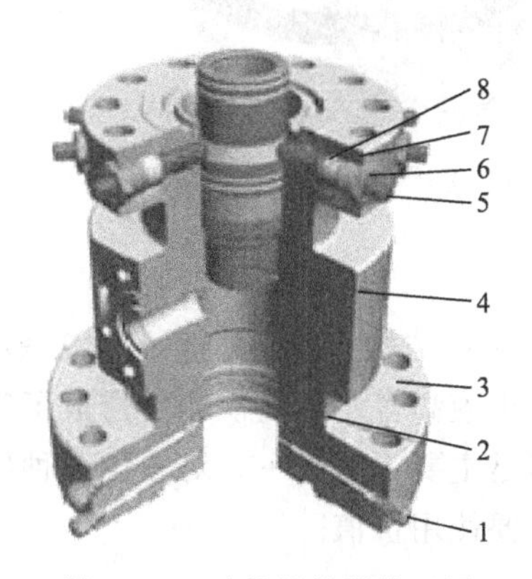

图 2-2-5　油管悬挂器位置图

1—注脂阀；2—BT 密封圈；3—油管头四通；4—油管悬挂器；5—顶丝；6—顶丝压帽；7—填料；8—填料垫片

图 2-2-6　锥形油管悬挂器

2. 其他油管悬挂器

（1）带电缆密封油管悬挂器

该油管悬挂器主要是用于电潜泵采油井，利用增加带电缆装置来实现电潜泵的采油作业（图 2-2-7）。

（2）缠绕式油管悬挂器

该油管悬挂器是一种缠绕密封式悬挂器，这种密封可通过拧紧油管四通的锁紧螺栓而增能，适用于工作压力高达 10^3MPa 的工作条件（图 2-2-8）。

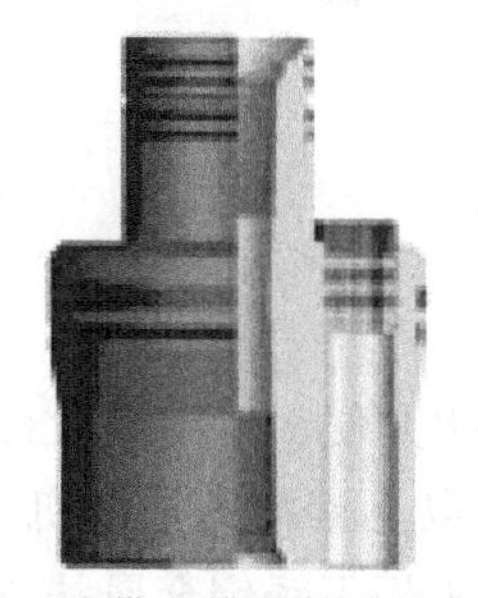

图 2-2-7　带电缆密封油管悬挂器

图 2-2-8　缠绕式油管悬挂器

（3）金属密封油管悬挂器

该油管悬挂器主要是用来在允许油管互换的情况下对油管头/套管头环面进行密封控制（图 2-2-9）。

（4）双油管悬挂器

双油管悬挂器可同时悬挂两根油管进行分层采油（图 2-2-10）。

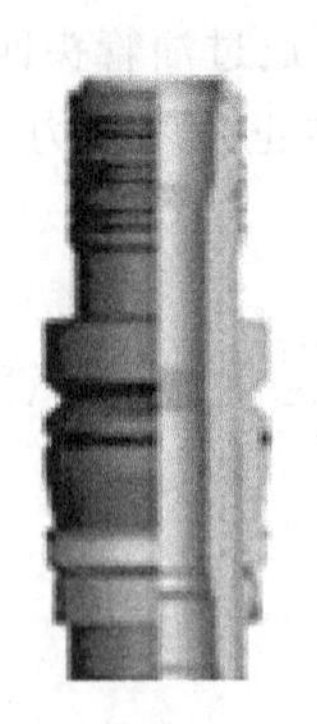
图 2-2-9　金属密封油管悬挂器

图 2-2-10　双油管悬挂器

（四）抽油杆扶正器

管杆偏磨是油田生产过程中的常见问题。其中，井身结构是管杆偏磨的主要影响因素；管杆受力运动失稳弯曲，也会造成管杆接触磨损；产出液高含水、高矿化度造成了管、杆腐蚀，加剧了偏磨。在多种防偏磨工艺中，使用扶正器是主要方法之一，对减少各种原因造成的管、杆偏磨，减少作业次数，提高原油产量具有重要使用价值。

1. 尼龙抽油杆扶正器

尼龙抽油杆扶正器（图 2-2-11）适用于偏磨的抽油井，尤其适用于抽油杆中和点以上偏磨的抽油井和定向斜井。工作原理为将扶正器连接在抽油杆上，利用扶正套的外径大于抽油杆接箍外径起扶正作用。所用扶正套是高强度耐磨材料，与油管接触使扶正体磨损，而减少油管的磨损，以达到防偏磨的目的。

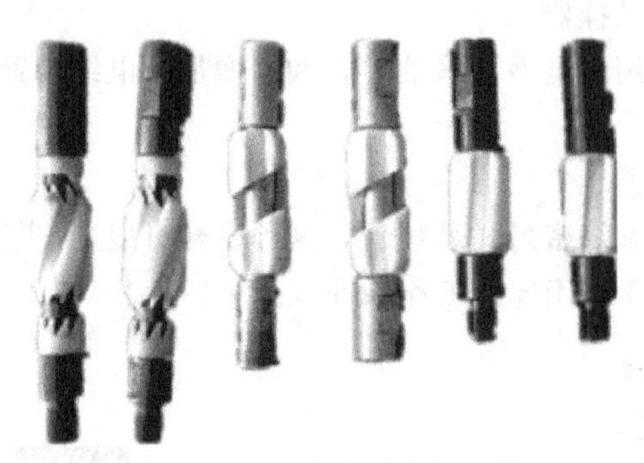
图 2-2-11　尼龙抽油杆扶正器

2. 全金属抽油杆扶正器

全金属抽油杆扶（图 2-2-12）正器具有结构简单、使用方便、使用寿命长、相对成本低的特点。适用于偏磨的抽油井，尤其适用于抽油杆中和点以上偏磨的抽油机井和定向斜井。工作原理与尼龙抽油杆扶正器相同，全金属抽油杆扶正器采用不锈钢金属扶正套，减阻面耐磨耐温高，扶正套为三棱结构，棱弧与油管内径相近，增加了摩擦面，减小磨损阻耗。

3. 尼龙抽油杆扶正器使用步骤

① 检查扶正器连接螺纹是否完好，并对扶正器长度、最大外径进行丈量并做好记录。

② 根据设计计算得出抽油杆扶正器在井深位置，下抽油杆时，在井口把抽油杆扶正器接在两根抽油杆之间，上紧螺纹。

③ 按下抽油杆操作程序把扶正器下到设计位置与井斜较大井段。

④ 起抽油杆见到抽油杆扶正器用管钳卸下，检查磨损情况，并做好记录。

抽油杆扶正器使用注意事项：

① 扶正器在与抽油杆连接时，严禁在扶正套上打背钳，确保该扶正器没变形。

② 下井的泵管必须用标准的通径规通管。

③ 抽油杆扶正器在旧油管的油井使用，旧油管公扣必须进行45°倒角处理。

4. 抽油杆扶正刮蜡器

（1）用途

抽油杆扶正刮蜡器（图 2-2-13）具有结构简单、使用方便、使用寿命长、相对成本低的特点。适用于结蜡、结垢、偏磨的抽油机井，对油管内壁结蜡、结垢进行刮削，同时达到扶正防偏磨效果。

图 2-2-12　全金属抽油杆扶正器

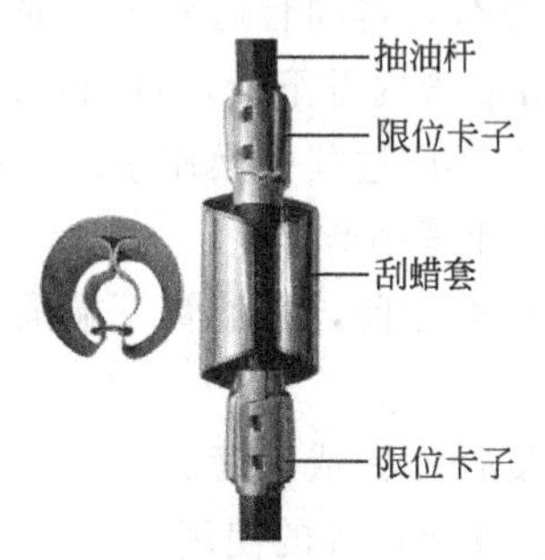

图 2-2-13　抽油杆扶正刮蜡器

（2）工作原理

随抽油杆的上下运动，刮蜡套可以根据抽油杆的倾斜方向自动快速的旋转，刮蜡套作为刮蜡片使用，对油管内壁进行清蜡、除垢处理，用物理方法代替化学方法的清蜡、除垢过程能有效避免对油层以及周边环境的污染。同时其耐磨面与油管内壁相吻合，减少刮蜡套与油管内壁的磨损，对抽油杆起到扶正作用。

（3）特点

① 刮蜡套表面喷焊处理，磨削、抛光后，质硬、光洁度高；特定的斜度，使刮蜡套受力时自主旋转，对油管内壁的结蜡、结垢进行刮削，同时大大减小了油管与刮蜡套间的磨损，刮蜡套既起到扶正作用，又保护了油管壁，还延长了产品的使用寿命。

② 抽油杆扶正刮蜡器过流面积大，既减小了抽油杆上下运动时的阻力，又尽量避免了对出过油量造成影响。

二、检测工具

判断、证实井下状况是处理井下事故和油水井大修作业的前提，是选择应用修井工具的主要依据。因此，检测工具的作用是很重要的。

（一）通径规

通径规是检测套管、油管、钻杆以及其他管子内通径尺寸的简单而常用的工具，是修井、作业检测的常用工具，应用十分广泛，了解和掌握通径规的正确使用和维护保养方法，是保障安全、高效施工的基本要求。

1. 通径规的类型

通径规（图 2-2-14）的类型有以下三种，它取决于检查的管子种类及管子的大小。

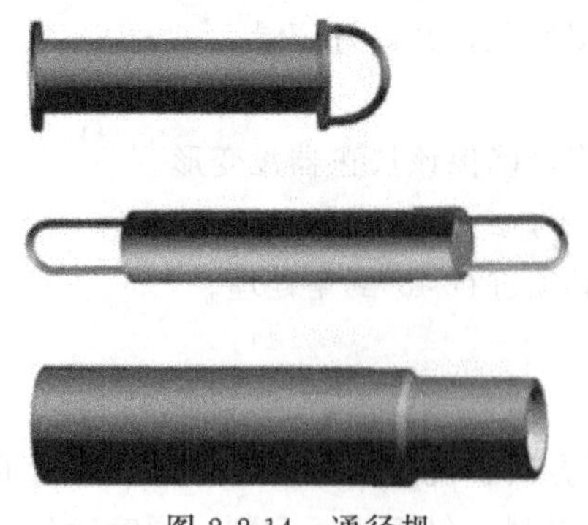

图 2-2-14　通径规

① 油管通径规：小于被检查油管 3mm 左右，用于检查油管内径，对油管内的异物进行清理。

② 套管通径规：套管通径规常被称为通井规，一般情况下，小于被检查套管 6～8mm，用于检查套管内径，是检测套管完好状况和井筒内有无异物的有效方法，为下步下井工具能否通过预定井段做准备。

③ 空心抽油杆通径规：有 ϕ19mm、ϕ22mm 两种，用于检查空心杆的内径，以及清除杆内的水垢等异物。

2. 通径规的使用

(1) 油管通径规的使用步骤

① 下管时，将油管通径规从油管接箍端放入油管内，油管在上提过程中油管通径规利用自重，沿油管内壁下滑，从而对油管内壁的杂物进行清理。

② 上提管柱过程中操作手注意控制上提速度，井口接油管人员用手扶正油管，使油管通径规落在油管小滑车上。

③ 管柱对扣前，将油管下端推至稍偏离井口位置，待油管内的杂物下落完全后再进行对扣操作。

④ 重复操作完成通管。

(2) 套管通径规的使用

① 下井前，检查通井规是否清洁、完好，并测量、记录。

② 检查、丈量油管，计算深度。

③ 将通井规的上接头与下井的最下面一根油管连接，下入井筒内。

④ 控制下放速度，控制在 10～20m/min，下到距离设计位置或人工井底 100m 时下放速度不超过 5～10m/min。

⑤ 当通到人工井底悬重下降 10～20kN，重复两次探井底，使测得人工井底深度误差小于 0.5m。

⑥ 完成通井操作，起管柱。

3. 通径规使用注意事项

① 油管通径规、空心抽油杆通径规必须清洁、完好，不得将异物带入油管或抽油杆内。

② 不能弯曲、变形，使用过程中不能落地。

③ 在通管和通杆过程中，上提管、杆时，应控制好上提速度，接管、杆人员勿将手放在油管通径规或空心抽油杆通径规的出口处，以免将手砸伤。

④ 通井时中途遇阻，悬重下降控制在 20～30kN，严禁猛顿硬压。

⑤ 通井规下至 45°拐弯处，单根下放速度应小于 2m/min，并采用下一根上提一根再下一根的方法下入。

⑥ 通井规进入井斜 45°井段后，必须连续施工。

(二) 铅模

铅模打印是利用铅模与落鱼或套管接触产生塑变性所留下的印痕来探视和验证井下落鱼的鱼顶深度、状态和套管变化情况的一项工艺措施。生产的油水井由于井下落物或套管损坏等原因，造成油井停产，为了恢复生产可能采取捞、磨、钻、铣等处理措施，一般在实施之前需要先了解井下情况，这时一般都要通过铅模打印对井下情况进行探视后做出判断，所以铅模打印是修井作业中十分重要的施工工艺。

1. 铅模的结构

铅模由接头、拉筋、铅体、水眼组成，如图 2-2-15 所示。

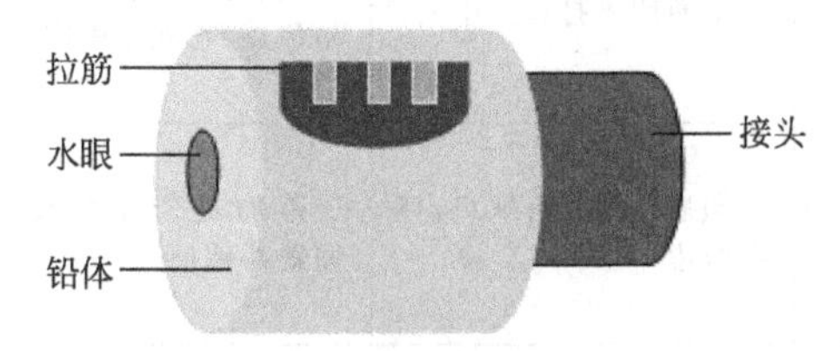

图 2-2-15　铅模结构示意图

2. 使用铅模打印的方法

(1) 硬打印

① 铅模下井前进行实物照相并绘制简单草图，将铅模连接在下井的第一根油管底部下入井内。

② 铅模下至鱼顶以上 5m 左右时，正循环大排量冲洗，排量不小于 500L/min，边冲洗边慢下油管，下放速度不超过 2m/min。

③ 当铅模下至距鱼顶 0.5m 时，停止下放，以不小于 500L/min 大排量冲洗鱼顶 15min 以上后停泵，下放油管到达鱼顶遇阻后加压打印，一般加压 20～30kN，特殊情况可适当增减，但增加钻压不能超过 50kN，只能一次打印，不能重复打印。

④ 起出全部油管，关好井口，卸下铅模进行文字、拓图或照相录取印痕，并核实打印深度。

(2) 软打印

① 将铅模与下井钢丝绳连接牢固下入井内，控制下放速度，让钢丝绳保持一定的张力。

② 当铅模下放至鱼顶以上 10m 左右，应快速下放，以便打出清晰印痕，一次打印。

③ 匀速上提，防止突然遇阻拉断钢丝绳。

④ 起出铅模后，用文字、拓图或照相把铅模印痕特征、尺寸描述清楚。

(三) 印痕分析判断

印痕分析判断主要的形式一是通过印痕的测量数据，二是对比查找与印痕相符的实物得出结论。三是作图、模拟再现井下情况得出结论。以及凭借工作经验对印痕直接作出判断得出结论。常见铅模印痕分析判断表如表 2-2-4 所示。

表 2-2-4　常见铅模印痕分析判断表

类别		印痕	简单描述	分析判断	处理方法
落物	杆类		落物打印在铅模正中、清晰	鱼顶清晰，落鱼直立正中	下母锥或卡瓦打捞筒
			铅模边缘有斜印痕	落鱼斜倒	应下带引鞋或带扶正器的打捞工具
			铅模平面有一横倒半圆长条痕	落鱼倒放	下带拨钩或引鞋的工具

续表

类别		印痕	简单描述	分析判断	处理方法
落物	管类		单圈印痕打在正中间	说明落物是管类公扣鱼头，直立于中间	用打捞杆类工具
			印痕单圈并有缺口，打在旁边	落物是公扣鱼头，偏斜并破损	用打捞杆类工具，注意保护鱼头
			印痕单圈打在旁边	公扣鱼头，斜立于井中	下带引鞋和带扶正器的打捞工具
		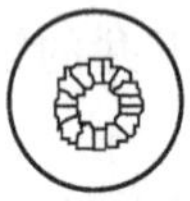	双圈印打在正中	管类母扣、鱼头直立	用捞矛或公锥打捞
			双圈打偏在铅模底	管类母扣、鱼头歪斜	用带公扣或引鞋的打捞工具
	绳类		铅模底有绳痕	钢丝绳落在井底	用打捞绳类工具
		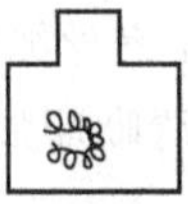	铅模侧面有绳痕	钢丝绳落在井旁边	
		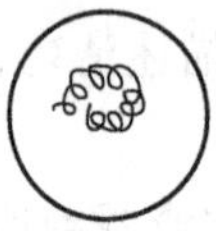	铅模底有绳痕	钢丝落在井底	用打捞绳类工具
			几段直杆圆形痕在铅模底部	电缆落在井底	
	小件		铅模角有半圆洞痕	钢球落在井底	
			负模底部有清晰的扳手印痕	扳手落在井底	用打捞小件落物工具
		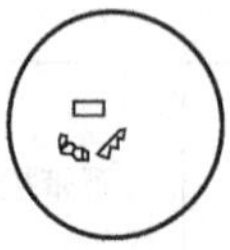	铅模底部有清晰的三个牙块痕	多种落物，三个牙块在正中	

续表

类别		印痕	简单描述	分析判断	处理方法
套管	破裂		铅模侧缘有两道刀切条痕	套管裂缝缘所划破	进行套管补贴或取套、换套
			铅模侧缘有两道宽缝裂痕	套管裂口锋缘所划破	
	变形		铅模一边缘偏陷	单向套管变形	采用胀管器或爆炸整形
			铅模两缘偏陷	双向或多向变形	
其他			铅模底部只有砂粒印痕	说明接触到砂面，落物已砂埋	冲砂或带水眼及冲管打捞工具打捞
			铅模底部正中间内陷，但边缘是钝形没锐角	修井液将铅模压穿，井下没遇到落物	冲洗井底

（四）铅模打印注意事项

① 打印时控制速度，保证一次加压，严禁二次加压，禁止来回两次以上或转动管柱打印。

② 起下油管要平稳操作，严禁猛提猛放。

③ 铅模下井前必须认真检查连接螺纹、接头及壳体镶装程度，外径一般小于套管内径6～8mm。

④ 下铅模前必须将鱼顶冲洗干净，严禁带铅模冲砂。

⑤ 冲洗打印时，洗井液要干净无固体颗粒，经过滤后方可泵入井内。

⑥ 在修井泥浆里打铅印，当铅模下入井内后，因故停工，应装好井口，将井内修井泥浆替净或将铅模起出，防止修井泥浆沉淀卡钻。

⑦ 当套管缩径、破裂、变形时，下铅模打印加压不超过30kN，以防止铅模卡在井内。

⑧ 软打印一般不适用水平井、稠油井或斜井。

（五）胶膜

铅模打印主要是利用铅模的下端面取得井下状况的印痕，铅模侧面则多是被挤压或刮削的痕迹，不能较为形象的反映套管破损的状态。人们就利用一种橡胶制作的印模来探查套管破损状态，原理是利用液力挤压橡胶在套管破损处产生塑变留下痕迹，这种印模被称为胶模。

使用胶膜打印操作过程如下。

① 管柱结构自上而下为：油管、胶模。

② 胶模接头涂抹密封脂，连接后下入井内，下管速度不宜过快，以免中途将胶模顿碰损坏。

③ 将侧面打印胶模管柱下至设计深度，核定无误后，向管柱内灌注清水，当有压力显示后，在0.5～1.0MPa稳压5min，之后放掉管柱内压力起出打印管柱。注意侧面打印只许进行一次，核定深度时应考虑管柱的伸长。

④ 起出打印管柱录取印痕。

三、打捞工具

在修井作业中，打捞作业占三分之二以上，而井下落物种类繁多，形态各异，主要有管类落物、杆类落物、绳类落物、井下仪器工具类落物、破损胶皮、卡瓦及磨套铣金属碎屑等。打捞工具是针对不同落物的特点设计制造的。

打捞工具主要包括打捞筒、打捞矛、公锥、母锥、强磁打捞器、老虎嘴、内钩、外钩、一把抓、捞杯、钢丝刷等。

(一) 管类打捞工具

1. 滑块卡瓦打捞矛

(1) 用途

打捞具有内孔的落物，或配合其他工具使用。可以用于打捞钻杆、油管、套管、衬管、封隔器、配水器等具有内孔的落物，又可以对遇卡落物进行倒扣作业或配合其他工具使用(如震击器、倒扣器等)。

(2) 结构

滑块卡瓦打捞矛包括上接头、矛杆、卡瓦、锁块、螺钉，如图2-2-16所示。

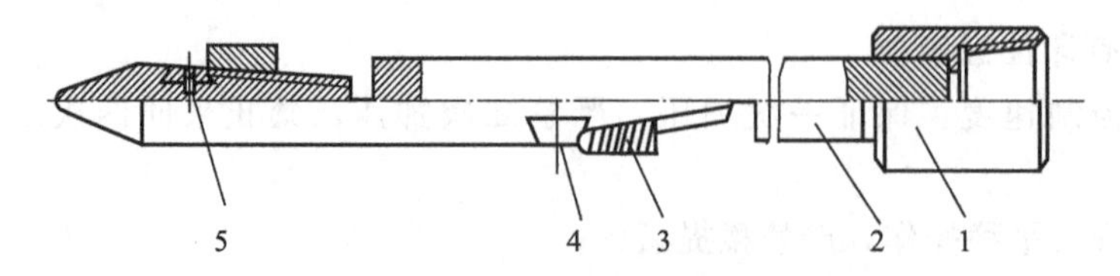

图2-2-16　滑块卡瓦打捞矛结构示意图

1—上接头；2—矛杆；3—卡瓦；4—锁块；5—螺钉

(3) 工作原理

工具进入鱼腔之后，卡瓦依靠自重向下滑动，卡瓦与斜面产生相对位移，卡瓦齿面与矛杆中心线距离增加，使其打捞尺寸逐渐加大，直至与鱼腔内壁接触为止。上提矛杆时，斜面向上运动所产生的径向分力，迫使卡瓦咬入落物内壁，实现打捞。

2. 分瓣捞矛

(1) 用途

FB型分瓣捞矛专门用于打捞上部带有油管接箍的各种规格的油管柱。

(2) 结构

分瓣捞矛包括上部接头、锁紧螺母、导向螺钉、分瓣矛爪、胀管、冲砂管，如图2-2-17所示。

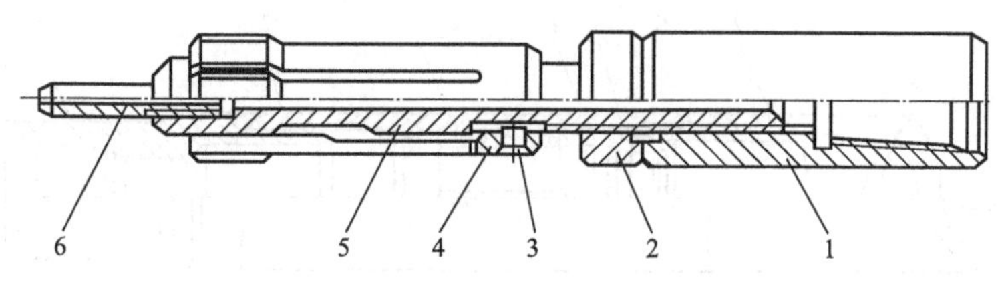

图 2-2-17　分瓣捞矛示意图

1—上部接头；2—锁紧螺母；3—导向螺钉；
4—分瓣矛爪；5—胀管；6—冲砂管

（3）工作原理

工具入井至落鱼顶时，开泵循环冲洗鱼顶，露出接箍后，下压管柱，使分瓣捞矛与接箍对扣，然后上提管柱，在胀管上行时其斜面产生的径向力促使捞矛咬紧接箍而捞获落鱼。

3. 可退式打捞矛

（1）用途

可退式打捞矛是从鱼腔内孔进行打捞的工具，可与安全接头、上击器、管子割刀等组合使用。

（2）结构

可退式打捞矛包括芯轴、圆卡瓦、释放圆环、引鞋，如图 2-2-18 所示。

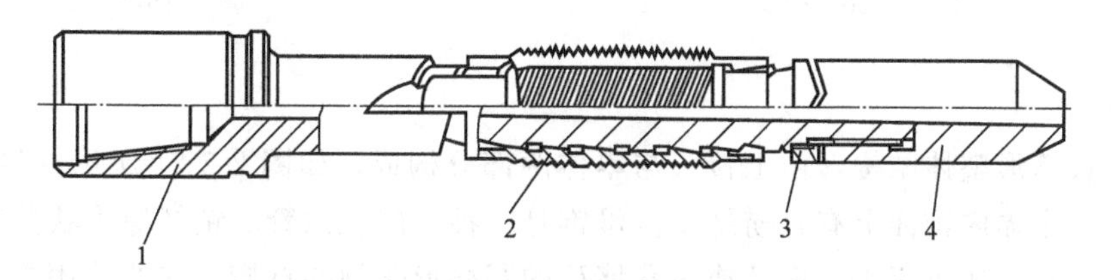

图 2-2-18　可退式打捞矛示意图

1—芯轴；2—圆卡瓦；3—释放圆环；4—引鞋

（3）工作原理

① 打捞：自由状态下，卡瓦外径略大于落物内径，进入鱼腔时，圆卡瓦被压缩，产生外胀力，使卡瓦贴紧落物内壁。随着芯轴上行和提拉力的逐渐增加，芯轴、卡瓦上的锯齿形螺纹互相吻合，卡瓦产生径向力，咬住落鱼实现打捞。

② 退出：给芯轴一定的下击力，使圆卡瓦与芯轴的内外锯齿形螺纹脱开，正转钻具 2～3 圈，圆卡瓦与芯轴产生相对位移，促使圆卡瓦沿芯轴锯齿形螺纹向下运动，直至与释放环上端面接触为止，上提钻具退出落鱼。

4. 可退式卡瓦打捞筒

（1）用途

可退式卡瓦打捞筒是从管子外部进行打捞的工具，可打捞不同尺寸的油管、钻杆和套管等鱼顶圆柱形的落鱼，并可与震击类工具配合使用。

（2）结构

可退式卡瓦打捞筒包括接头、筒体总成、篮式卡瓦、铣控环、内密封圈、O 形圈、引鞋，如图 2-2-19 所示。

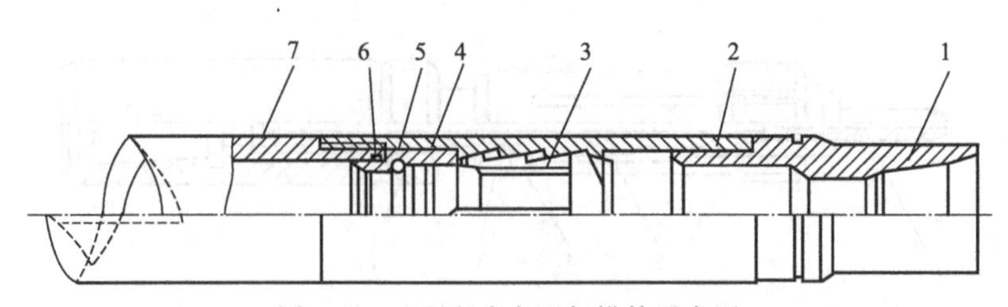

图 2-2-19　可退式卡瓦打捞筒示意图

1—接头；2—筒体总成；3—篮式卡瓦；4—铣控环；5—内密封圈；6—O 形圈；7—引鞋

（3）工作原理

当该工具捞获落鱼后，上提钻具，卡瓦外螺旋锯齿形锥面与筒体内相应的齿面有相对位移，从而将落鱼卡紧捞出。

5. 公锥

公锥是一种专从钻杆、油管等有孔落物的孔内进行造扣打捞的工具，其结构如图 2-2-20 所示。公锥的使用方法及要求等详细内容可见学习情境六中管类落物打捞内容。

图 2-2-20　公锥

图 2-2-21　母锥

6. 母锥

母锥是长筒形整体结构，由上接头与本体两部分构成，如图 2-2-21 所示。接头上有正、反扣标志槽，本体内锥面上有打捞螺纹。母锥是一种专门从油管、钻杆等管状落物外壁进行造扣打捞的工具。还可用于无内孔或内孔堵死的圆柱形落物的打捞。它的使用方法及要求等详细内容可见学习情境六中管头落物打捞。

7. 接箍捞矛

（1）用途

接箍捞矛（图 2-2-22）是专门用来捞取鱼顶为接箍的工具。这种捞矛的主要特点是：无论接箍处于较大的套管环形空间内，还是处于较小的管柱环形空间内，都能准确无误地将落物抓住捞出。

图 2-2-22　接箍捞矛

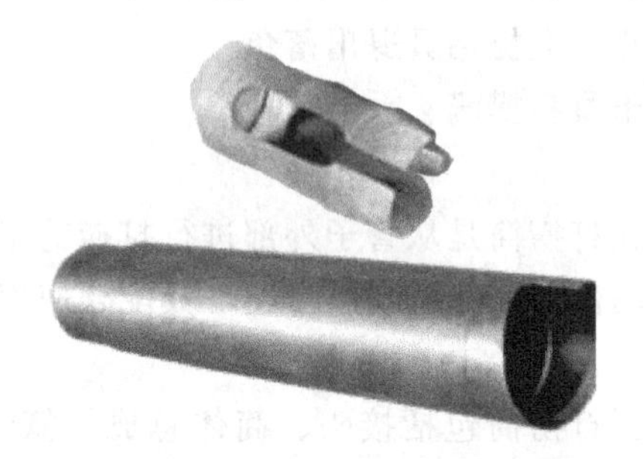

图 2-2-23　可退式倒扣捞筒示意图

（2）结构

接箍捞矛按其打捞的落物分类，可分为抽油杆接箍捞矛和油管接箍捞矛。

8. 可退式倒扣捞筒

可退式倒扣捞筒（图 2-2-23）是一种通过落鱼外部并可实现旋转倒扣的打捞工具，在落鱼无法整体捞出时可实现倒扣部分打捞，又可实现脱离落鱼即可退。

可退组合捞筒 ZLT-T 系列结构简单，可通过改变卡瓦实现不同直径尺寸落鱼的打捞。打捞施工中，可实现鱼顶冲洗以及打捞后密封洗井。在打捞负荷过大，落鱼无法捞出时可退出打捞。

9. 开窗打捞筒

（1）用途

开窗打捞筒是一种用来打捞长度较短的管状、柱状落物或具有卡取台阶且无卡阻落物的工具，如带接箍的油管短节、筛管、测井仪器、加重杆等。也可在工具底部开成抓齿形组合使用。

（2）结构

开窗打捞筒（图 2-2-24）是由筒体与上接头两部分焊接而成。上接头上部有与钻柱连接的钻杆螺纹，下端与筒体焊接。筒体上开有 1～3 排梯形窗口，在同一排窗口上有变形后的窗舌，内径略小于落物最小外径。在筒体上端钻有 4～6 个小孔，作为塞焊孔，以增加与接头的连接强度。

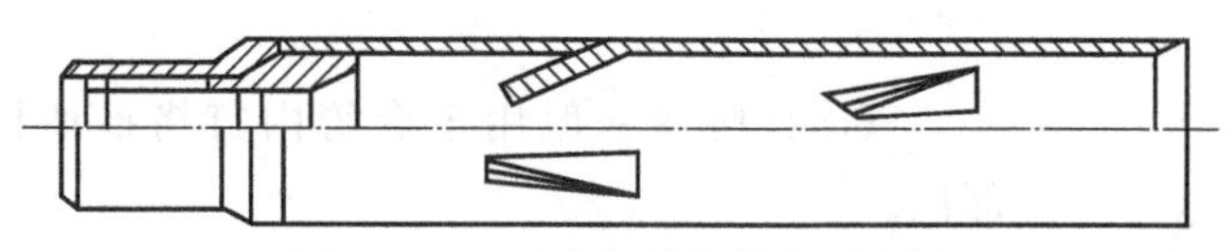

图 2-2-24 开窗打捞筒结构示意图

当落鱼进入筒体并顶入窗舌时，窗舌外胀，利用反弹力紧紧咬住落鱼本体，上提钻具，窗舌卡住台阶，即把落物捞出。

10. 倒扣捞矛

倒扣捞矛（图 2-2-25）是内捞工具，它可以打捞钻杆、油管、套铣管、衬管、封隔器、配水器、配产器等具有内孔的落物，可对遇卡落物进行倒扣作业，又可释放落鱼，还能进行洗井液循环。

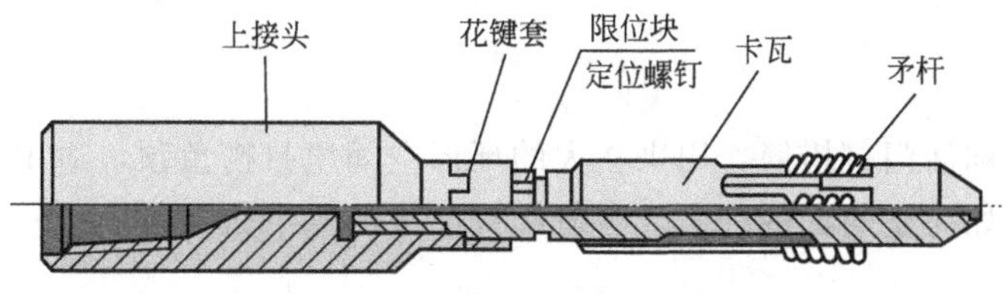

图 2-2-25 倒扣捞矛示意图

（二）杆类打捞工具

1. 抽油杆打捞筒

（1）用途

抽油杆打捞筒是用来打捞抽油杆本体和接箍的打捞工具。只要更换不同尺寸的卡瓦或不同类型的引鞋就可以改变打捞抽油杆和接箍规格。

（2）结构

抽油杆打捞筒包括上接头、弹簧座、弹簧、筒体、卡瓦、引鞋，如图 2-2-26 所示。

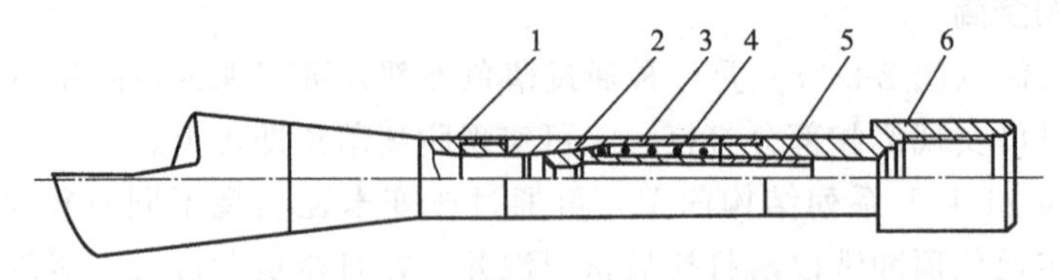

图 2-2-26　抽油杆打捞筒示意图

1—引鞋；2—卡瓦；3—筒体；4—弹簧；5—弹簧座；6—上接头

（3）工作原理

打捞筒筒体下部内壁有一倒斜锥面，装入筒体的两瓣剖分式卡瓦的外锥面与其相吻合，卡瓦内孔有锯齿形牙齿。当工具引入井下至鱼顶时，在继续旋转下放过程中，落鱼被引鞋引入筒体内向上推动卡瓦，此时卡瓦内孔逐渐变大，弹簧被压缩，抽油杆体进入卡瓦，直至弹簧座上台阶顶住上接头下端面、悬重下降为止，然后上提打捞筒，在弹簧推力作用下，卡瓦下行，在筒体斜面径向力作用下其牙齿吃入抽油杆体，随着上提负荷的增加夹紧力也越大，从而实现打捞目的。它的使用方法等详细内容可见学习情境六中杆类落物打捞。

2. 三球打捞器

（1）用途

三球打捞器一般用于套管内打捞抽油杆接箍或加厚台肩部位。

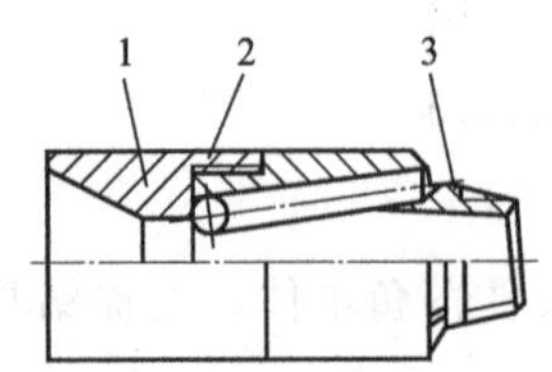

图 2-2-27　三球打捞器示意图

1—引鞋；2—钢球；3—筒体

（2）结构

三球打捞器包括筒体、钢球、引鞋，如图 2-2-27 所示。

（3）工作原理

抽油杆接箍或台肩进入引鞋后，推动钢球沿斜孔上升，三个球形成的内切圆增大。待接箍或台肩通过三个球后，三个球依其自重沿斜孔回落，停靠在抽油杆本体上。上提钻具，抽油杆台肩或接箍因尺寸较大无法通过而压在三球上，三个球给落物以径向夹紧力，从而抓住落鱼。三球打捞器的详细操作内容可见学习情境六中杆类落物打捞。

3. 活页打捞筒

（1）用途

活页打捞筒又称活门打捞筒，用来在大的环形空间里打捞鱼顶，适用于代台肩或接箍的小直径杆类落物，如完整的抽油杆、代台肩和代凸缘的井下仪器等。

（2）结构

活页打捞筒由上接头、活页总成、隔环、筒体组成，如图 2-2-28 所示。

（3）工作原理

鱼顶接箍引入筒体后，顶开活页卡板，活页卡板绕销轴转动，当接箍通过卡板后，在弹簧的作用下卡板自动复位，接箍以下管柱正好进入活页卡板的开口里，上提工具，接箍卡在活页卡板下，实现打捞。活页打捞筒的操作使用内容可见学习情境六中杆类落物打捞。

（三）绳类打捞工具

1. 螺旋式外钩

（1）用途

螺旋式外钩一般用来打捞井内的电缆、钢丝绳、录井钢丝等。

（2）结构

螺旋式外钩包括螺锥、钩齿、钩杆、接头，如图 2-2-29 所示。

图 2-2-28　活页打捞筒

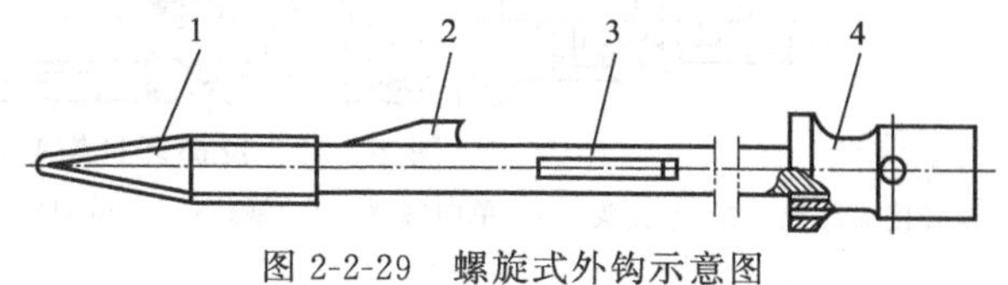

图 2-2-29　螺旋式外钩示意图

1—螺锥；2—钩齿；3—钩杆；4—接头

（3）工作原理

螺旋式外钩靠螺锥插入绳、缆内，钩齿挂捞绳、缆，旋转管柱，形成缠绕，实现打捞。螺旋式外钩的使用操作详细内容见学习情境六中绳类及小件落物打捞。

2. 钩类打捞工具

常见打捞绳类落物工具有内钩、外钩、内外组合钩，如图 2-2-30 所示。对于绳类落物可以用内钩或者外钩进行打捞。将其插入落井钢丝、钢丝绳或者电缆内，正转 5～6 圈试提，如载荷增加，证明已经捞上。其操作详细内容可见学习情境六中绳类及小件落物打捞。

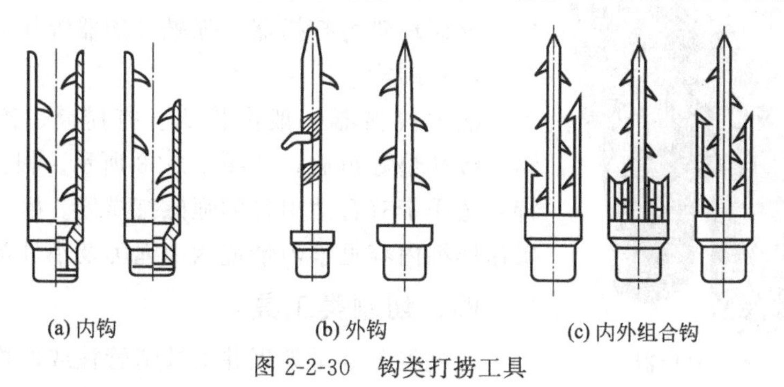

图 2-2-30　钩类打捞工具

（四）打捞小件落物的工具

1. 一把抓

用来打捞单独的落井小件落物，比如卡瓦牙、钢球等。把它下入预定位置后，变换几个方向下放，寻找放入最大位置，在这个位置上，交替进行加压与旋转，使牙齿逐渐往里包、抓住落物，如图 2-2-31 所示。

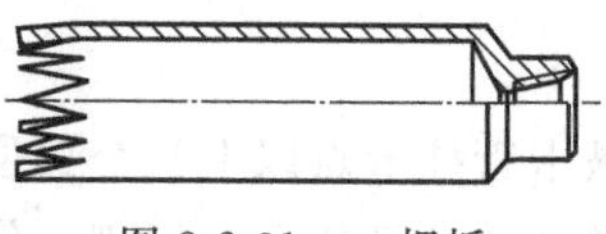

图 2-2-31　一把抓

2. 反循环打捞篮

（1）用途

反循环打捞篮一般用于打捞井底重量较轻、碎散落物，也可抓捞柔性落物。

（2）结构

反循环打捞篮包括提升接头总成、上接头、单向阀罩、钢球、单向阀座、筒体总成、篮筐总成、铣鞋总成，如图 2-2-32 所示。

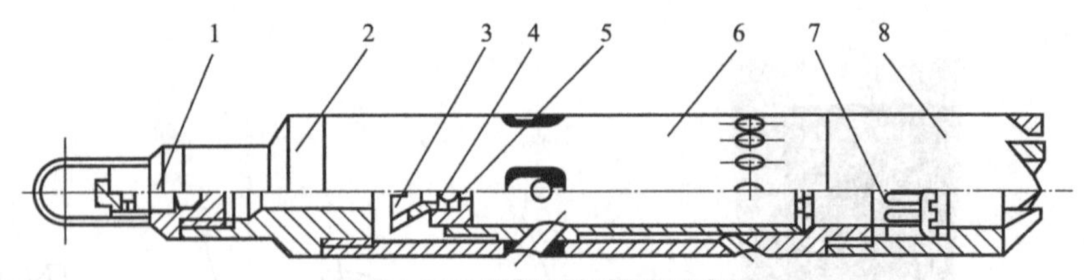

图 2-2-32　反循环打捞篮示意图

1—提升接头总成；2—上接头；3—单向阀罩；4—钢球；5—单向阀座；6—筒体总成；7—篮筐总成；8—铣鞋总成

（3）工作原理

下至鱼顶洗井投球后，钢球入座堵死正循环通道，迫使液流改变流向，经环形空间穿过 20 个向下倾斜的小孔进入工具与套管环形空间而向下喷流，流体经过井底折回篮筐，再从筒体上部的 4 个联通孔返回，形成工具与套管的环形空间的局部反循环水流通道。

3. 磁力打捞器

（1）用途

磁力打捞器是一种用来打捞在钻井、修井作业中掉入井里的钻头巴掌、牙轮、轴、卡瓦牙、钳牙、手锤及油管、套管碎片等小件铁磁性落物的工具。

图 2-2-33　磁力打捞器

磁力打捞器按结构和性能可分为：正循环磁力打捞器、反循环磁力打捞器、强磁打捞器等几种。

（2）结构

磁力打捞器一般由接头、打捞筒、磁头、钢套、磁钢、缓冲垫等组成，如图 2-2-33 所示。根据井径及落物的特点选用带有合适引鞋的强磁打捞器。磁力打捞器的使用操作详细内容见学习情境六中绳类及小件落物打捞。

四、切割类工具

切割类工具是处理井下被卡管柱或取换套管施工中的套管切割等工序中重要工具之一。较常使用的有机械式割刀和水力式割刀。使用时必须先了解井下状况，彻底清理被切管柱的内通道或外通道，确保切割工具顺利起下。关键是要探测清楚需要切割的深度，并精确控制切割深度。

（一）机械式割刀

机械式割刀常用的有机械式内割刀，机械式外割刀和水力式内、外割刀 3 种结构形式。

1. 机械式内割刀

（1）用途

机械式内割刀主要用于井下被卡管柱卡点以上某个部位的切割，如采油工艺管柱、钻杆柱等。若用于取换套管施工中的被套铣套管的适时切割，作用及效果也非常理想，切割后的端部切口光滑平整，可直接进行下一步工序。

(2) 结构

机械式内割刀由上接头、芯轴、切割机构、限位机构、锚定机构、导向头等部件组成。切割机构中有三个刀片及刀枕。锚定机构中有三个卡瓦牙及滑牙套、弹簧等，起锚定作用。机械式内割刀如图 2-2-34 所示。

图 2-2-34 机械式内割刀

(3) 工作原理

机械式内割刀与钻杆或油管连接入井，下至设计深度后，正转管柱，工具下端的锚定机构中摩擦块紧贴套管，有一定的摩擦力。转动管柱，滑牙头与滑套相对运动，推动卡瓦牙上行胀开，咬住套管完成坐卡锚定。继续旋转管柱并下放管柱，刀片沿刀枕下行，刀片前端开始切割管柱。随着不断地下放、旋转切割。刀片切割深度不断增加，直至完成切割，上提管柱，芯轴上行，带动刀枕、刀片收回，同时锚定卡瓦收回，即可起出切割管柱。

(4) 使用操作步骤

① 工具下井前应通井，保证下井工具畅通无阻。

② 根据被切割管柱内径，选择好机械式内割刀。

③ 将工具接在管柱下部下入井内，臂柱自上而下为：钻杆、开式下击器、配重钻挺、安全接头、内割刀。

④ 工具下至预定深度以上 1m 左右时，开泵循环修井液，冲洗鱼头。

⑤ 记录管柱悬重，缓慢下放工具至预定深度，正转管柱坐卡内割刀。

⑥ 内割刀坐卡后，以规定的钻压、转速进行切割。

⑦ 扭矩减少，说明管柱被切割断。

⑧ 上提管柱，刀片收回，即可解除锚定坐卡，起出切钢管柱。

⑨ 下工具时应防止正转管柱以免中途坐卡。如果中途坐卡，上提管柱即可复位。

⑩ 切割时应按规定量控制下放量和转速，防止刀片损坏。

2. 机械式外割刀

(1) 用途

机械式外割刀一般用于从套管、油管或钻杆外部切断管柱。更换成卡瓦式卡爪装置后，可在除接箍外任何部位切割。切割后，可直接提出断口以上的管柱。

(2) 结构

如图 2-2-35 所示，主要由上接头、卡爪装置、止推环、承载环、隔套、筒体、主弹簧、进给套、剪销、刀片、轴销、丝堵、引鞋等组成。卡爪装置有三种形式：弹簧爪式、棘爪式和卡瓦式。引鞋有两种：一种是筒形，下端有一大的内锥面；另一种下部有螺旋形缺口及内锥面。

图 2-2-35 机械式外割刀

(3) 工作原理

① 接在套铣管柱最下端的外割刀下入井后，引鞋将被卡管柱引入外割刀内腔，卡爪装置中的卡爪紧紧贴在被切管柱本体外壁下行。当遇到接箍或者加厚部位时，卡爪被推开或者被胀大，在弹性力的作用下，卡爪滑过接箍后，又重新贴在管柱本体下行。

② 工具下至切割位置后，上提工作管柱，卡爪便卡在被切段上部的第一个接箍台肩处。随着上提力的增加，卡紧力也增大；达到一定值后，进给套上的剪销被剪断。进给套在弹簧力的作用下，推动刀片内伸。转动工作管柱，刀片便进入了切割状态。

③ 随着切削深度的增加，进给套不断地使刀片产生进给运动。在切割过程中，卡爪装置卡在被切管柱上，是不动的。机械式外割刀的其余部分随工作管柱一起转动，止推环和承载环是一对滑动摩擦副。

(二) 水力式内、外割刀

1. 用途

水力式内、外割刀的用途与机械式内、外割刀相同。

2. 水力内割刀结构和工作原理

水力内割刀结构如图 2-2-36 所示，当割刀下入井内达到预定切割位置时，开泵循环，逐渐加大排量，钻进液通过上、下滑阀上的喷嘴，使下滑阀上下产生压力差，此压力差使下滑阀克服弹簧阻力向下运动，推动刀头向外旋转进入切削状态，此时旋转割刀就可进行切割。割断落鱼后，停泵，下滑阀上下的压力差消失。下滑阀在被压缩弹簧的作用下向上运动复位，刀头在弹簧压片的作用下向内旋转复位，割刀就能从井中取出。

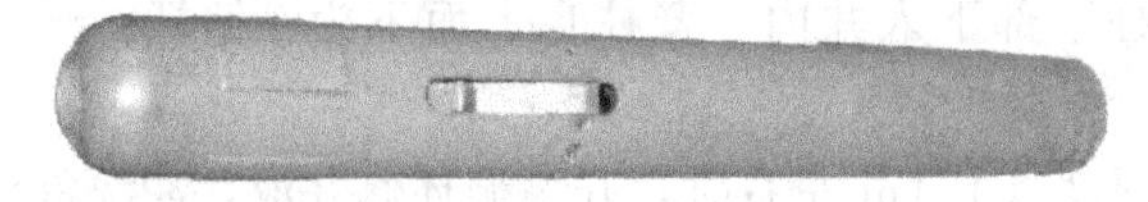

图 2-2-36 水力式内割刀

3. 水力外割刀结构和工作原理

水力外割刀结构如图 2-2-37 所示，当水力式外割刀用套铣管下入井内到达预定切割位置时，开泵并逐渐加大排量，在分瓣活塞上下造成一定的压力差，使两剪销剪断；或者上提钻具到分瓣活塞，顶住落鱼的台肩，继续上提，由于分瓣活塞向下推动进刀环，进刀环相对壳体下行，使两剪销剪断，进刀环下行推动刀头向里转动抵住落鱼。此时开泵循环，旋转钻柱，由于分瓣活塞上下有一个压力差，此压力差连续推动进刀环使刀头连续进刀切割，直到割断落鱼。当割断落鱼后，上提钻具，由于分瓣活塞靠胶皮箍的作用始终抱住落鱼本体，因此，在起钻中，分瓣活塞会顶住落鱼的台肩将落鱼与割刀一起取出。

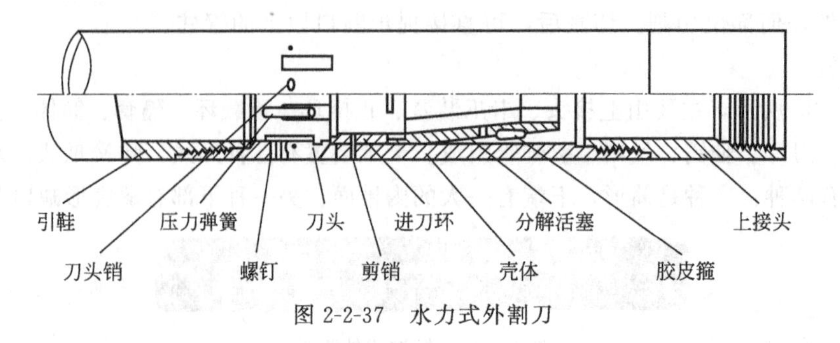

图 2-2-37 水力式外割刀

五、震击类工具

震击类工具一般包括开式下击器、润滑式下击器、液压上击器和液体加速器。震击类工具通常与打捞工具配套使用，用于抓获落鱼后活动管柱解卡。在最大上提力下仍不能解卡时，用震击器给被卡阻管柱施以向下或向上的震击冲力，以解除卡阻。在砂卡、小物件卡、下井工具胶件失灵卡阻以及轻度套损卡阻的情况下，震击解卡可以达到理想的解卡效果，可以省去倒扣、打捞、再倒扣、再打捞等繁杂工序。

这些震击器在大修作业中应用，与打捞工具配套，使得复杂事故井的解卡打捞、严重套管损坏等修复工程的施工周期大为缩短，成功率高。但是，使用各种震击器时，管柱的螺纹必须上紧。

（一）开式下击器

1. 结构

开式下击器主要由上接头、外筒、抗挤环、撞击筒、芯轴、芯轴外套、挡环、O 形密封圈、紧固螺钉等组成，如图 2-2-38 所示。

上接头上部有钻杆内螺纹，下部有扁梯形外螺纹，外筒两端都有扁梯形内螺纹。内孔是光滑的配合表面，芯轴下部是钻杆外螺纹，中间是外六方长杆，上部有连接外螺纹，内有水眼。撞击筒安装在芯轴上端的外螺纹上，用螺钉锁紧.芯轴外套有六方孔，套在芯轴的六方杆上，可上下自由滑动，并能传递扭矩。

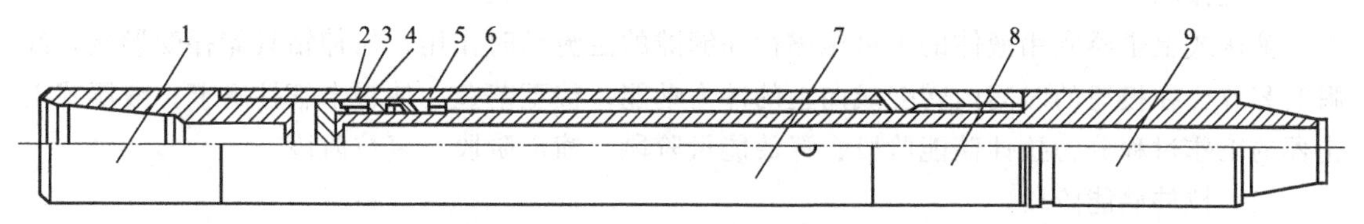

图 2-2-38　开式下击器结构示意图

1—上接头；2—抗挤环；3—O 形密封圈；4—挡环；5—撞击筒；6—紧固螺钉；7—外筒；8—芯轴外套；9—芯轴

2. 用途

开式下击器是一种机械式震击工具，可对遇卡管柱进行反复震击，使卡点松动解卡。当提拉和震击都不能解卡时，还可以转动可退式打捞工具释放落鱼。开式下击器与机械内割刀配合使用时，可使内割刀得到一个不变的预定进给钻压，保证切割平稳。开式下击器与倒扣器配合使用时，可以补偿倒扣后螺纹上升的行程。开式下击器与钻磨铣管柱配套，可以恒定进给钻压，这是开式下击器的最大优点。

3. 工作原理

打捞工具抓住落鱼后，上提钻柱，震击器被拉开一个冲程的高度（一般为 600～1500mm），储存了势能，继续上提钻柱至一定负荷，钻柱被拉伸，储存了变形能。此时急速下放钻柱，在重力和弹性收缩力的作用下，钻柱向下做加速运动，势能和变形能转变为动能，当下击器到达关闭位置时，势能和变形能完全转变为动能，达到最大值，产生向下的震击作用。如此反复迫使落鱼解卡。

震击力的大小随开式下击器的上部钻柱悬重增加而增大。随着上提负荷增大，产生的弹性伸长越大，开式下击器的冲程越长，震击力越大。

(二) 液压式上击器

1. 结构

液压式上击器主要由上接头、芯轴、撞击锤、上缸体、中缸体、活塞、活塞环、导管、下缸体及O形密封圈组等组成，如图2-2-39所示。

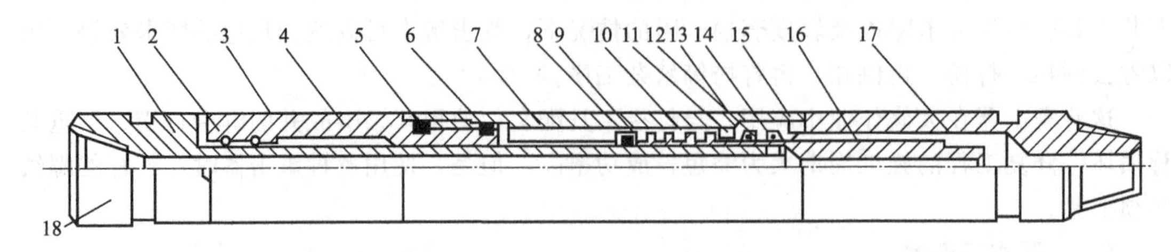

图2-2-39 液压式上击器结构示意图

1—芯轴；2—O形密封圈组；3—加油塞；4—上缸体；5,6,9,12,13,14,15—O形填料；7—中缸体；8—撞击锤；10—活塞；11—活塞环；16—导管；17—下缸体；18—上接头

2. 用途

液压式上击器主要用于处理深井的砂卡、盐水和矿物结晶卡、胶皮卡、封隔器卡以及小型落物卡等，尤其适用于井架等提升负荷较小的井况。液压式上击器与加速器配套使用，效果更加显著。

3. 工作原理

液压式上击器利用液体的不可压缩性和缝隙的溢流延时作用，拉伸钻具储存变形能，经瞬时释放，在极短的时间内转变成向上的冲击动能，传至落鱼，使遇卡管柱解卡。液压式上击器的工作过程分为拉伸储能阶段、释放能量阶段、撞击阶段、复位阶段。

(1) 拉伸储能阶段

上提钻具时，因被打捞管柱遇卡，钻具只能带动芯轴、活塞和活塞环上移。由于活塞环上的缝隙小，溢流量很少，因此钻具被拉长，储存变形能。

(2) 释放能量阶段

虽然活塞环缝隙小，溢流量少，但活塞仍可缓缓上移。经过一段时间后，活塞移至卸荷槽位置，受压缩液体立即卸荷。受拉伸长的钻具快速收缩，使芯轴快速上行，弹性变形能变成钻具向上运动的动能。

(3) 撞击阶段

急速上行的芯轴带动撞击锤，猛烈撞击上缸体的下端面，与上缸体连在一起的落鱼受到一个上击力。

(4) 复位阶段

撞击结束后，下放钻具卸荷，中缸体下腔内的液体沿活塞上的油道返回上腔内，至下击器全部关闭，等待下次震击。

六、套管刮削类工具

套管刮削器用于套管内壁的刮削，清除残留在套管内壁上的水泥块、水泥环、硬蜡、各种盐类结晶或沉积物、射孔毛刺以及套管锈蚀后所产生的氧化铁等脏物，使用刮削器对套管进行刮削作业，是井下作业施工过程中下入大直径工具和封隔器的必要工序。套管刮削器包括：弹簧式套管刮削器、防脱式套管刮削器、胶筒式套管刮削器。

(一)弹簧式套管刮削器

1.结构

弹簧式套管刮削器主要由壳体、刀片、刀片座、固定块、弹簧、内六角螺钉等零件组成，如图2-2-40所示。壳体承装着全部零件，上端和下端有与管柱等工具相连接的内、外螺纹，在直径最大的中段，交错地铣出六个大方形槽，每一个方形槽两端又对称加工出燕尾槽和小方形槽，用以安装刀板、刀板座、固定块。刀板一面为弧形的表面，其上有螺旋形的勾槽和条形刀片，两端有锥形体，可使刀板顺利通过每个套管接箍，锥体端部的两块耳板借助刀板座限定了刮削器在自由状态的尺寸。刀板的另一面有3～4个安装弹簧的孔，受压缩的螺旋弹簧的反力是刮削时径向进给力的来源。刀板两端与大方形槽之间有四个三角形的区域，用以防止刀板内外两面因循环泥浆的压力而影响刮削力。刀板座的燕尾体同壳体上的燕尾槽装配在一起，并由一个内六角螺钉固定，它一端的凸出部分压着刀板上的两个耳板。

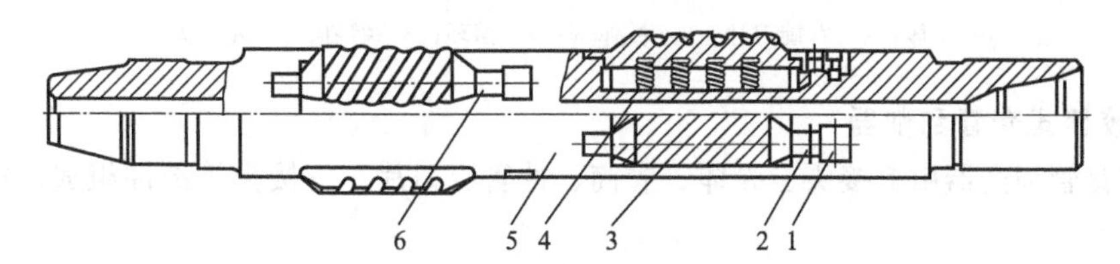

图2-2-40 弹簧式套管刮削器结构示意图

1—固定块；2—内六角螺钉；3—刀片；4—弹簧；5—壳体；6—刀片座

2.弹簧式刮削器操作步骤

① 检查刮削器上下螺纹、壳体、弹簧、刀片，是否达到规定要求，并对刮削器长度、直径、外径、内径进行丈量并做好记录。

② 把刮削器上部连接在下井的油管上，用管钳（液压钳）上紧螺纹。条件许可时，刮削器下端可多接油管，增加入井时重量，以便压缩收拢刀片、刀板。

③ 下管柱时要平稳操作，下管柱速度控制为20～30m/min。下到距离设计要求刮削井段前50m时，下放速度控制为5～10m/min。接近刮削井段并开泵循环正常后缓慢下放，然后再上提管柱反复多次刮削，悬重正常为止。

④ 若中途遇阻，当悬重下降20～30kN时，应停止下管柱。边洗井边旋转管柱反复刮削至悬重正常，再继续下管柱，一般刮管至射孔井段以下10m。

⑤ 刮削完毕要大排量反循环洗井一周以上，将刮削下来的脏物洗出地面。

⑥ 洗井结束后，起出井内全部刮削管柱，结束刮削操作。

3.套管刮削器的使用注意事项

① 套管刮削作业时应选择适合的套管刮削器。

② 套管刮削器下井前应认真检查。

③ 刮削管柱下放要平稳。

④ 刮削射孔井段时要有专人指挥。

⑤ 当刮削管柱遇阻时，应逐渐加压，开始加10～20kN，最大加压不得超过30kN，并缓慢上下活动管柱，不得猛提猛放，也不得超负荷上提。

⑥ 壳体、弹簧、刀片变形损伤等现场不能排除的故障，应回收修理。

⑦ 壳体变形、损伤无修复价值，接头丝扣无损检测有缺陷的应予判废。

（二）防脱式套管刮削器

防脱式套管刮削器主要由主体，板弹簧，左、右旋刀片，挡环，螺钉等组成，如图 2-2-41 所示。主体承装全部零件，上端和下端有与管柱等工具相连接的内外螺纹。在直径最大的中段分别铣出五个左、右旋的螺旋 T 形槽，用以安装刀片和弹簧。主体上左、右旋的刀片槽中间有一细段安装挡环，挡环用来固定刀片，用螺钉固定挡环。

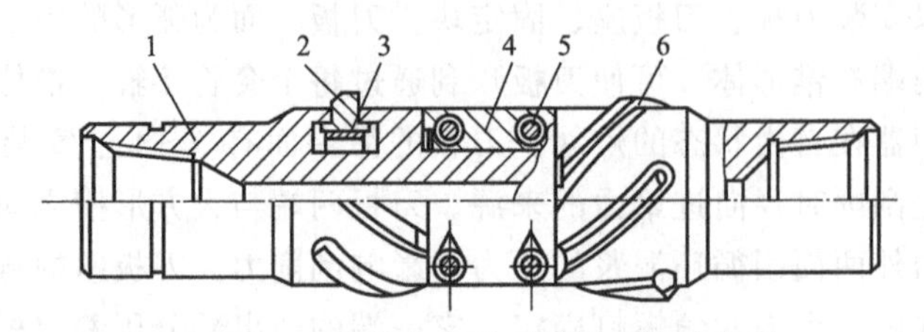

图 2-2-41 防脱式套管刮削器结构示意图

1—主体；2—右旋刀片；3—板弹簧；4—挡环；5—螺钉；6—左旋刀片

（三）胶筒式套管刮削器

胶筒式套管刮削器由上接头、壳体、胶筒、冲管、刀片、下接头等部件组成，如图 2-2-42 所示。

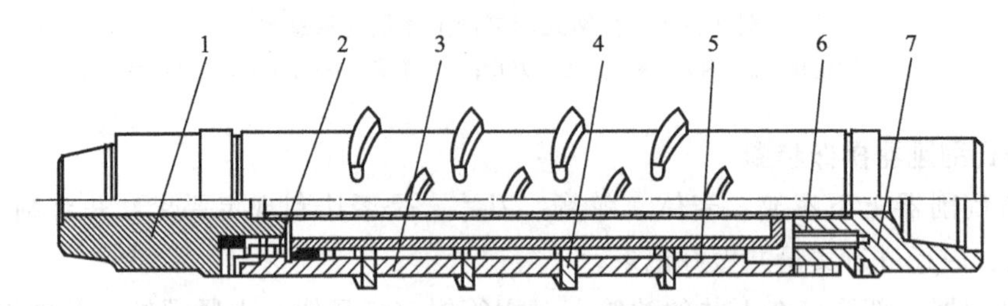

图 2-2-42 胶筒式套管刮削器结构示意图

1—下接头；2—冲管；3—胶筒；4—刀片；5—壳体；6—O 形密封圈；7—上接头

七、整形类工具

整形类工具随整形工艺的不同结构不同，整形工具分成冲胀类整形工具、碾压挤胀类整形工具和爆燃类整形工具三大类。

（一）冲胀类整形工具

1. 梨形胀管器

梨形胀管器是一种非常古老的工具，其结构见图 2-2-43。它适用于套管变形不严重的油井，一般套管变形后的通井不小于原套管内径的 75%，否则就应选择其他整形工具。梨形胀管器的套管变形修复率可达 98%。

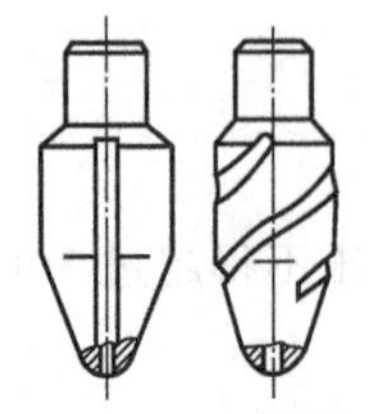

图 2-2-43 梨形胀管器

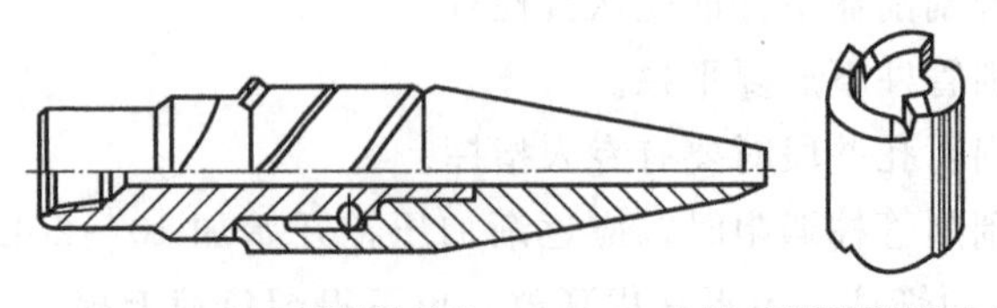

(a) 工具结构示意　(b) 工具螺旋形震击曲面

图 2-2-44 旋转震击式整形器

（1）工作原理

上提钻具一定高度，然后快速下放，利用钻具本身的重量或下击器施加的冲击力迫使工具的锥形头部楔入变形或错断套管部位进行挤胀，以恢复其内通径要求尺寸。管柱结构自下而上为：梨形胀管器、配重钻铤、钻杆。

（2）使用方法及要求

① 套管变形井段深度，变形尺寸、形状等应清楚、准确。

② 首次整形应选用大于变形尺寸 2mm 的胀管器。

③ 胀管器冲击、挤胀变形井段夹持力很小或没有后，更换下一级胀管器。

④ 冲胀力不够时，应增加开式下击器，增加钻铤根数来增大钻柱质量，不应提高冲胀距离和下放速度。

⑤ 同一级的整形工具未能有效通过，更换小一级差的工具整形。

⑥ 一般情况下不得越级差选用工具。

2. 旋转震击式整形器

旋转震击式整形器（图 2-2-44）不像梨形胀管器那样用提放钻具冲击变形套管的办法整修套管，而是采用旋转钻具使工具产生向下的震击力，对套管有较好的保护。利用钻具传递转盘扭转动力，带动旋转震击式整形工具转动，因工具结构设计中整形头为一螺旋形曲面等分成三个高低不同的台肩，故而钻柱每转动一周，工具的锤体即对整形头有三次震击，从而对变形部位的套管产生三次冲击挤胀。

（二）碾压挤胀类整形工具

1. 偏心辊子整形器

（1）结构

偏心辊子整形器由偏心轴（上接头）、上辊、中辊、下辊、锥辊、钢球、丝堵等零件组成，如图 2-2-45 所示。偏心轴上端为连接钻柱的螺纹，下端为四阶不同尺寸、不同轴线的台阶。其中上接头、上辊、下辊三轴为同一轴线，中辊与锥辊为另一轴线，两轴线的偏心距为 e。

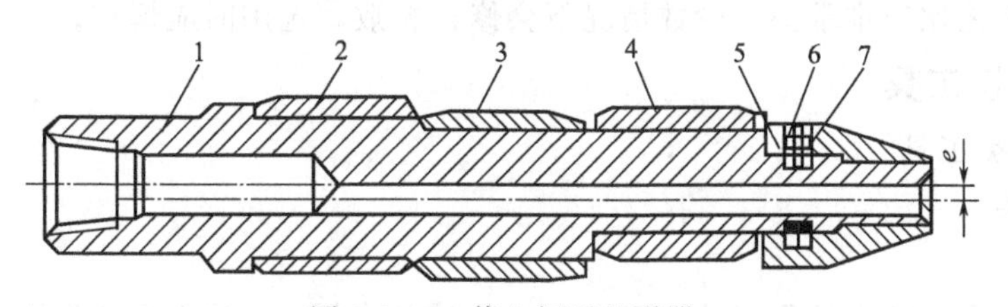

图 2-2-45　偏心辊子整形器

1—偏心轴；2—上辊；3—中辊；4—下辊；5—锥辊；6—丝堵；7—钢球

（2）工作原理

如图 2-2-46 所示，当钻具沿自身轴线旋转时，上、下辊绕自身轴作圆周运动，而中辊轴线由于与上、下辊的轴线有一偏心距 e，必绕钻具中心线以（$D_{中}/2$）$+e$ 为半径作圆周运动，形成了一组曲轴凸轮机构，以上、下辊为支点，以中辊为旋转挤压的作用体对变形部位进行碾压整形。在钻压作用下，辊子外部还对变形部位有向下挤胀作用。

2. 三锥辊套管整形器

（1）结构

三锥辊套管整形器由芯轴（上接头）、锁定销、垫圈、锥辊、销轴、引鞋等零件组成，如图 2-2-47 所示。

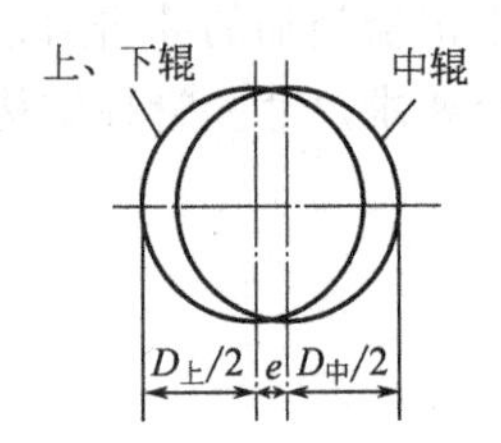

图 2-2-46　偏心辊子整形器工作原理

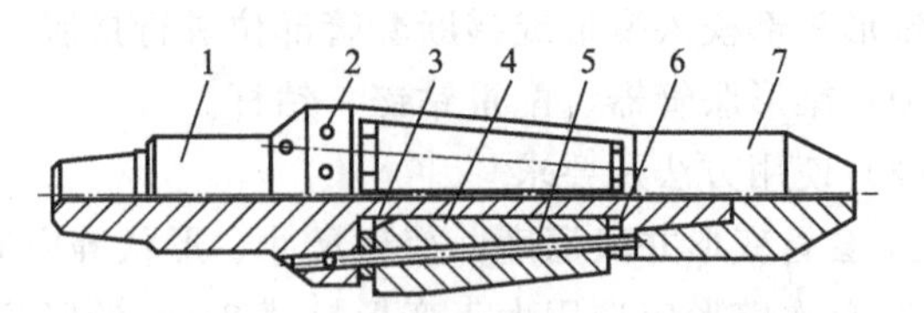

图 2-2-47　三锥辊套管整形器工作原理
1—芯轴；2—锁钉销；3—垫圈；4—锥辊；
5—销轴；6—垫圈；7—引鞋

（2）工作原理

三锥辊套管整形器特别适用于套管变形通径较小（变形后通径不小于原套管内径的70%）的套管整形施工，一次整形级差大，可达 6mm 以上，减少起下钻次数。三锥辊套管整形器随钻柱旋转和所施加的钻压进入到套管变形部位后，锥辊随芯轴转动并绕销轴自转，在钻压和旋转、碾压、挤胀作用下，套管变形部位逐渐恢复通径。由于钢材具有弹性反力，锥辊最大直径通过变形段后，对长锥面来说，反弹作用力因距离大而不起作用；短锥面的反弹作用力则较明显，要反复对恢复段继续辊压，在工作液的循环冷却作用下，弹性反力逐渐消失，在反复辊压作用下整形效果会越来越明显。

（三）爆燃整形法

用机械整形无法修复的油井，只要通径不小于 65mm，能允许爆燃工具下入，均可实施爆燃整形，因此它适用的范围较大，特别是对错断套管的复位是有效的措施。

一次爆燃整形就能恢复或超过原套管尺寸。爆燃整形效果的关键是正确掌握药量和药柱的中心线与套管轴线的重合程度。爆燃整形效果虽然理想，但整形后必须及时加固，否则套管损坏程度会很快恢复原状。在某种程度上来说，这种办法只是为加固措施开辟通道。值得注意的是这种工艺比较难掌握，少数情况下会修整失败，选用时应慎重。

八、钻磨铣工具

（一）钻头类工具

1. 刮刀钻头

（1）用途

刮刀钻头除有尖钻头的作用外，还有刮削井眼，使井壁光洁整齐的作用，可用于衬管内钻进、侧钻时钻进（可以破坏侧钻时形成的键槽）或对射孔炮弹垫子的钻磨等。

（2）分类

刮刀钻头与尖钻头基本相同，都是由接头与钻头体焊接而成，只不过其底部是刀刃形而不是尖形。因其形状不同，刮刀钻头种类较多。若在刮刀钻头的头部增加一段尖部领眼，称其为领眼钻头，如图 2-2-48 所示。尖部领眼的重要作用之一是使钻头沿原孔眼刮削钻进。

（3）工作原理

刮刀钻头的工作原理与尖钻头基本相同，只是刮刀钻头的刮刀体比尖钻头长，因而旋转后刀体所形成的圆柱体空间比尖钻头长，因而能较好地修整所钻出的井眼。

2. 三牙轮钻头

（1）用途

修井作业中，三牙轮钻头是用以钻水泥塞、堵塞井筒的砂桥和各种矿物结晶的工具。

(2) 结构

三牙轮钻头由接头、巴掌、牙轮、轴承及密封件等组成，如图 2-2-49 所示。

图 2-2-48　刮刀钻头

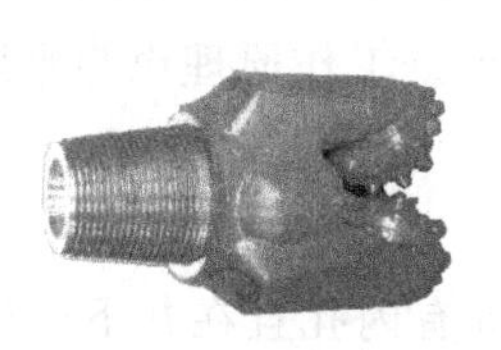

图 2-2-49　三牙轮钻头

(3) 工作原理

当三只锥形牙轮中心线与钻头中心线交于一点时，钻头旋转，带动三只牙轮绕自身锥体母线相对井底作滚动运动，锥体上的牙齿依次对井底进行碾压、破碎。

当三只锥形牙轮中心线与钻头中心线相互错开时，每只牙轮除滚动运动之外，还有进给运动，这时牙齿对井底同时产生碾压、破碎与切刮作用，将地层逐步破碎。

(二) 磨鞋类工具

1. 平底磨鞋

(1) 用途

平底磨鞋是用底面所堆焊的 YD 合金或耐磨材料去研磨井下落物的工具，如磨碎钻杆、钻具等落物。

(2) 结构

平底磨鞋是由磨鞋本体及所堆焊的 YD 合金或其他耐磨材料组成，如图 2-2-50 所示。磨鞋本体由两段圆柱体组成。小圆柱上部是内螺纹，与钻柱相连；大圆柱底面和侧面有过水槽，在底面过水槽间焊满 YD 合金或其他耐磨材料。磨鞋体从上至下有水眼，水眼可做成直通式和旁通式两种。

图 2-2-50　平底磨鞋

图 2-2-51　凹面磨鞋

(3) 工作原理

平底磨鞋底面上 YD 合金或其他耐磨材料在钻压的作用下，吃入并磨碎落物，磨屑随循环洗井液带出地面。YD 合金由硬质合金颗粒及焊接剂（打底焊条）组成，在转动中对落物进行切削。采用钨钢粉作为耐磨材料的工具，可利于用较大的钻压对落物表面进行研磨。

2. 凹面磨鞋

(1) 用途

凹面磨鞋可用于磨削井下小件落物以及其他不稳定落物，如钢球、螺栓、螺母、炮垫子、钳牙、不规则金属块（片）等。由于磨鞋凹面，在磨削过程中能罩住落鱼，迫使落鱼聚集于切削范围之内而被磨碎，由洗井液带出。

（2）结构

凹面磨鞋底面为5°～30°凹面角，其上有YD合金或其他耐磨材料，其余结构与平面磨鞋相同，如图2-2-51所示。工作原理也与平底磨鞋相同。

3. 领眼磨鞋

（1）用途

领眼磨鞋可用于磨削有内孔且在井下处于不定、晃动的落物，如钻杆、钻铤、油管等。

（2）结构

领眼磨鞋由磨鞋体、领眼锥体或圆柱体两部分组成，如图2-2-52所示。底面中央安装一锥体或圆柱体。起着导向、固定鱼顶底作用。磨鞋体锥体或圆柱体有水眼，水眼也可做成旁通式。另外，无论在平底或凹面加焊底YD合金，应留2～4个过水槽，保证循环畅通。

（3）工作原理

领眼磨鞋主要是靠进入落物内的锥体或圆柱体将落物定位，然后随着钻具旋转，焊有YD合金底磨鞋磨削落物，磨削下的碎屑被洗井液带到地面。操作方法与平底磨鞋相同。

图 2-2-52　领眼磨鞋

图 2-2-53　梨形磨鞋

4. 梨形磨鞋

（1）用途

梨形磨鞋可用来磨削套管较小的局部变形，修整在下钻过程中，各种工具将接箍处套管削成的卷边及射孔时引起的毛刺、飞边，清整滞留在井壁上的矿物结晶及其他坚硬的杂物等，以恢复通径尺寸。

（2）结构

梨形磨鞋由磨鞋本体和焊接在其上的YD合金组成，如图2-2-53所示。磨鞋本体上部是钻杆内螺纹，与钻具相连接，下部是一段锥体，中部是一段圆柱。圆柱体上有扶正块，以防作业中严重磨铣套管内壁。沿轴向有3～5个过水槽。本体从上到下有直通式或旁通式水眼，以保证洗井畅通。本体上除过水槽及水眼处均堆焊很厚一层YD合金，焊后略成梨形，因而得名。

（3）工作原理

梨形磨鞋依靠前锥体上的YD合金铣切突出的变形套管内壁和滞留在套管内壁上的结晶矿物及其他杂质。其圆柱部分起定位扶正作用，铣下碎屑由洗井液带到地面。

5. 柱形磨鞋

（1）用途

用以修整略有弯曲或轻度变形的套管、修整下衬管时遇阻的井段和修整断口错位不大的套管断脱井段。当上下套管断口错位不大于 40mm 时，可用以将断口修直，便于下一步工作顺利进行。

（2）结构

柱形磨鞋实质是将梨形磨鞋的圆柱体部分加长，其柱体部分可以加长到 0.5～2.5m，如图 2-2-54 所示。

图 2-2-54　柱形磨鞋

6. 内铣鞋

（1）用途

内铣鞋主要用来修理被破坏的鱼顶，依靠内齿底刃尖（或 YD 合金焊料）对不规则的鱼顶进行周边切削，逐步将破坏的鱼顶修切成圆形。

（2）结构

内铣鞋由接头与铣鞋体构成。按其内部结构又分为内齿铣鞋和 YD 合金焊接式内铣鞋两种，YD 合金焊接内铣鞋结构如图 2-2-55。

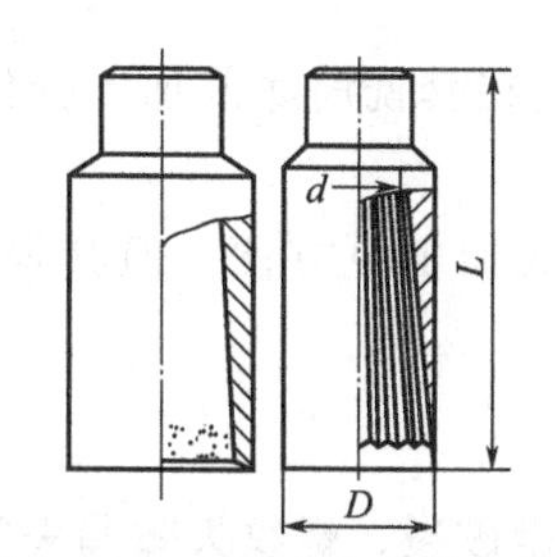

图 2-2-55　YD 合金焊接内铣鞋

图 2-2-56　外齿铣鞋

内齿铣鞋底铣鞋体内腔呈喇叭口形，加工有细密的长条形切削铣齿。其铣齿经渗碳淬火处理，硬度较高，能对鱼顶进行修整，并作为洗井液的过流通道。

7. 外齿铣鞋

（1）用途

外齿铣鞋主要用以刮铣套管内壁、修理鱼顶内腔和修整水泥环，还可以用来刮削套管上残留的水泥环、锈斑、矿物结晶以及小量的飞边等。在下衬管固井钻水泥塞之后，需将衬管顶部水泥塞处的水泥环修整成平滑的喇叭口时，必须用外齿铣鞋，其他工具是难以完成的。

（2）结构

外齿铣鞋由接头与铣鞋体构成，在铣鞋体外壁加工有多条长形锥面铣齿，如图 2-2-56 所示。外齿铣鞋与内齿铣鞋齿形相同，只不过分布在外表面。

8. 裙边铣鞋

裙边铣鞋由于有裙边的存在，因而可以将落物罩入裙边之内，保证落鱼始终置于磨鞋磨铣范围之内，用底部切削材料对落鱼进行磨削。这种铣鞋可以靠裙边铣入环形空间，又可以对鱼顶进行磨削，用它可以磨削各种管类和杆类落物。裙边铣鞋主要有整体式和分离式两种，如图 2-2-57 所示。

9. 套铣鞋

(1) 用途

套铣鞋也叫空心磨鞋或铣头，是用以清除油套管环形空间各种脏物的工具。也可以套铣环形空间水泥和坚硬的沉砂、石膏及各种矿物结晶等。

(2) 结构

套铣鞋按其与套铣筒（有的叫套铣管）的连接形式可分为：整体式和分离式两种，如图 2-2-58 所示。

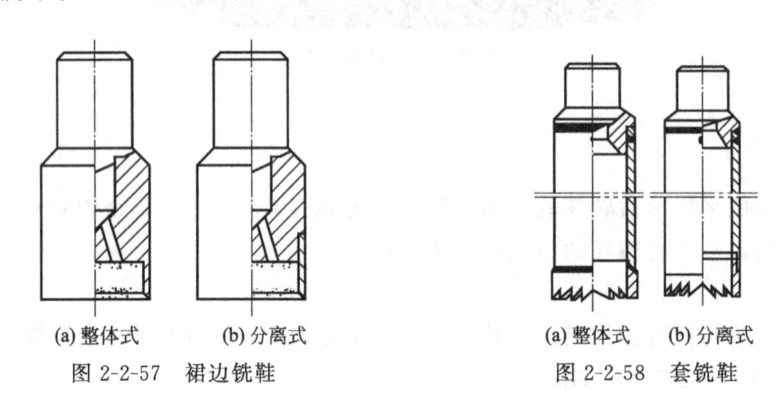

图 2-2-57　裙边铣鞋　　图 2-2-58　套铣鞋

① 整体式，即将套铣鞋与套铣筒焊接为一整体，或直接在套铣筒底部加工套铣鞋。这种形式强度大，不易产生脱落，因而一般多用于深井。

② 分离式，即将套铣鞋与套铣筒用螺纹连接。这种形式加工更方便，但其强度较低，不能承受较大的扭矩，因而只适用于浅井。

九、套管补贴类工具

套管补贴工具主要用于井下套管的腐蚀孔洞、裂缝、轻微破裂、螺纹失效漏失等的补贴堵漏以及误射孔的补救、射孔层位（开发层系）调整、补贴射孔孔眼等修复补贴和调整补贴施工。补贴工具包括波纹管、滑阀、双作用液压缸、胀头等。

1. 波纹管

波纹管是套管补贴修复施工中主要修复使用的消耗材料，起修复堵漏的主导作用，按截面几何形状分为 8 峰和 10 峰两种规格，如图 2-2-59 所示。

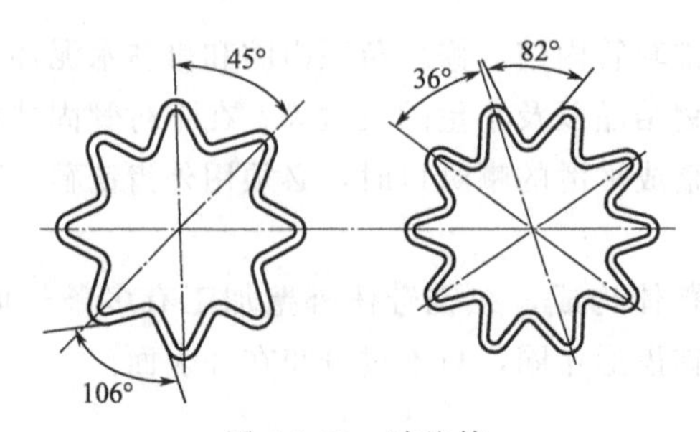

图 2-2-59　波纹管

2. 滑阀

滑阀上扶正器的弹簧片与套管内壁紧紧压合，下井时滑阀上端与油管柱相连，下端与补贴工具相连。由于套管壁与扶正器的摩擦作用，在上提或下放管柱时，滑阀分别处于关闭或打开状态，起切断或连通油管与套管环形空间的作用，以利于起下管柱作业。滑阀结构如图 2-2-60 所示。

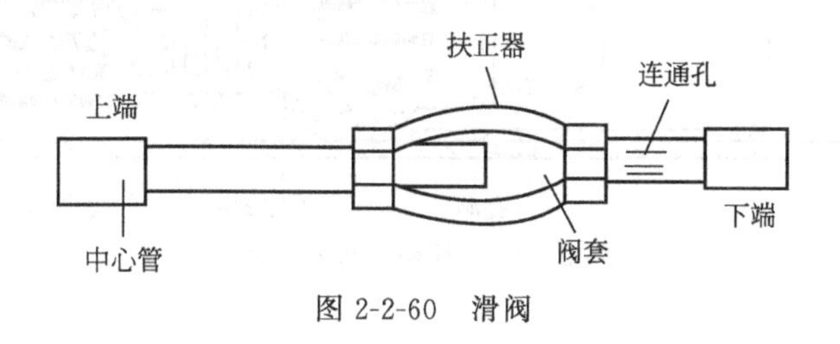

图 2-2-60　滑阀

3. 双作用液压缸

双作用液压缸是补贴施工中关键工具，是将管中液体压力转变为机械上提力的重要能量转换工具。双作用液压缸的主要作用是将液压力转变成活塞拉杆的机械上提力，实现胀头上行，胀开胀圆波纹管，完成补贴动作。其原理是：当液压从油管柱内传递到液压缸中时，液体的压力则转变为液压缸内活塞的上行力。由于活塞与缸体下端外的活塞拉杆连成一体。所以液压缸内活塞在液压作用下上行并带动活塞拉杆急速上行，拉杆又带动连接在其下的刚性胀头和弹性胀头上行，从而使刚性胀头和弹簧胀头将被定位的波纹管胀开、胀圆，并紧紧地贴补在套管内壁上完成补贴。双作用液压缸结构如图 2-2-61 所示。

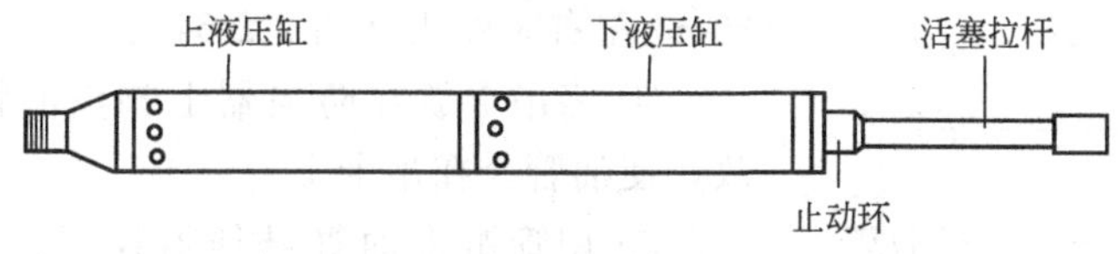

图 2-2-61　双作用液压缸结构示意图

4. 胀头

胀头是补贴工具中重要部件，是最后完成对波纹管胀挤、实现补贴的关键性工具。胀头结构如图 2-2-62 所示。

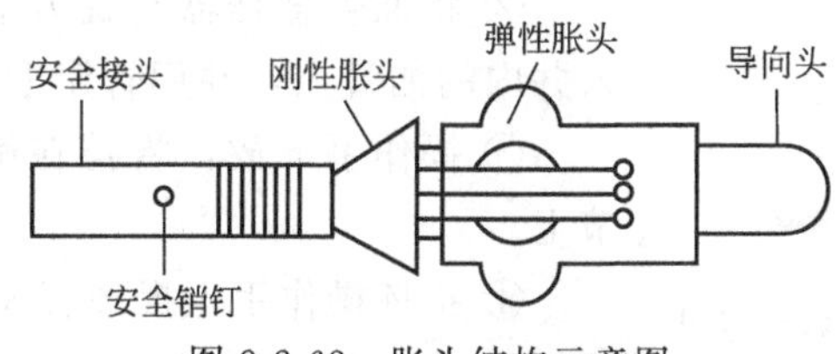

图 2-2-62　胀头结构示意图

波纹管补胀开的具体工作过程是：波纹下至套管破损部位后，管柱内憋压，在液压作用下，补贴工具中的水力锚锚爪伸出并紧紧地卡咬住套管内壁，使水力锚以下的液压缸、波纹管、拉杆及胀头等相对固定在一定位置。当液压继续升高并达到一定值时，波纹管内的拉杆及加长杆在液压缸活塞的作用下向上急速收回，同时带动波纹管下部的刚性胀头和弹性胀头一起向上急速运动，如图 2-2-63 所示。此时波纹管在水力锚定位作用下，由止动环控制而相对稳定不动，呈锥状的刚性胀头受力向上，初步将波纹管胀开胀圆，刚性胀头下面的弹性胀头则顺利进入波纹管，进一步将波纹管完全胀开并紧紧地贴补在套管内壁上。

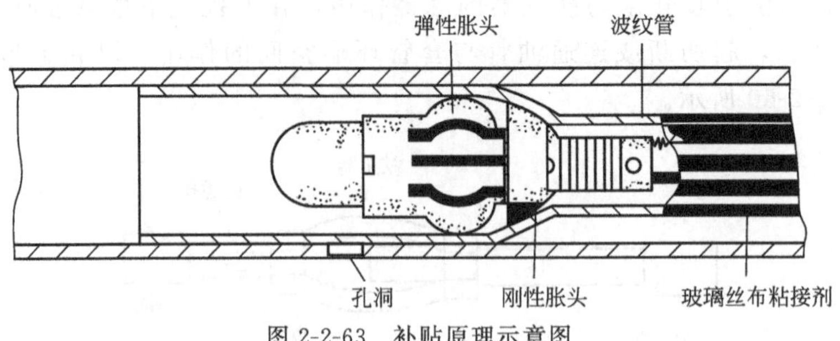

图 2-2-63 补贴原理示意图

【技能训练】

一、锥形油管悬挂器的起下

1. 提锥形油管悬挂器操作步骤

① 卸下套管四通上法兰。

② 将提升短节连接在悬挂器上部并用管钳上紧，用活动扳手将套管四通法兰的四条顶丝退回丝孔内。

③ 将吊卡扣在提升短节上，挂吊环插入吊卡销，指挥操作手上提，当油管悬挂器提出20cm，观察负荷正常后，再提出防喷器上平面以上30cm左右时停止（图 2-2-64）。

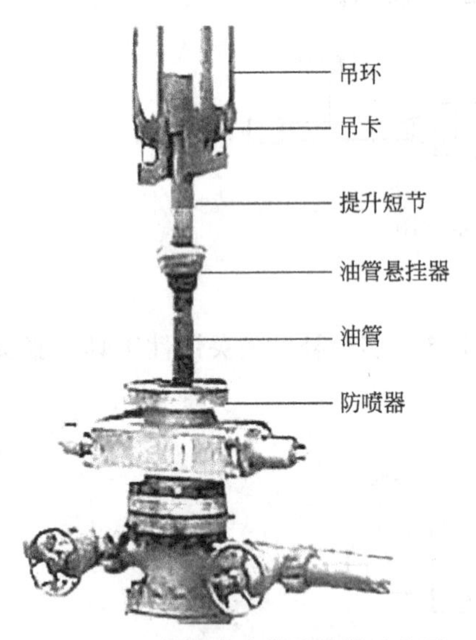

图 2-2-64 提锥形油管悬挂器示意图

④ 将吊卡放在防喷器上扣住油管，指挥操作手下放，使油管坐在吊卡上。

⑤ 用管钳将油管悬挂器连同提升短节一起卸开，并放置在便于施工的位置。

2. 下坐油悬挂器操作步骤

① 检查油管悬挂器（锥体）的 O 形密封圈是否完好，如有损坏，及时更换。

② 将油管悬挂器与提升短节一起，连接在最后下入井内的油管上，并用管钳上紧。

③ 操作手下放，将挂在吊环上的吊卡扣在提升短节上。

④ 指挥操作手上提油管 30cm 刹车，撤掉坐在油管接箍下面的另一只吊卡。

⑤ 指挥操作手缓慢放下，使油管悬挂器（锥体）稳稳地坐入套管四通内。

⑥ 用活动扳手，将套管四通四条顶丝顶紧，卡住锥体，卸下提升短节。

3. 注意事项

① 油管悬挂器在井口时，井架天车、游动滑车和井口必须成一条直线，防止坐油管悬挂器时挤坏 O 形密封圈。

② 提油管悬挂器时必须用专用的提升短节，丝扣完好。

③ 提油管悬挂器必须有专人指挥。

④ 套管四通法兰的四条顶丝必须完全退回丝孔内。

⑤ 上提油管悬挂器的提升负荷必须执行规定标准。

二、不同类型井的通井

1. 普通井通井

① 通井时，通井规的下放速度应小于 0.5m/s。通井规下至距人工井底 100m 时，要减慢下降速度。

② 通井规下至人工井底后，上提在人工井底 2m 以上完成，用 1.5 倍井筒容积的洗井液反复循环洗井，以保持井内清洁。

③ 起出通井规后，要详细检查，发现痕迹需进行描述，分析原因，并上报技术部门，采取相应措施。

2. 老井通井

① 通井规的下放速度应小于 0.5m/s，通至射孔井段、变形位置或预定位置以上 100m 时，要减慢下放速度，缓慢下至预定位置。

② 其他操作方法与普通井通井相同。

3. 水平井、斜井通井

① 通井规下至 45°拐弯处后，下放速度要小于 0.3m/s，并采用下 1 根、提 1 根、下 1 根的方法。若上提时遇卡，负荷超过悬重 50kN，则停止作业，待定下步措施。

② 通至井底时，加压不得超过 30kN，并上提在井底 2m 以上完成，充分反循环洗井。

③ 提出通井规，起管速度为 10m/min，最大负荷不得超过油管安全负荷，否则停止作业，研究好措施后再施工。

④ 起出通井规后，详细检查，并进行描述，作好记录。

4. 裸眼井通井

① 通井规的下放速度应小于 0.5m/s，通井规距套管鞋以上 100m 左右时，要减速下放。

② 通井至套管鞋以上 10～15m。

③ 起出通井规后，详细检查，发现痕迹进行描述和分析，作好记录，并上报技术部门，采取相应措施。

④ 用光油管（或钻杆）通井至井底。

⑤ 上提 2m 以上后彻底循环洗井。

⑥ 起出光油管（或钻杆）。

三、归纳总结

① 选择工具、检查工具各部分是否灵活、合格。

② 认真检查全部零部件，若有裂纹，不得再用。

③ 检查工具尺寸是否合适，水眼是否畅通。

④ 工具在运输、装卸时避免剧烈震动和摔碰。

⑤ 工具螺纹配合有预紧度，要上紧，下钻防止反转钻具。

⑥ 检查卡瓦、键槽是否灵活。

⑦ 工具下井操作要平稳，下钻速度不宜过快。

四、思考练习

（1）简述检测工具的分类及用途。

（2）简述套管刮削工具的分类及用途。

（3）简述整形工具的分类及用途。

（4）简述磨铣工具的分类及用途。

（5）简述套管补贴工具的分类及用途。

项目三　封隔器及辅助类工具的使用

封隔器是在套管里封隔油层的重要工具，它的主要元件是胶皮筒，通过水力或机械的作用，使胶皮筒鼓胀密封油、套管环行空间，把上、下油层分开，达到某种施工目的。封隔器的种类很多，按封隔器封隔件实现密封的方式分为：自封式、压缩式、扩张式、组合式四种。

【知识目标】

① 了解几种油田常见封隔器的用途、结构、工作原理和技术参数。

② 掌握几种封隔器的现场操作方法、技术要求以及注意事项。

【技能目标】

学会 Y111 封隔器、Y211 封隔器、Y221 封隔器、K344 封隔器的使用。

【背景知识】

一、封隔器的分类及型号

封隔器的型号编制如图 2-3-1 所示。其编制方法为：按封隔器分类代号、固定方式代号、坐封方式代号、解封方式代号、封隔器钢体最大外径及工作温度/工作压差六个参数依次排列，进行型号编制。

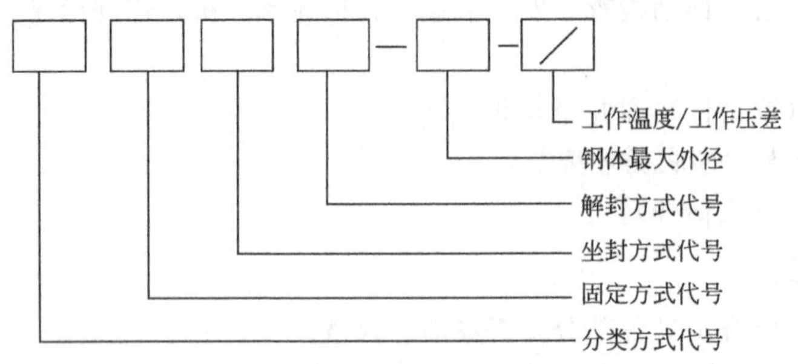

图 2-3-1　封隔器型号编制图

分类方式代号：用分类名称第一个汉字的汉语拼音大写字母表示，组合式用各式的分类代号组合表示，见表 2-3-1。

表 2-3-1　分类方式代号

分类名称	自封式	压缩式	扩张式	组合式
分类方式代号	Z	Y	K	用各式的分类代号组合表示

固定方式代号：用阿拉伯数字表示，见表 2-3-2。

表 2-3-2　固定方式代号

固定方式名称	尾管支撑	单向卡瓦	悬挂	双向卡瓦	锚瓦
固定方式代号	1	2	3	4	5

坐封方式代号：用阿拉伯数字表示，见表 2-3-3。

表 2-3-3　坐封方式代号

坐封方式名称	提放管柱	转动管柱	自封	液压	下工具	热力
坐封方式代号	1	2	3	4	5	6

解封方式代号：用阿拉伯数字表示，见表 2-3-4。

钢体最大外径：用阿拉伯数字表示，单位为毫米（mm）。

表 2-3-4　解封方式代号

解封方式名称	提放管柱	转动管柱	钻铣	液压	下工具	热力
解封方式代号	1	2	3	4	5	6

工作温度：用阿拉伯数字表示，单位为摄氏度（℃）。

工作压差：用阿拉伯数字表示，单位为 MPa。

1. Y111 封隔器

Y111 封隔器由上接头、顶胶环、长密封胶筒、中心管、短密封胶筒、密封接头、胶圈、支承滑套组成，如图 2-3-2 所示。Y111 封隔器可单独使用或与 Y211 封隔器（251 型）联用，进行分层试油、分层采油、分层卡水等作业，其工作原理为：将该封隔器支撑在井底或 Y211 封隔器上，下放管柱加压，剪断销钉，压缩胶筒，密封油套环空。需解封时，直接上提管柱即可。主要技术参数见表 2-3-5。

表 2-3-5　Y111 封隔器技术参数表

工具总长 /mm	钢体最大外径 /mm	内通径 /mm	两端连接螺纹	密封压差 /MPa	坐封力 /kN
745	ϕ114	ϕ62	2⅞TBG	正向 25，反向 8	60～80

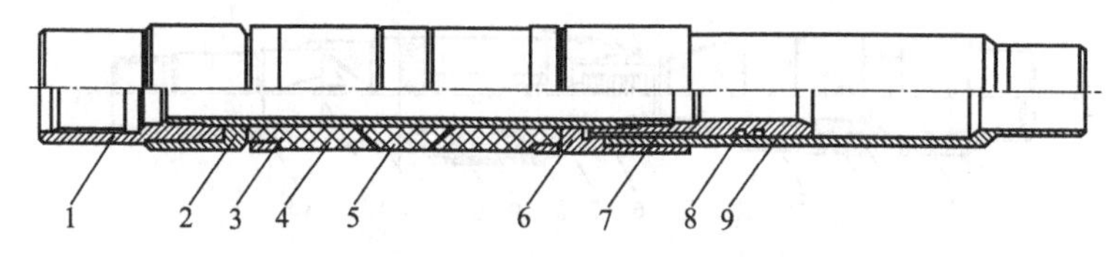

图 2-3-2　Y111 封隔器结构图

1—上接头；2，6—顶胶环；3—长密封胶筒；4—中心管；5—短密封胶筒；7—密封接头；8—胶圈；9—支承滑套

2. Y211 封隔器

Y211 封隔器由上接头、中心管、隔环、胶筒、限位套、锥体、卡瓦、卡瓦座、扶正器座、弹簧、扶正块、滑环套、滑环销钉、滑环、下接头组成，如图 2-3-3 所示。主要用于分层试油、分层采油、卡水、防砂、分层注水等井下作业。其工作原理为：将封隔器直接连在管柱上，滑环销钉处于短轨道位置，封隔器即可顺利下井。下到预定位置，通过上提，下放管柱将滑环销钉由短轨道换入长轨道，继续下放，锥体撑开卡瓦，卡住套管壁，再下放，压

缩胶筒，密封油套环空，完成坐封。一般情况下坐封力为60～80kN，最大不超过100kN。上提管柱可直接解封。主要技术参数见表2-3-6。

表2-3-6 Y211封隔器技术参数表

工具总长/mm	钢体最大外径/mm	内通径/mm	两端连接螺纹	密封压差/MPa	坐封力/kN	扶正块并紧最大外径/mm	扶正块张开最大外径/mm
1540	ϕ114	ϕ52	2⅞TBG	正向25,反向8	60～80	ϕ120	ϕ136

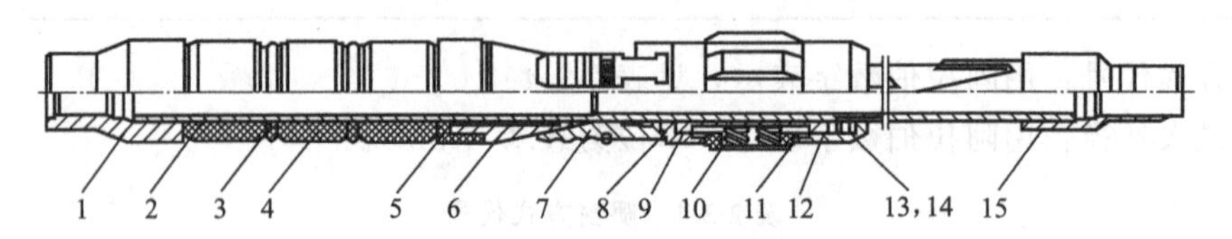

图2-3-3 Y211封隔器结构图

1—上接头；2—中心管；3—隔环；4—胶筒；5—限位套；6—锥体；7—卡瓦；8—卡瓦座；9—扶正器座；10—弹簧；11—扶正块；12—滑环套；13—滑环销钉；14—滑环；15—下接头

3. Y221封隔器

Y221封隔器由上接头、中心管、限位套、剪钉、锥体、卡瓦、扶正器、圆柱销、弹簧、扶正块、座封套、销子、下接头组成，如图2-3-4所示。主要用于分层试油、分层采油、卡水、防砂、分层注水等井下作业。其工作原理为：将封隔器直接连在管柱上，此时定位凸耳位于下死点，上提油管至一定高度右旋，在保持右旋扭矩的同时下放管柱，锥体撑开卡瓦，卡住套管壁，压缩胶筒密封于油套环形空间，完成坐封。上提管柱可直接解封。主要技术参数见表2-3-7。

表2-3-7 Y221封隔器技术参数表

钢体最大外径/mm	内通径/mm	两端连接螺纹	密封压差/MPa	坐封力/kN	扶正块并紧最大外径/mm	扶正块张开最大外径/mm
ϕ114	ϕ52	27/8TBG	正向25,反向8	80～100	ϕ116	ϕ136

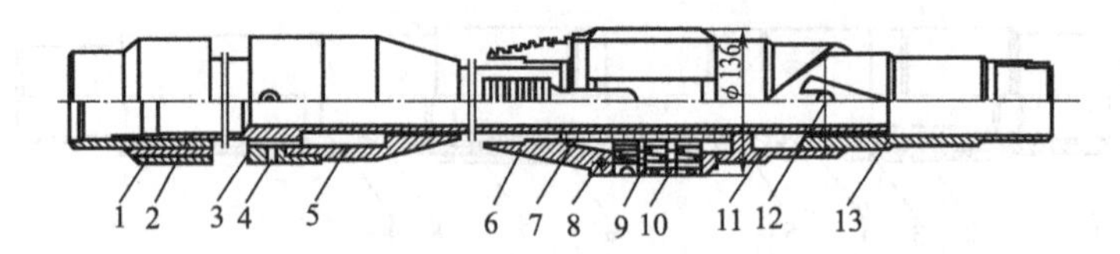

图2-3-4 Y221封隔器结构图

1—上接头；2—中心管；3—限位套；4—剪钉；5—锥体；6—卡瓦；7—扶正器；8—圆柱销；9—弹簧；10—扶正块；11—座封套；12—销子；13—下接头

4. K344封隔器

K344封隔器由上接头、密封圈、胶筒钢碗、中心管、胶筒、下接头组成，如图2-3-5所示。主要用于压裂、防砂、酸化、堵水、找窜、封窜等作业。其工作原理为：将该封隔器随管柱一同下井，下到预定位置，从油管加液压，通过节流器的作用在油套间形成压差，扩张胶筒，贴住套管壁，实现密封油套环空。当撤掉油管压力后，胶筒自行收回实现解封。主要技术参数见表 2-3-8。

表 2-3-8　K344 封隔器技术参数表

工具总长/mm	最大外径/mm	内通径/mm	两端连接螺纹	扩张压力/MPa	最大允许工作压差/MPa
1265	ϕ110～ϕ114	ϕ60～ϕ62	27/8TBG	0.8～1.2	80～100

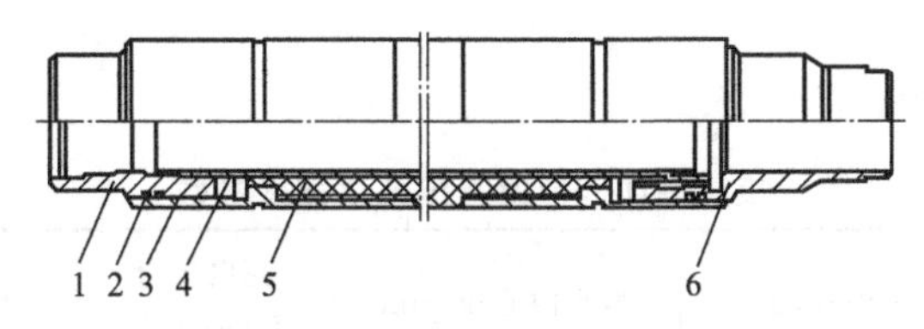

图 2-3-5　K344 封隔器结构图

1—上接头；2—密封圈；3—胶筒钢碗；4—中心管；5—胶筒；6—下接头

二、丢手工具

1. 丢手工具介绍

丢手工具（图 2-3-6）不能单独使用，需与卡瓦封隔器配合使用，丢手工具不能封隔油套环空。下部的封隔器可以单独使用，丢手工具在工作状态下，可维持封隔器的座封负荷，保证封隔器的密封性能，并可实现施工管串与封隔器的脱离。不需要时可以使用专用打捞工具捞取。

图 2-3-6　丢手工具

2. 主要技术参数

具体参数见表 2-3-9。

表 2-3-9　丢手工具技术参数

规格	最大外径/mm	总长/mm	球径/mm	丢脱压力/MPa	打捞螺纹	连接扣型	适用套管内径/mm
2241	ϕ104	482	ϕ25	6～7	M65×3	2⅜TBG	ϕ112
小 2251	ϕ110	530	ϕ25	5～6	M70×3	2⅞TBG	ϕ118
2251	ϕ114	545	ϕ25	5～6	M70×3	2⅞TBG	ϕ124
2251	ϕ114	565	ϕ25	5～6	M70×3	2⅞TBG	ϕ132
2271	ϕ142	920	ϕ45	7～8	M100×3	3½TBG	ϕ158

三、护罩定压凡尔

1. 护罩定压凡尔介绍

护罩定压凡尔一是用于油（气）井的压裂喷砂及酸化挤酸作业，实现油井增产，二是造成节流压差，保证封隔器所需的坐封压力。护罩定压凡尔主要由上接头、调节环、中心管、弹簧、凡尔、护罩、滑套、凡尔座、下接头等组成。

2. 工作原理

非工作状态时，凡尔在弹簧的弹力作用下关闭；工作时，从油管内投球，泵入高压液体，液压经中心管的孔眼作用于凡尔上，推动凡尔和护罩一起压缩弹簧上行，凡尔被打开，液体经凡尔和油、套管环行空间进到地层。多级使用时，在中心管内需加滑套芯子。

3. 主要技术参数

具体参数见表 2-3-10。

表 2-3-10 护罩定压凡尔技术参数

规格	总长/mm	最大外径/mm	最小内通径/mm	开启压力/(kg/cm^2)	连接扣型	适用套管内径/mm
745-8	740	ϕ104	ϕ45	15～16	2⅞TBG	ϕ127
745-6	740	ϕ110	ϕ55	19～20	2⅞TBG	ϕ127
745-6	740	ϕ114	ϕ55	19～20	2⅞TBG	ϕ139.7
747	790	ϕ135	ϕ70.9	9～10	3½TBG	ϕ177.8

四、套压凡尔

1. 套压凡尔介绍

套压凡尔（图 2-3-7）用于压裂、酸化等施工管串，可实现施工过程中或施工后的反洗井作业。主要由上接头、调节环、垫环、弹簧、中心管、盘根、凡尔、压套、密封垫、下接头等组成。

图 2-3-7 套压凡尔

2. 工作原理

油水井内管串的环空压力大于套压凡尔的开启压力时，凡尔上行，使环空与管串间的通道打开，过流，即可实现反洗井作业。

3. 主要技术参数

具体参数见表 2-3-11。

表 2-3-11 套压凡尔技术参数

连接扣型	2⅞TBG
内通径/mm	ϕ55
钢体外径/mm	ϕ110
工具长度/mm	620
开启压力/MPa	0.4
工作压力/MPa	30
适用套管	ϕ139.7mm 以上套管

五、油管锚

油管锚的用途是为防止由于温度、压力等因素的变化造成管柱上下蠕动，减少因油管蠕动引起的封隔器解封、管柱失效、抽油泵冲程损失等，延长管柱的工作寿命。

1. 结构

油管锚（图 2-3-8）主要由防撞机构、坐卡机构、锚定机构、锁紧机构及解卡机构组成。

图 2-3-8　油管锚

2. 工作原理

坐卡：从油管内正憋压，来液经过中心管孔眼分别作用在活塞上，活塞上行推动下锥体及锁套上行，下锥体锥开卡瓦卡在套管壁上，锁套上行并同锁环相互啮合，使得卡瓦不能回收，始终处于锚定状态，实现坐卡。

解卡：上提管柱，剪断下部解卡销钉，下锥体相对下行，卡瓦回收解卡，如果此时不能完全解卡，可继续上提管柱剪断上部解卡销钉，上锥体上行，卡瓦回收解卡。

3. 主要技术参数

具体参数见表 2-3-12。

表 2-3-12　油管锚技术参数

技术参数	最大外径/mm	通径/mm	卡瓦自由外径/mm	卡瓦张开最大外径/mm	工作压力/MPa	提拉张力/kN	座卡压力/MPa	解卡力/kN	托举载荷/kN	适用套管内径/mm
油管锚	114	62	112	132	35	≤60	8～10	9～100	≤400	121～124.3

4. 特点

① 能安全可靠的坐封于任何级别的套管。

② 双向卡瓦锚定，提高了耐上、下压差的能力。

③ 液压坐封，上提解封，适用于直井、斜井、水平井。

④ 大通径，可满足不同井的使用要求。

六、水力锚

压裂时，为了防止因压力波动而引起的封隔器上下蠕动，避免因上下封隔器不协调或下封隔器损坏而引起的油管上顶，可下入水力锚来固定井下管柱，以保证施工正常进行。当油管内充压后，随着压力的上升，水力锚体开始压缩弹簧向外推移，直到水力锚体外牙与套管壁接触为止。压力越高嵌得越紧，这样就可以防止井下管柱在井内上下移动了。当卸压以后，弹簧推水力锚体，使外牙离开套管内壁，恢复到原来位置。使用水力锚时应注意下入位置要放入水泥环返高范围之内，防止由于压力过高而造成套管变形。如果水力锚有防砂装置，可下入管柱底部。若没有防砂装置，水力锚应在最上一级封隔器上部，以免水力锚体被砂卡。

1. 结构和工作原理

水力锚（图 2-3-9）主要由锚体、锚爪、扶正块、弹簧密封圈、固定螺栓等组成。

从油管内加液压，锚爪在液体作用下，压缩弹簧，使锚爪径向推出，在足够的压力作用下，锚爪牢牢地卡在套管内壁上，从而防止油管轴向窜动。起到锚定油管作用。放掉油管内液体压力，锚爪在弹簧作用下自动收加解卡。

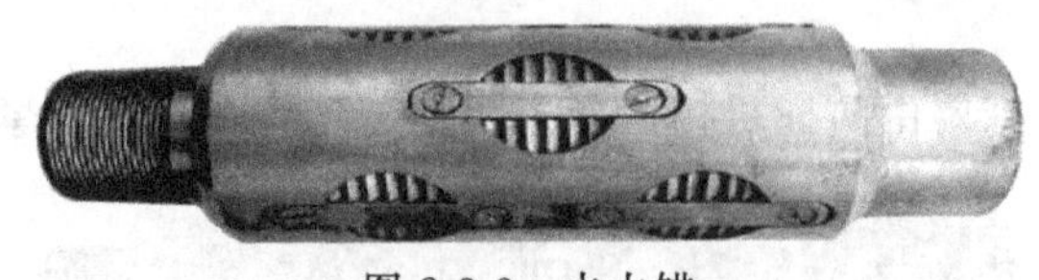

图 2-3-9　水力锚

2. 主要技术参数

具体参数见表 2-3-13。

表 2-3-13　水力锚技术参数

最大钢体外径/mm	112
工作温度/℃	≤120
工作压力/MPa	50
启动压差/MPa	0.6～1.0
最小通径/mm	48
连接扣型	公扣 2⅞"UPTBG,母扣 2⅞"UPTBG

3. 注意事项

① 下井前检查锚爪是否完全回位，锚爪的伸缩动作要灵活可靠。

② 检查锚牙是否完好。

③ 用清水试压，60MPa 稳压 5min 为合格。

④ 搬运储存过程要轻拿轻放，避免损坏锚爪、弹簧和丝扣，丧失其应有的性能。

⑤ 入井前仔细检查，确保其性能良好，并掌握好内外径等参数。

七、安全接头

安全接头是连接在钻井、修井、测试、洗井、压裂、酸化等作业管柱中的具有特殊用途的接头。当作业管柱正常工作时，它可以传递正向或反向扭矩，可承受拉、压载荷，并保证压井液畅通。当作业工具遇卡时，锯齿形安全接头可首先脱开，将安全接头以上管柱起出，以简化下步作业程序。安全接头目前在钻井、修井作业中应用较为广泛。

1. 锯齿形安全接头

锯齿形安全接头由上接头、下接头及两个 O 形密封圈组成，如图 2-3-10 所示。

上接头：上端有与其他管柱相连接的内螺纹，下半部有宽锯齿形外螺纹。在此二部分之间的外圆柱面上有“八”字形凹凸结构在锯齿形螺纹的起、末端有安装 O 形圈用的槽。

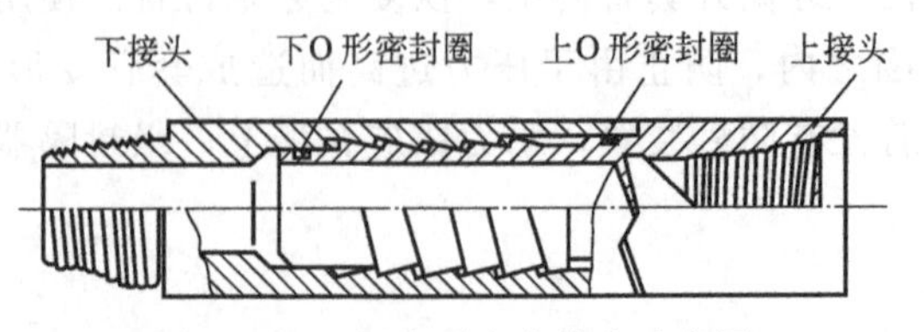

图 2-3-10　锯齿形安全接头示意图

下接头：下端有与其他管柱相连接的外螺纹。下半部呈筒形，有宽锯齿形内螺纹。在下接头的上端面有与上接头相配合的“八”字形凹凸。

O形密封圈：将锯齿形螺纹从上到下全部密封，防止泥浆侵入。安全接头有水眼，供循环泥浆通过。

2. 工作原理

锯齿形安全接头的上下接头的宽锯齿形螺旋面，在外拉力的作用下，内、外锥面相吻合，可传递正、反扭矩。而其上面的“八”字形凹凸结构正是产生预拉力并保持恒定的锁紧装置，是连接在井内管柱上的一种易于脱扣、对扣的安全工具。它安装在管柱需要脱开的位置，可同管柱一起传送扭矩和承受各种复合应力，井内发生故障时通过井口操作完成作业管柱的脱扣、对扣，为预防及解除井下事故提供保障工具。

【技能训练】

一、封隔器的使用

1. 设备、材料和工具准备（表 2-3-14）

表 2-3-14　设备、材料和工具准备

序号	名称	规格	数量	序号	名称	规格	数量
1	封隔器		1个	8	记录笔		1个
2	管钳	1200mm	2把	9	油管吊卡		2付
3	卷尺	15m	1把	10	游标卡尺		1把
4	液压钳		1台	11	小滑车		1个
5	密封脂		适量	12	通径规		1个
6	棉纱		适量	13	防喷器		1台
7	记录纸		适量	14	旋塞阀		1套

2. Y111 封隔器的使用

① 检查封隔器连接螺纹及密封胶筒是否完好，并对封隔器长度、直径、外径、内径进行丈量并做好记录。

② 将封隔器上部连接在下井的油管上（常以卡瓦支撑式封隔器作为支撑）。

③ 把封隔器下到坐封位置。

④ 先坐封卡瓦支撑式封隔器，然后继续下放管柱加压 60～80kN，压缩胶筒膨胀，使胶筒紧贴套管壁，实现密封油套环空。

⑤ 解封：上提管柱直接解封。

3. Y211 封隔器的使用

① 检查封隔器连接螺纹、密封胶筒、卡瓦、卡瓦座、扶正器座、弹簧、扶正块、滑环套、滑环销钉等是否完好，并对封隔器长度、直径、外径、内径进行丈量并做好记录。

② 检查封隔器换轨是否灵活、可靠。

③ 把封隔器上部连接在下井的油管上，下部连接设计要求的工具，把封隔器的滑环销钉处于短轨道位置。

④ 把封隔器下到坐封位置，上提油管 0.5～1m，下放管柱将滑环销钉由短轨道换入长轨道，继续下放管柱，锥体撑开卡瓦，卡住套管壁，再下放，压缩胶筒膨胀，使胶筒紧贴套

管壁，实现密封油套环空。一般情况下坐封力为60～80kN，最大不超过100kN。

⑤ 解封：上提管柱直接解封。

4. Y221封隔器的使用

① 检查封隔器连接螺纹、密封胶筒、卡瓦、卡瓦座、扶正器、弹簧、扶正块等是否完好，并封隔器长度、直径、外径、内径进行丈量并做好记录。

② 检查封隔器换轨是否灵活、可靠。

③ 把封隔器上部连接在下井的油管上，下部连接设计要求工具，把封隔器的定位凸耳置于下死点的位置。

④ 把封隔器下到坐封位置，在保持右旋扭矩的同时下放管柱，锥体撑开卡瓦，卡住套管壁，再下放，压缩胶筒膨胀，使胶筒紧贴套管，实现密封油套环空。一般情况下坐封力为60～80kN，最大不超过100kN。

⑤ 解封：上提管柱直接解封。

5. K344封隔器的使用

① 检查封隔器连接螺纹及密封胶筒是否完好，并对封隔器长度、直径、外径、内径进行丈量并做好记录。

② 把封隔器上部连接在下井的油管上，下部连接设计要求工具。

③ 把封隔器下到坐封位置。

④ 从油管加液压，通过节流器的作用在油套间形成压差，扩张胶筒膨胀，使胶筒贴住套管壁，实现密封油套环空。

⑤ 解封：上提管柱直接解封。

二、安全接头的使用

1. 下井

① 下井前拆开检查O形密封圈是否完好。

② 把宽锯齿螺纹连接上紧，扭矩与所匹配的管柱相对应。

③ 检查、丈量油管，计算准确。

④ 连接安全接头，分层测试，管柱安全接头接在测试工具与封隔器之上。打捞工具管柱安全接头接在打捞工具之上。

⑤ 下井管柱上紧螺纹，下至预定深度时，记录安全接头以上管柱的悬重。

2. 脱开安全接头

① 如右旋安全接头，则将钻柱向左（逆时针方向）转动；左旋安全接头，则将钻柱向右（顺时针方向）转动1～3圈（浅井转动1圈，深井、定向井转动2～3圈）。在保持扭矩的同时，快速下放钻柱，使安全接头受200～400kN的冲击力。然后上提（不超过安全接头以上钻柱的悬重）、下放反复数次，使安全接头锯齿螺纹的自动松开。

② 上提钻柱（不超过安全接头以上钻柱的悬重），使安全接头保持5～10kN的压力，缓慢地转动钻柱。安全接头是宽锯齿螺纹，螺距大，一旦拧开螺纹，上升的速度较管柱接头的螺纹卸开的上升速度男6～8倍，上升十分明显，所以从上升速度的快慢和悬重，可以判断是否倒开。

③ 若安全接头被倒开，则悬重下降。此时，使安全接头上的压力保持在5～10kN之间，缓慢地转动钻柱至退完螺纹。

3. 重新对接安全接头

① 在安全接头外半节上装好O形密封圈，在螺纹表面涂一层锂基润滑脂，然后连接在管柱上下入井内。

② 外半节下到内半节的顶部0.3～0.5m处停止下钻，开泵循环冲洗内半节顶部沉积物。

③ 小心地进入内半节顶端。此时，加压力5～10kN，根据宽据齿螺纹旋向，边转动边加压，并保持压力在5～10kN之间，直到上完螺纹为止。若转盘扭矩增加，同时方入增加等于安全接头宽锯齿螺纹的总长度，则表明安全接头的螺纹已上完。

三、归纳总结

① 封隔器卡点位置应避开套管接箍处。

② 下管柱前应先用套管刮削器刮削套管，防止封隔件被撞坏。

③ 下封隔器前用标准的通井规通井，以保证封隔器顺序下入。

④ 下井的油管必须用通径规通过。

⑤ 油管要清洁，油管及其螺纹要完好无损。

⑥ 压井液及洗井液要清洁。

⑦ 下放管柱要平稳，速度要均匀，应控制在0.5m/s以内。

⑧ 要确保卡点位置准确，防止误卡。

⑨ 坐封时对管柱试压做到管柱不渗不漏，符合井下作业规程对管柱试压的要求。

⑩ 在坐封后，如试封时不密封，应上提管柱解封，同时将封隔器提至所有层位以上，再坐封、试封以判断是封隔器封隔件被刮坏或误卡或管外串通。

⑪ 根据井段的温度，选适用相应温度的胶筒。

⑫ 封隔器在运输与搬运时，不允许碰撞，避免雨淋和潮湿，在储存时应远离热源，不得接触酸、碱、盐等腐蚀性物质。

⑬ 每次使用后，应拆卸各零部件，清洗干净再重新装配，装配时更换胶筒及密封圈，各盘根槽及螺纹连接处都必须涂润滑脂。

⑭ 特别注意下井前安全接头上、下接头必须拧紧，安全接头与管柱要拧紧。

⑮ 倒扣时不要使安全接头处于受拉力的状态，因为在拉力状态下倒扣，不但难以倒开，而且有损坏宽锯齿螺纹的危险，也有可能从管柱接头螺纹处倒开。

⑯ 每次用完后，必须卸开安全接头，清洗干净。

⑰ 涂油、阴干处保。

四、思考练习

(1) 简述Y211、221封隔器的工作原理。

(2) 简述水力锚、油管锚的作用。

(3) 简述安全接头的工作原理。

学习情境三
井下作业施工准备

施工准备是油气水井在实施井下工艺措施之前所做的一系列前期准备工作的总称。主要是地面设施建设，主要目的是使修井整套工艺能够顺利实施。因此，施工准备阶段是否充分直接影响下步工序的进行。有时修井措施不同，施工准备的工序内容也会有所不同。

项目一　识读施工设计

施工设计是修井作业所要执行的纲领性文件，是修井工艺实施的主要依据。识读施工设计是修井操作人员了解施工井施工工艺和技术要求的主要途径，操作人员只有全面理解设计要求，才能执行设计，按要求完成修井任务。所以操作人员能否识读施工设计是保证修井任务顺利完成的关键。修井作业内容主要分小修作业、大修作业和措施作业等内容，在施工过程中都有各自的施工设计需要识读，它们的施工设计形式整体上区别不是很大，识读过程也很类似。其中小修作业在整个修井作业中频率最高，其施工设计也最具有代表性，下面重点讲述小修作业施工设计。

【知识目标】

① 了解地质设计、工程设计和施工设计所包含的内容。

② 掌握施工设计识读要领，能够明确施工设计的各项内容。

【技能目标】

使学生在识读施工设计过程中能够抓住设计中的要点，完成识读任务。

【背景知识】

一、小修作业地质设计

小修作业地质设计是根据油田开发需要，结合油田综合调整方案要求，针对油气水井油藏地质因素而编制的，主要内容有以下几方面。

1. 油气水井基本数据

① 作业井所属油气田或区块名称、地理位置。

② 钻完井数据：开钻日期、完钻日期、完井日期、完钻井深、人工井底、目前人工井底、钻井液性能、固井质量等。

③ 生产油气层基本数据：层位、层号、解释井段、厚度、孔隙度、渗透率、含油饱和度、岩性等。

④ 射孔数据：层号、射孔井段、厚度、射孔液等。

⑤ 套管数据：规范、钢级、壁厚等。

2. 油气水井生产数据

① 作业井的生产情况、注水、注气（汽）情况。

② 相邻油气水井生产情况、连通井受益情况等。

3. 历次作业情况

作业井的历次作业时间、作业原因、施工目的、施工情况。

4. 存在问题及原因分析

作业井目前的生产状况、存在的问题及原因分析。

5. 施工目的及要求

作业井本次的施工目的和施工要求。

6. 与井控相关的情况提示

① 与邻井油层连通情况及气（汽）窜干扰情况。

② 本井和邻井硫化氢等有毒有害气体检测情况。

③ 地层压力或压力系数、气油比、产出气及伴生气主要成分等。

④ 井场周围500m的居民住宅、学校、厂矿等环境敏感区域说明和相应的井控提示等。

7. 目前井况、井身结构及生产管柱数据

这方面包括井下落物情况、套管技术状况、井身结构及生产管柱数据等。

二、小修作业工程设计

小修作业工程设计是根据不同的施工项目，优化施工工艺，计算施工参数，合理选择施工材料、设备和工具，为保证工程设计的顺利实施，由工艺技术部门或委托第三方编制的，主要内容有以下几个方面。

1. 基础数据

基础数据包括油气水井基本数据、生产油气层基本数据、油层射孔及流体性能、近期生产情况、注水（汽）情况及预计井口最大关井套压等数据。

2. 施工目的

根据本次施工要求提出施工目的，如检泵、调层、压裂等。

3. 主要施工步骤

根据作业先后顺序，列出主要施工工序及要求，包括下井工具选用、作业深度等。

4. 参数设计

参数设计包括泵型、泵径、泵深、抽油杆组合、油管组合、封隔器卡点深度等。

5. 施工准备

施工准备包括队伍及设备要求，抽油杆、油管、抽油泵等下井工具准备等。

6. 安全环保及有关要求

安全环保的要求包括消防器材准备；防喷、防火、防爆炸、防工伤、防触电工作要求；

施工过程中的安全要求；井口返出液妥善处理，避免环境污染等环保要求。

7. 井控要求

井控要求包括修井液性能、类型及密度要求；防喷器的选择、安装、试压及施工过程中的井控要求；高压、高含硫化氢、高危地区作业井施工前的井控应急预案和防污染措施制定等要求。

8. 井身结构及完井管柱示意图

井身结构示意图包括套管规格、下深、水泥返深、人工井底、生产层位、射孔井段；完井管柱示意图包括修前、修后井下工具名称、规格、型号及下入深度等。

三、小修作业施工设计

（一）施工设计内容

小修作业施工设计是以地质设计和工程设计为基础编制的，设计内容满足地质设计和工程设计要求，满足恢复油气水井正常生产要求，满足相关技术标准及安全操作规程要求，满足安全与环保要求。其内容主要包括原井基础数据、油层及射孔情况、邻井及对应注水（汽）井情况、近期生产情况、上次作业情况、本井或邻井硫化氢等有毒有害气体情况、施工目的、井场周围环境描述及防范要求、施工准备、施工步骤、施工要求及注意事项、井身结构示意图、井控设计、环境保护预案等。

（二）施工设计的识读

通过识读小修施工设计，掌握关键数据及施工要求，结合现场实际施工内容，指导现场作业施工。识读要点有以下几个方面。

1. 识读原井基础数据

重点了解以下关键数据：人工井底（目前人工井底）、套管数据（规范、壁厚、钢级、下深、接箍深度）、井斜数据、水泥返高、固井质量。

① 根据人工井底（目前人工井底）数据，落实现场管材准备数量是否满足施工要求，施工过程中落实管柱组合是否合理，探井底或冲砂作业深度是否与井底深度一致，提前控制管柱下放速度等。

② 根据套管数据，选择下井工具，落实下井工具尺寸（外径、内径、长度）是否合理，施工压力控制不超过套管抗内压强度，压井液液量准备满足井筒容积要求，封隔器坐封深度避开套管接箍。

③ 根据井斜数据，核实下井工具是否满足井斜要求，在最大井斜处控制起下管柱速度，确定完井管柱是否考虑到井斜影响。

④ 根据水泥返高和固井质量，落实封隔器坐封位置、待射孔井段、挤水泥封堵井段的固井质量和水泥返高情况，以便采取相应措施。

2. 识读油层及射孔情况

通过了解层位、射孔井段、厚度、孔隙度、渗透率、含油饱和度、解释结果、生产现状、原始/目前压力系数等数据，落实压井液性能是否满足要求，参照计算挤封堵灰浆量，解释结果为气层的要采取严格的井控防范措施。

3. 识读邻井及对应注水（汽）井情况

通过了解邻井及对应注水（汽）井压力、注入井段、注入量及连通受益情况，可以针对性地采取井控措施，有效防止井喷事故的发生。如要求连通注水（汽）井提前停注，施工前及施工过程中密切观察，采取提高井控级别和防喷器等级等措施。

4. 识读近期生产情况

通过了解近期生产方式、产量、井口压力、气油比、动液面、静液面、静压、压力系数，核实现场施工选取的压井液性能是否满足要求，压井方式是否合理。低压井采取堵漏措施，高压、高气油比井采取防喷措施。

5. 识读本井或邻井硫化氢等有毒有害气体情况

通过了解本井和邻井是否含有硫化氢等有毒有害气体，在施工过程中采取防范措施，如现场配置四合一多功能气体检测仪和正压呼吸器，施工前采取回收硫化氢、灌液、洗井等脱硫措施，施工全过程检测硫化氢含量，开展防硫化氢中毒应急演练，防止发生人员中毒事故。

6. 识读上次作业情况

通过了解上次作业情况，如出砂、漏失情况，井筒状况，压井施工参数及完井管柱结构等，为本次施工作业提供借鉴。

7. 识读施工目的

通过了解施工目的，清楚施工任务。

8. 识读井场周围环境描述及防范要求

通过了解井场周围环境及防范要求，核实井控级别和井控装备是否满足要求，采取有针对性的防喷、防污染措施。

9. 识读施工准备

① 通过识读设备及修井工具准备，了解该井施工作业所需的修井机、提升设备、井控设备及修井工具。

② 通过识读安全及消防设施准备，了解该井施工作业配备的消防器材、硫化氢气体检测仪、正压呼吸器等设施。

③ 通过识读下井管材及工具准备，了解该井施工作业所需的管柱规范、尺寸、配长，下井工具要求等。

④ 通过识读修井液准备，了解该井施工作业所需的修井液性能及液量。

10. 识读施工步骤、施工要求及注意事项

详细了解每道施工工序的执行标准、管柱结构组合、下井工具规范、操作要求、注意事项、安全质量控制点、施工风险及控制措施等内容，按照每步骤技术要求选择下井工具、组配管柱结构，依据标准要求规范操作，在安全、质量、井控受控的前提下，完成施工任务。

11. 识读井身结构示意图

通过识读井身结构图，直观了解修前修后井身结构、生产井段、管柱规范及配长、工具规范及下深，目前井筒状况、油补距、套补距等。通过识读修前井身结构示意图，了解目前井内管柱结构、井下工具名称、规范、深度，便于提前准备修井工具。若井下有大直径工具，起管过程中提出限速要求，落实井口装置内通径，确保大直径工具能顺利通过，安全起出原井管柱。通过识读修后井身结构示意图，了解完井管柱结构及工具规范、下深，提前做好管材、工具准备工作，指导现场操作人员施工。

12. 识读井控设计

通过识读井控设计内容，了解该井的井控级别、所选的井控装备的规格型号、安装及试压要求、施工过程中的井控要求、井控应急处置预案、井控装置安装示意图等，指导现场操

作人员做好施工过程中的井控工作。

四、归纳总结

① 全面理解施工设计中的各项内容，掌握识读要领。

② 识读施工设计时不要漏掉关键数据。

③ 在识读施工步骤时，结合施工目的，重点领会每道工序施工技术要求和安全注意事项。

五、思考练习

施工设计包含的主要内容有哪些?

项目二　井场布置及设备摆放

修井设备及相关修井工具运达井场后，下一步就要进行油气水井井场的布置以及设备的摆放。井场布置主要是指把整个作业井场进行区块划分，一般的修井现场可以围绕修井机、井口、抽油机、油管、油杆等划分为若干区，井场布置总的原则是根据地形地貌，因地制宜，生产生活设施要合理布局，方便生产，场地平整，符合安全文明生产的要求。设备摆放是把修井作业设备、装置和设施按要求摆放到施工现场。设备摆放前的准备工作、规范合理的布置现场是施工的重要基础工作。

【知识目标】

① 了解井场布置的基本要求。

② 了解修井作业中设备摆放的标准。

③ 掌握井场布置操作步骤及注意事项，能够辨识违章行为。

【技能目标】

使学生熟悉井场布置，学生应熟练掌握现场设备摆放施工操作程序，能够识别安全风险，有效预防，避免意外伤害事故。

【背景知识】

一、修井作业井场布置

1. 一般性井场布置

一般性井场布置如图 3-2-1 所示。

2. 基本要求

① 井场圈闭成 30m×30m，(以 ϕ19mm 抽油杆作支点，高 1.2m，间距 5.0m，用直径 5mm 的尼龙绳做围绳，绳上有醒目标记)。

② 圈闭井场的入口处立有队旗，两边摆放两个警示牌。

③ 丛式井安装安全防护警示牌，中间用尼龙绳对生产井进行隔离。

④ 排污渠走向避开设备、油管、油杆桥，排污坑距井口在 30m 外。

⑤ 消防台应摆放在距井口 10m 以外的地方，不妨碍施工。

⑥ 井场配备 8kg 干粉灭火机 6 个，消防锹 4 把，消防桶 4 个（桶内装满消防砂)，消防

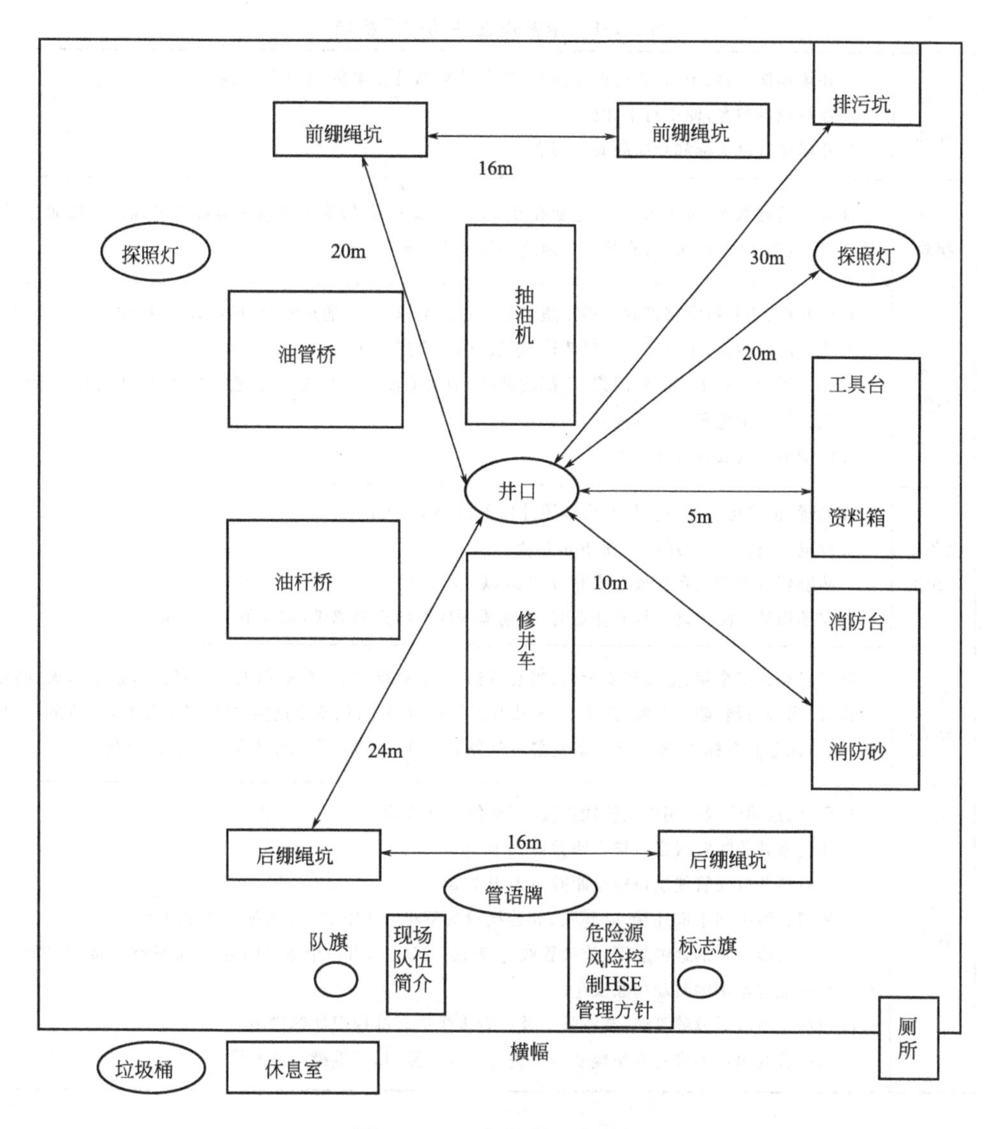

图 3-2-1　一般性井场布置图

毛毡 2 条，消防镐 1 把，消防砂两堆，每堆 0.5m^3。修井设备平台有 8kg 干粉灭火机 2 个。

⑦ 工具台应摆放在距井口 5m 以外的地方，便于施工。

⑧ 防爆探照灯 2 个，置于远离井口 20m 以外的上风头。

⑨ 施工现场配有专用的配电箱，将配电箱架离地面 1.5m。

⑩ 两前绷绳坑距离为 16m，距离井口各为 20m，两后绷绳坑的距离为 16m，距离井口各为 24m。

⑪ 油管桥搭放为“三三制”，桥距 4.0m，支点距 4.0m，桥高 0.3m，油管每 10 根一组摆放。抽油杆桥搭放也为“三三制”，桥距 3.5m，支点距 2.5m，桥高 0.5m，抽油杆每 20 根一组摆放。

二、修井作业井场布局标准

修井作业井场布局标准见表 3-2-1。

表 3-2-1　修井作业井场布局标准

井场布局	井场规范	1.井场场地平整、干净，井场内无油污、杂草等易燃易爆物品，无渗坑、无积水 2.物料堆放整齐，便于行走和施工 3.井场设置风向标和相应的安全标志
	管杆摆放	油管桥基础稳固，桥面水平，距地面高度500mm以上，各层横桥必须用绳索系牢，油管(抽油杆)排放整齐，每组第10根出头，与修井机的距离必须大于1m
	井场布置	1.修井机、通井机常规摆放应满足施工车辆进出需求，安全通道畅通，操作方便，操作手视线开阔 2.值班房内整洁，工具房内工具清洁，摆放整齐、有序合理 3.井口周围无积水、油污、泥浆，不摆放杂物，地面铺设防滑踏板，安全通道畅通，两侧无行走障碍 4.施工区用黄色警示带隔离 5.活动厕所摆放在井场以外
	设备安全距离	1.油罐、值班房、发电房、住井房等距井口不得小于30m 2.发电房、机房与油罐间距在20m以上 3.防喷器远程控制台摆放在距井口25m以上的位置 4.在苇田等需防火地区修井作业时，井场周围应有防火隔离带，宽度不小于20m
	安全标志	须有必须系安全带、必须戴安全帽、当心落物、当心坠落、当心机械伤人、当心触电，禁止烟火，必须穿工作服、当心滑倒、防止井喷、防止H2S及有毒气体泄漏中毒、安全逃生路线、紧急集合区、疏散区、高压区、风向标等安全标志，施工区用黄色警示带隔离。施工重地、非工作人员禁止进入等齐全
	管汇	1.压井、放喷管线应用钢质管线连接，不准使用软管线 2.油气水井放喷管线出口接至距井口大于50m 3.天然气井放喷管线出口接至距井口大于75m 4.放喷管线中间不准连接90°弯头，如连接弯头不小于120°，出口应在侧风方向处 5.放喷管线必须加地锚加固，放喷管线每隔10～15m须有一个地锚固定，不准悬空连接；在放喷过程中管线不能有丝毫的跳动现象发生 6.寒冷季节应对放喷管线、节流管汇及压力表采取防冻保温加热措施 7.放喷管线出口不准对着车辆及行人进出井场的路口，不准跨越地面管线

【技能训练】

一、设备摆放

① 修井机应根据季节优先选择摆放在上风口位置，摆放前必须铺好防渗布，轮式修井机或履带式通井机开到井场后摆放在抽油机正对面。修井机摆正后，履带式通井机打好死刹车，轮式修井机车轮下必须用掩铁掩住车轮，各轮胎不承受负荷，不悬空，修井机下面防渗布四周必须围好围堰，防止污染。

② 根据当地季风风向，值班房摆放在距井口30m以外的上风口位置，轮式值班房摆放完毕后必须用掩铁掩住车轮。

③ 工具房的摆放与值班房平行对齐，摆放之前下面铺好防渗布，工具房门朝向井口，以便拿放工具。

④ 根据当地季风风向，防喷器远程控制台摆放在距井口25m以外上风口位置，摆放的标准是：操作远程控制台者必须能看到井口。

⑤ 发电房摆放在距井口 30m 以外的位置。

⑥ 若井场内有发电房、库房、油罐设备，发电房、库房、油罐须距井口不小于 30m，发电房与油罐区相距不小于 20m。

⑦ 井口工具柜摆放在距井口 5m 的合适位置，里面主要摆放管（杆）吊卡、活动弯头、活接头、卡箍、旋塞、杆防喷器、管钳、旋塞扳手、井口螺丝、小件工具等。工具柜下面必须有防渗布，围好围堰。

⑧ 消防工具柜摆放在值班房附近，井口用灭火器摆放在离井口附近容易取用的位置，修井机用灭火器摆放在修井机上容易取放的位置。

⑨ 井场四周应架设安全警戒带，警戒示带清洁，架设平直，距地面高度 1.2m，井场入口摆放入场须知标志牌。井场内摆放逃生路线指示牌，并在上风口的安全区域摆放紧急集合标志牌。

二、归纳总结

① 井场摆放设备前应平整、干净、无积水，无杂物。

② 摆放设备必须按照标准摆放。

③ 修井机、工具柜、管杆桥下必须铺防渗布。

④ 摆放设备不得压占油气管线，井场上方不得有高压线。

⑤ 摆放设备、设施必须留出足够的安全逃生通道。

三、思考练习

① 简述轮式值班房摆放标准。

② 简述远程控制台摆放标准。

项目三　拨侧转式抽油机驴头

拨侧转式抽油机驴头是小修常规作业中的一项重要施工工序，是用工具将抽油机驴头拨转 180°，使修井作业工序不受抽油机驴头干扰，给下步修井作业提供重要的安全保障。

【知识目标】

① 了解拨侧转式抽油驴头操作规程，正确启停抽油机。

② 掌握拨侧转式抽油驴头操作程序。

【技能目标】

① 学员能够辨识违章行为，消除事故隐患。

② 使操作人员在拨侧转式抽油驴头施工过程中能够做到熟练、规范、安全操作。

【背景知识】

游梁侧转式抽油机是油田广泛应用的传统抽油设备，通常是由普通交流异步电动机直接拖动，其曲柄带以配重平衡块，通过连杆、游梁、驴头，带动抽油杆做固定周期的上下往复运动，把井下的液体抽吸到地面。游梁侧转式抽油机结构如图 3-3-1 所示。

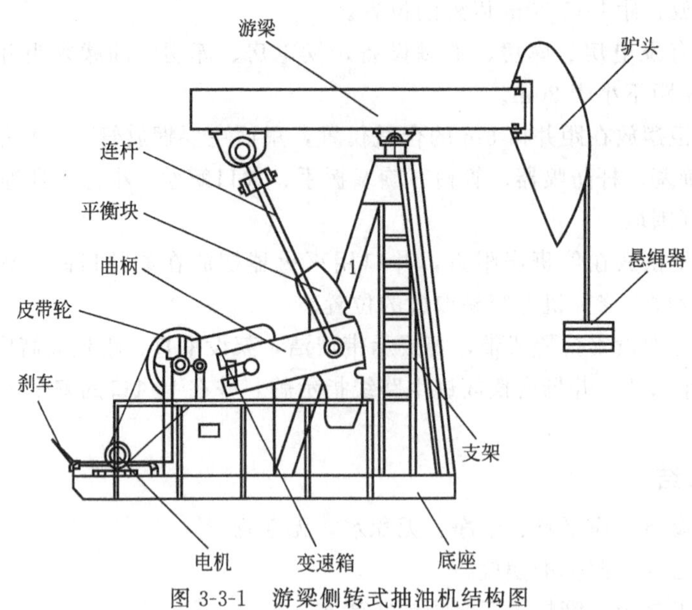

图 3-3-1 游梁侧转式抽油机结构图

【技能训练】

一、拨转驴头

(一) 拨侧转式抽油机驴头

① 将抽油机驴头停在距离下死点 0.3～0.5m 处，刹紧抽油机刹车。

② 将方卡子卡在距采油树防喷盒以上 0.1～0.2m 处。

③ 启动抽油机，使方卡子坐到防喷盒上，停抽油机，悬绳器处于无负荷状态，刹紧抽油机刹车，卸掉悬绳器上面的方卡子。

④ 卸掉悬绳器上的固定螺丝，去掉盖板，用绳索拴住悬绳器并拉开。

⑤ 调整刹车使抽油机处于水平位置，刹死刹车，打好死刹车。如果抽油机游梁没有处于水平状态，则松开抽油机刹车，启动抽油机，使游梁处于水平状态停车，刹死刹车。把悬绳器暂时固定在抽油机的梯子上。

⑥ 操作人员佩戴高空安全带，带引绳爬上抽油机游梁，系好安全带，固定好绳索并从一侧放下，连接好拨驴头的绳索。

⑦ 地面人员配合吊上榔头，操作人员砸出驴头一侧上、下两个销子，放入吊桶并和工具一起下放至地面。

⑧ 解开安全带，操作人员下到地面和班组人员向未砸销子的一侧拉驴头（向后转 180°）。驴头拉到位后，再爬上游梁，系好安全带，用绳索固定好驴头。

⑨ 解开安全带，操作人员回到地面，重新固定好悬绳器。

(二) 拨正侧转式抽油机驴头

① 解开固定悬绳器的绳索，操作人员佩戴安全带，带上拉驴头的绳索，爬上驴头，系好安全带，解开固定驴头的绳索，并系好拉驴头的绳索。

② 操作人员解下安全带，下到地面，配合班组人员拉动绳索，把驴头拉（向前转 180°）至正常位置。

③ 操作人员再爬上游梁，系好安全带，固定好引绳并下放引绳，地面人员在吊桶（或吊篮）内装入大锤及驴头固定销子。操作人员用引绳吊上吊桶（或吊篮），取出大锤及驴头固定销子，放下吊桶。

④ 调整驴头位置，穿上销子并砸紧，吊上吊桶（或吊篮），将大锤等工具放入并吊下。

⑤ 解开拉驴头的绳索，放至地面，解开安全带，沿原路返回地面。

（三）注意事项

① 抽油机曲柄旋转范围内及驴头下方不许站人。

② 抽油机刹车一定要刹牢。

③ 悬绳器从光杆上拉出时，注意不要损伤光杆。

④ 驴头销子锈死时，要先用柴油浸泡，活动后再拔出。

⑤ 拉拔驴头时，抽油机上不得站人。

⑥ 在游梁上操作所用工具必须拴好保险绳。

⑦ 所有工具提起或下放过程中都必须装入吊桶（或吊篮），严禁从高处向下扔工具或其他物品。

⑧ 高空作业必须系安全带。

⑨ 各岗位密切配合作业，协同作业，服从指挥人员指挥。

⑩ 上、下抽油机梯子时，防止踩空。

二、拆卸式驴头操作

① 吊驴头时要有专人指挥。将驴头放至下死点，在光杆上打好底卡子，卸开光杆卡子，卸掉驴头的负荷。卸下悬绳器，慢慢松开抽油机的刹车，使游梁处在水平位置，把刹车刹死，断开配电箱的电源。

② 爬上游梁，固定好安全带，挂好吊升绳套。

③ 吊车吊钩缓慢提紧吊升绳套，待绳套绷直后停车，卸下驴头销子。

④ 吊钩吊开驴头，用牵引车拉紧牵引绳套，大钩下行将驴头放下。

⑤ 松开抽油机刹车，使游梁扬起。

⑥ 安装时用绳套吊起驴头，固定在游梁上。

三、上翻式驴头操作

① 在抽油机驴头处于下死点时挂好专用提升绳套和牵引绳。

② 启动抽油机将驴头抬起至上死点后刹紧抽油机刹车。

③ 打开驴头锁紧装置。

④ 用游动滑车缓慢提升驴头上的专用绳套，当驴头上翻接近最高点时拉紧牵引绳，停止上提游车大钩，缓慢下放驴头，使其翻转在抽油机游梁上。

四、转角自让位（锁块）式驴头操作

（一）让位操作

① 停机，将游梁停于水平位置，接下来将抽油机驴头停在下死点位置，按卸负载程序将光杆卡子松开，使悬绳器与光杆脱开。在驴头下部的孔中拴一根绳子，并使之从驴头最下部绕过。

② 拉动驴头，使其围绕挂轴向前转动约 150mm，拉转锁块，慢慢松开驴头，就可实现让位。如有卡住，只要再向前拉动一次驴头，即可解决。

③ 慢慢松开刹车，靠平衡块自重，使驴头上升到上死点，此时驴头绕挂轴摆动到结构允许的最大让位状态。

(二) 复位操作

① 启动抽油机将游梁停在下死点附近，在驴头下部的孔中拴一根绳子，并使之绕过驴头最下。

② 向前拉动驴头，定位板自行推动锁块转动达到转动目的。确保驴头定位板与锁块处于压紧状态，方可进行下一步操作。

③ 光杆装入悬绳器，拧紧悬绳器压板螺钉，卡好光杆卡子作好开抽油机准备工作。

五、思考练习

拨正侧转式抽油机驴头操作有哪些步骤？

项目四　下地锚

地锚是对井架起固定作用的工具。本任务中介绍的下地锚主要指人工下地锚，是按要求经人力将地锚准确钻入地下的工作。常规修井作业中，通过绷绳与地锚连接来实现井架固定，所以人工下地锚是常规修井作业中一项重要的施工任务。

【知识目标】

① 了解地锚的机构和作用。
② 掌握下地锚的操作程序。

【技能目标】

① 熟练的挖取地锚坑和钻进地锚桩。
② 能够正确的挂地锚销子，下地锚施工过程中能够做到熟练、规范、安全操作。

【背景知识】

一、地锚

1. 地锚的定义

地锚是利用底部的螺旋锚片将地锚桩钻入地下，然后通过与井架绷绳连接来实现固定井架的工具。

2. 地锚的结构

地锚由螺旋锚片、地锚桩和地锚耳组成，如图 3-4-1 所示。

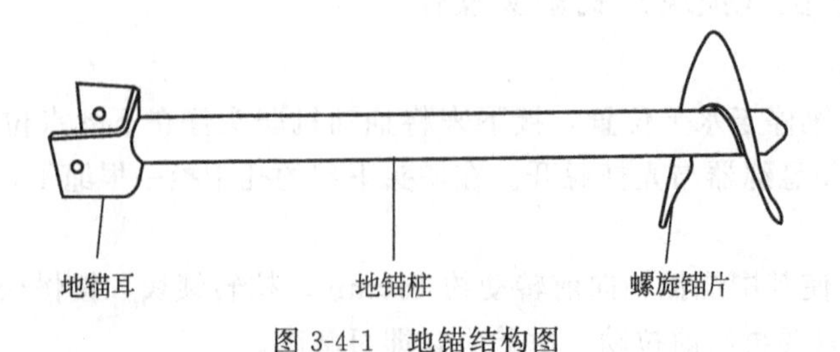

图 3-4-1　地锚结构图

3. 地锚布置尺寸

① 单体井架地锚布置尺寸见表 3-4-1。

表 3-4-1 单体井架地锚布置尺寸表 m

序号	井架高度	前绷绳地锚			后绷绳地锚		
		距井口中心距离		内(外)绷绳之间距离	距井口中心距离		内(外)绷绳之间距离
		外绷绳	内绷绳		外绷绳	内绷绳	
1	18	22	20	14～16	24	22	14～16
2	24	26	24	20～24	28	26	20～24
3	29	29	26	26～30	29	26	22～28

② 修井机地锚布置尺寸见表 3-4-2。

表 3-4-2 修井机地锚布置尺寸表 m

序号	机型	A	B	C	D
1	≥80t	27±3	27±3	27±3	27±3
2	50t	23±3	23±3	23±3	23±3

4. 地锚规格

① 地锚桩长度不小于 1.8m。

② 地锚桩直径不小于 73mm。

③ 螺旋锚片直径不小于 250mm。

④ 螺旋锚片长度不小于 400mm。

二、地锚车

地锚车主要用于石油行业钻修井作业中下地锚。不仅用于普通地层打地锚，还可用于冻土层地锚的钻进与拧出。数据显示，地锚车可以使人力节省 90%以上，工作效率提高 50%以上。

地锚车主要由锚头减速器总成、吊臂总成、二类底盘、前支架总成、变幅油缸、支腿、操作室总成、回转支撑、液压绞车、副车架、卷管器总成和回转工作台组成，如图 3-4-2 所示。

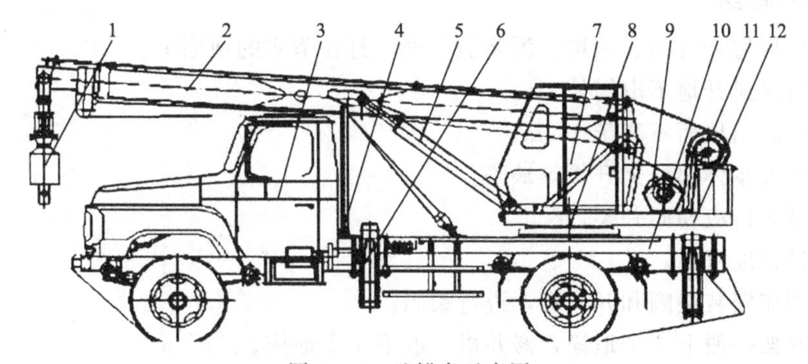

图 3-4-2 地锚车示意图

1—锚头减速器总成；2—吊臂总成；3—二类底盘；4—前支架总成；5—变幅油缸；6—支腿；7—操作室总成；8—回转支撑；9—液压绞车；10—副车架；11—卷管器总成；12—回转工作台

【技能训练】

一、下地锚

1. 施工准备

工具准备见表 3-4-3。

表 3-4-3　工具准备

序号	名称	规格	数量	序号	名称	规格	数量
1	地锚	1.8m	4 个	6	卷尺	50m	1 把
2	地锚销子		4 套	7	直板尺		1 把
3	铁锹		4 把	8	加力杠		1 个
4	铁镐		4 把	9	游标卡尺		1 把
5	钎子		2 根				

2. 确定地锚坑位置

① 根据修井机类型确定地锚距离尺寸。

② 以井口为起点，用卷尺沿修井机轴线方向，测量出地锚跨度的垂线距离，再左右确定两个后地锚坑位置。

③ 再以修井机轴线井口相反方向，用同样方法确定两个前地锚坑位置。

3. 挖地锚坑

① 根据地锚坑位置，用铁锹挖外径略大于螺旋锚片的地锚坑。

② 深挖地锚坑，直至螺旋锚片能够实施钻进为止。

③ 达到要求后清理干净地锚坑，使螺旋锚片在地锚坑内完全着地。

4. 钻进地锚桩

① 将地锚放入地锚坑中，扶正地锚，用铁锹将螺旋锚片掩埋。

② 用加力杠穿过地锚耳，两侧对向旋转进行地锚桩钻进，直至地锚桩外露地面部分不高于 10cm。

③ 将地锚耳开口方向朝向井架，取下加力杆，完成下地锚操作。

④ 按以上操作方法，依次完成剩余待下地锚。

二、归纳总结

① 地锚坑应避开管沟、水坑、泥浆池等处，打在坚实的地面上。

② 地锚坑应避开地下电缆处。

③ 地锚桩露出地面不高于 10cm。

④ 地锚耳及本体部分无开焊等缺陷。

⑤ 地锚耳开口应朝向井架。

⑥ 地锚销强度可靠。

⑦ 地锚销应安装垫圈和开口销，进行锁固。

⑧ 单体井架一般下 6 个地锚，修井机一般下 4 个地锚。

三、思考练习

简述如何确定地锚坑位置。

项目五 立、放井架

井架作为修井作业施工过程中的主要设备。立、放井架，校正井架是井下作业施工准备的一项重要内容，它关系到能否顺利施工和安全生产。立井架是将作业中的吊升起重系统安装在井口的过程。校正井架是指为保证井架施工安全，通过调整载车，使井架与井口之间达到规定要求的过程。放井架是当修井作业结束后进行的收放井架。

【知识目标】

① 了解井架的用途、组成及要求。

② 掌握立、放井架施工程序。

【技能目标】

① 能够进行立、放井架的安全操作。

② 能够识别安全风险，并有效预防，避免意外伤害事故。

【背景知识】

1. 井架的用途

井架的主要用途是装置天车，支撑整个提升系统，以便悬吊井下设备、工具和进行各种起下作业，一般修井时均采用固定式轻便井架（图 3-5-1）或修井机自带各种类型的井架（图 3-5-2）。

图 3-5-1 固定式轻便井架（BJ-18 型井架）

图 3-5-2 修井机自带井架（XJ750 系列修井机）

2. 修井机自带井架的组成、载荷和高度

① 自走式井架由天车、主体、支座、梯子、绷绳、吊绳等组成。

② 井架载荷是指大钩载荷、风载荷等作用于井架的组合载荷，修井机自带井架一般不计算地震载荷。

③ 井架高度是指从地面到天车梁底面的最小垂直距离。

3. 绷绳

绷绳是用来平衡井架所承受的重力负荷、风力负荷、钻具拉力负荷及钻具冲击负荷等所产生的作用力。使井架保持符合要求的工作状态。绷绳的松紧度对井架来说非常重要。绷绳过于松弛，井架在交变负荷的作用下产生前后摆动使其偏离井眼易发生事故。绷绳过于紧绷易使车载井架变形产生损坏，因此绷绳应有合适的松紧度。

绷绳应无扭曲，若有断丝，则一个捻距内不得超过 6 丝。井架绷绳必须使用与钢丝绳规范相同的绳卡，每道绷绳一端绳卡应在 4 个以上，绳卡间距不小于 15～20cm。

【技能训练】

一、固定式轻便井架立、放操作

（一）准备工作

① 劳动保护：正确穿戴劳保用品。

② 风险识别：做好安全隐患及风险识别并制定消减措施，明确操作人与监护人。

③ 工具准备：扳手、钳子、绳卡、地锚销、开口销、三角形掩木等。

（二）操作步骤

1. 操作前的检查

① 发动机、液压系统运转良好。

② 各部位螺栓紧固，无松动。

③ 井架基础应坚实平整，无积水、悬空等现象。

2. 立井架

（1）井架车就位

由专人指挥就位，两个前轮打好掩木。掩木应为长不小于 400mm，横截面边长不小于 300mm 的等边三角形掩木。

（2）支千斤

启动液压泵，支起液压支腿，并用水平尺将井架背车的车体找平，松开四只横调液缸，打开导向气动开关。

（3）试起升井架

① 起升立放架，托举井架离开前支架约 100mm，应停止举升观察 1～2min，同时，检查液压系统各部件无渗漏且油表压力正常后，缓慢落下立放架。

② 起升立放架，托举井架离开前支架约 200mm，应再次停止举升观察 1～2min，确认液压系统各部件无渗漏且油表压力正常后，缓慢落下立放架。

（4）起升井架

起升立放架，托举井架至与地面夹角 60°～70°时停止举升，启动立放架纵向调整液缸移动井架，将井架底座放在井架基础上。

（5）连接绷绳

使用直径不小于 25mm 的地锚销将绷绳花篮螺丝与地锚连接起来，地锚销两端上紧螺帽，应有止退销。

（6）井架就位

继续起升立放架，送井架达工作位置后，关闭导向气动开关，收回立放架，收起液压支腿，搬走井架车前轮掩木。

（7）调整井架

调整各道绷绳使天车、游动滑车、井口三点一线。

3. 放井架

（1）试起升立放架

打开换向阀，试起升立放架至与地面夹角 45°后，收回立放架，起升、收回过程液压系统各部件应无渗漏，油表压力正常。

（2）起升立放架

使立放架轻靠在井架上，打开导向气动开关，使抱紧销伸出抱住井架。

（3）收回立放架

将前花篮螺丝从地锚上摘下，缓慢收回立放架至与地面夹角 60°～70°时，停止立放架下落，启动立放架纵向调整液缸，移动井架到上止点，伸出 4 只横调液缸，将井架锁紧。

（4）收千斤

收回液压支腿，分离液压泵，搬走井架车前轮掩木。

4. 操作后检查

① 井架应无弯曲、变形、开焊、开裂等情况

② 井架底座中心、左右轴销至井口中心距离应符合相关要求。

③ 各地锚开档符合相关要求，绷绳松紧适度、受力均匀。

④ 天车、游动滑车转动灵活，护板紧固无松动。

（三）校正井架

校正井架是指为保证井架施工安全，通过调整绷绳，使井架与井口之间的位置达到规定要求的过程。

大绳穿好后提起游动滑车，天车、游动滑车、井口三点应该在一条直线上，如果三点不在一条直线上，就应该通过校正井架来调整游动滑车的位置。

1. 工具准备

修井起重设备 1 套（包括作业机和穿好提升大绳的游动系统）、吊卡 2 只、吊环 2 只、油管 1 根、撬杠 2 根、250mm×30mm 活动扳手 3 把。

2. 操作步骤

安装单位将井架安装合格后，在施工过程中井架出现位移较小的偏移，可按照下述步骤进行校正。

① 用作业机将油管上提至油管下端距井口 10cm 左右（注意：无风情况下），观察油管是否正对井口中心。

② 如果油管下端向井口正前偏离，说明井架倾斜度过大，校正方法是先松井架前二道绷绳，紧后四道绷绳，使之对正井口中心为止。

③ 如油管下端向井口正后方偏离，说明井架倾斜度过小，校正方法是先松后四道绷绳，紧井架前两道绷绳，使之对正井口中心为止。

④ 若油管下端向正左方偏离井口（在偏离位移较小的情况下），校正方法是先松井架左侧前、后绷绳，紧井架右侧前、后绷绳，直到对正为止。

⑤ 若油管下端向正右方偏离井口（在偏离位移较小的情况下），校正方法是先松井口右侧前、后绷绳，紧左侧前、后绷绳，直到对正为止。

⑥ 若井架向斜侧方偏离（在偏离位移较小的情况下），可按照下述方法进行井架的校正：

ⅰ. 若油管下端向左前方偏离井口（在偏离位移较小的情况下），校正方法是先松前左绷绳，紧后右绷绳，直到对正为止。

ⅱ. 若油管下端向右前方偏离井口（在偏离位移较小的情况下），校正方法是先松前右绷绳，紧后左绷绳，直到对正为止。

ⅲ.若油管下端向左后方偏离井口（在偏离位移较小的情况下），校正方法是先松左后绷绳，紧前右绷绳，直到对正为止。

ⅳ.若油管下端向右后方偏离井口（在偏离位移较小的情况下），校正方法是先松右后绷绳，紧前左绷绳，直到对正为止。

⑦ 若因井架底座基础不平而导致井架偏斜严重，作业队应与安装单位联系，由安装单位校正。

3. 校正井架的技术要求

① 校正井架后，每条绷绳受力要均匀。

② 校正井架一定要做到绷绳先松后紧。

③ 如花篮螺栓紧到头绷绳还松时，先将花篮螺栓松到头，松开绷绳卡子，把绷绳拉紧后将绳卡子卡紧，然后再紧花篮螺栓内套（注意：大风天气不能做此项，而且只能松开一道绷绳，拉紧卡紧后，再松开另一道绷绳，不能同时松开两道以上的绷绳）。倒绷绳时，先卡安全绳，防止发生倒井架事故。

④ 注意花篮螺栓要灵活好用，要经常涂抹黄油防止生锈，黄油以防水性的钙基和锂基黄油为好。

⑤ 作业施工队校正井架，只有在井架底座基础及井架安装合理的情况下，对井架天车不对准井口进行微调，因井架安装不合格而对井架的校正应由井架安装队进行。

⑥ 井架校正后，在花篮螺栓上、下的观测孔能看到丝杠。花篮螺栓余扣少于10扣，以便于随时调整。

二、修井机自带井架立放操作

（一）立井架

① 检查液压油是否足够，液压油容量应在井架放倒时达到油箱容积的80％。

② 取下井架上缠绕的所有绷绳。

③ 检查井架连接销，保险钢丝绳是否牢固可靠，各液压管线接头有无松动泄漏。

④ 打开液压油箱闸门，挂合液压油泵，关闭液压泵卸载阀，柴油机转速置于中速。

⑤ 打开液压千斤操纵手柄，先将前部液压千斤顶起，然后再顶起后部液压千斤，使修井机轮胎悬空，并用液压千斤找修井机水平，找平后把千斤丝杆承载螺母旋至上部锁紧。

⑥ 调整井架底座与大梁间的拉杆，使底座位于3°32′倾角后旋紧井架底座与大梁底座与井架基础上的各个拉杆。

⑦ 向上操作井架起升油缸操纵手柄，打开起升油缸卸载阀让液压油空循环1～3min后关闭卸载阀，让井架缓慢升起，当主压力上升到1～3MPa时停止起升，卸松液缸顶部的排空螺塞排空，直至排出液体没有气泡为止，这时将井架在倾角30°～40°的范围内，反复起升2次确认没有故障再将井架完全竖起。

⑧ 油缸的正确伸出顺序为下一级柱塞、二级柱塞、三级柱塞，动作有误将造成事故，应立即停止起升并收回，在使其重新按正确的顺序伸出。

⑨ 当井架平缓坐在井架底座上后，应插入井架下体与井架底座的紧固（锁紧）螺杆。

⑩ 不旋紧锁紧螺杆，不得起升井架上体。

⑪ 摘开液压泵或打开卸载阀。

⑫ 井架竖起后检查井架上、下体有无障碍，钢丝绳有无卡滞。

⑬ 伸出井架上体。

ⅰ. 合上液压泵操纵阀或关闭卸载阀，柴油机转速置于中速以下，推销器手柄处于放松位置。

ⅱ. 操作井架上体伸出，操纵手柄，使油压上升到1～3MPa时停止伸出，卸松伸缩油缸排空螺塞排空，直至排出液体没有气泡为止。

ⅲ. 油缸内空气排出后继续伸出，二层平台应顺利伸展，并不断松开滚筒刹把使游车大钩保持在接近钻台位置。

ⅳ. 井架上体到位后锁销或锁块在弹簧拉力下自动伸出。当锁销或锁块伸出后将操纵手柄扳到下方让井架上体平稳坐到下体上，插上锁块保险销子。

ⅴ. 摘开液压泵或打开液压泵卸载阀，放下游车大钩调整大钩中心与井口中心对准，左右误差在20mm范围内，并向修井机方向偏移50～100mm。

⑭ 绷好井架各道绷绳，各绷绳的预紧力应均等，相差不超过490N，绷绳的垂度范围150～250mm。

⑮ 检查各液压千斤，丝杆千斤是否均匀承载，千斤承载螺母是否都已锁紧。

⑯ 接上照明线路，包好油缸防尘套。

（二）放井架

1. 缩回井架上体

① 断开照明线路，将二层平台中间扶栏放倒捆绑牢靠，抽出井架上下体锁块保险销。

② 放松所有井架绷绳，检查伸缩油缸扶正器是否完好，撤除油缸防尘套。

③ 把游车大钩停在井架上体大钩床位置。

④ 合上液压泵操纵手柄或关闭液压泵卸载阀。操作井架上体伸出手柄，使井架上体起升到锁块释放爪将锁块完全压下或锁销孔上端位置。若是锁块装置的则直接可缩回上体井架；若是锁销装置的则停止缩回操作，向下扳动推销器手柄压回锁销，这时缩回井架。

⑤ 上体井架缩回过程中注意游车大钩应保持在上体井架大钩床位置，二层平台收回时应平稳顺利。

⑥ 上体井架缩回后将操纵手柄置于中位，推销器操纵手柄退至上方位置复位。

2. 放倒井架于前支架上

① 打开起升油缸卸载阀，操作起升手柄使液压油空循环2～3min。

② 关闭起升油缸卸载阀，向下操作起升手柄待压力上升到1～3MPa时停止操作，卸松起升油缸顶部的排空螺塞排空。

③ 将柴油机转速置于中速，向下操作起升手柄，抽出井架与底座连接销后，用手柄控制换向阀流量缓慢使井架越过垂直位置。

④ 当井架调节拉杆销在底座槽型销孔内向下退回10mm时应停止下放，抽出拉杆销，然后操作起升手柄继续放倒。

⑤ 当起升油缸上部小缸缩回以后打开卸载阀或摘开液压泵，让井架在自重作用下自行下放，再放倒过程中根据滚筒钢丝情况，用1挡操作滚筒将钢丝绳缠到滚筒上，保持游车大钩在大钩床上的正确位置。

⑥ 井架完全放倒在前支架上后，将起升手柄置于中位，固定井架于前支架，固定游车大钩及简易平台。

⑦ 将井架上所有钢丝绳缠绕到井架上捆绑牢靠。

⑧ 操作液压千斤操纵手柄，使千斤顶起5mm，将液压千斤承载螺母松到丝杆下端，收

回液压千斤。

⑨ 打开液压泵卸载阀或摘开液压泵操纵阀。

⑩ 把分动器操纵手柄扳到“行车”位置，或将换挡选择阀手柄扳至上方，同时撤除修井机底盘安全拉杆及钻盘传动轴。

三、归纳总结

① 立、放井架时必须专人操作，专人观察指挥，班组人员配合操作。

② 立、放井架时，在井架起升、回收的过程中手不能离开液压阀手柄，以免发生意外。

③ 校井架调整时应缓慢进行千斤起升或降低，严禁快速起升或降低千斤。

④ 风速大于四级不得升、降井架。

⑤ 立、放井架时在绷绳拉伸范围内的抽油机必须停抽，待立、放井架完毕后方可起抽。

⑥ 校正井架一定要做到绷绳先松后紧，防止井架变形，校正井架后，每道绷绳受力要均匀。

⑦ 若井架倾斜度过大或左右偏差太大，必须放井架调整车身位置，调整完毕重新立井架。

四、思考练习

轮式修井机立、放井架如何操作？

项目六　更换大绳

修井作业的提升系统是由天车（定滑轮）和游动滑车（动滑轮）及连接天车和游动滑车的一根钢丝绳组成。滑轮组中的这根钢丝绳称为提升大绳，简称大绳。提升大绳在起下作业时受力大，使用频繁，所以磨损快、易断丝，一旦出现磨损严重或断丝较多且没有及时更换时，可能会断裂，造成人员伤害和设备损坏。更换大绳就是把提升系统中已经不符合安全要求或施工要求的提升大绳，换成符合要求的新提升大绳。

【知识目标】

① 了解大绳的组成，绳卡的功能。

② 掌握更换提升大绳的正确操作程序。

【技能目标】

① 会解除大绳扭劲，会连接新旧大绳，会卡死、卡活绳。

② 会穿提升大绳和滑切大绳，在更换提升大绳时能够熟练、规范、安全操作。

【背景知识】

一、钢丝绳

1. 捻制方向分类

① 右捻：钢丝捻成股或股捻成绳时，由右向左捻制，以代号“Z”标示。

② 左捻：钢丝捻成股或股捻成绳时，由左向右捻制，以代号“S”标示。

2. 捻制方法分类（图 3-6-1）

① 顺捻：也叫同向捻。丝成股与股成绳的捻制方向相同。

② 逆捻：也叫交互捻。丝成股与股成绳的捻制方向相反。

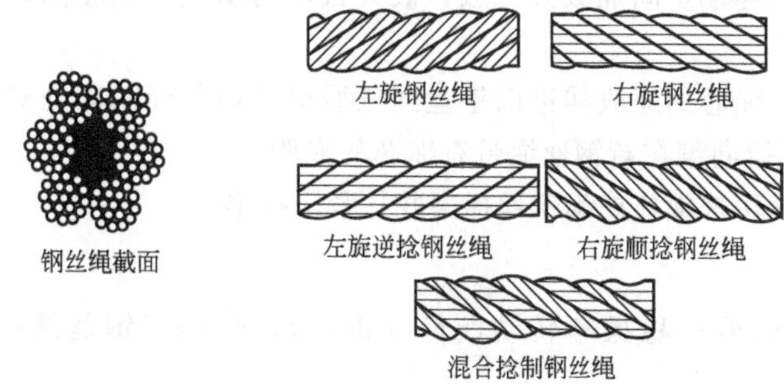

图 3-6-1 钢丝绳捻制与截面结构示意图

3. 钢丝绳捻制的特点

① 顺捻钢丝绳的优点是柔软，易曲折，与滑轮槽和滚筒接触面积大，因此应力较分散，磨损较轻，各钢丝间接触面大，钢丝绳密度大，与同直径钢丝绳比抗拉强度大。缺点是由于捻向相同，故而具有较大反向力矩，吊升重物易打扭。

② 逆捻钢丝绳的优点是钢丝之间接触面小，负荷较均匀，使用时不易打扭，各股不易松散。缺点是柔性差，与同直径顺捻钢丝绳比强度小。

二、钢丝绳卡

钢丝绳卡又叫钢丝绳夹，是用于锁住钢丝绳的主要部件。由卡座和 U 形螺栓两部分组成（图 3-6-2）。

处于工作状态中钢丝绳卡一般是几个组合使用，根据钢丝绳的直径选择绳卡型号和卡距，根据受力情况等选择绳卡数量和方向。钢丝绳卡与钢丝绳的匹配情况见表 3-6-1。

图 3-6-2 钢丝绳卡

表 3-6-1 钢丝绳卡匹配表

序号	钢丝绳直径/mm	10	10～20	21～26	28～36	36～40
1	最少绳卡数/个	3	4	5	6	7
2	绳卡间距/mm	80	140	160	220	240

【技能训练】

一、解除扭劲

从绳盘取下的钢丝绳有时会出现扭劲，一旦把有扭劲的钢丝绳穿入提升系统后，提升大绳就会打扭。所以对有扭劲的钢丝绳首先要进行扭劲解除，一般常用解除钢丝绳扭劲的方法是把整根钢丝绳展开，再重新缠到通井机的滚筒上，一般扭劲即可解除。也有用通井机等车辆在一段直路上把展开的钢丝绳拖拽一段距离，以达到更好的效果，但这种方法拖拽距离不宜过长，以免钢丝绳被磨损过多。

二、连接大绳

① 将游动滑车平放在地面上或挂在井架上卸掉载荷，将盘好的新钢丝绳放在井架底座

附近。

② 卸掉死绳头端的固定绳卡，把死绳头拉至地面，切掉弯曲的一段。

③ 将新钢丝绳间隔破开三股，破开长度1～1.5m左右，把破开的三股切掉。

④ 将旧钢丝绳死绳端也间隔破开三股，破开长度与新钢丝绳相同，把未破开、带有绳芯的绳股切掉。

⑤ 将新钢丝绳带绳芯的绳股伸进旧钢丝绳三股绳股内与绳芯断处对到一起，然后把旧钢丝绳的三根绳股顺捻向编在新钢丝绳带有绳芯的绳股上。

⑥ 把钢丝接口处用棕绳坯或细铁丝捆绑并扎紧、扎牢。

三、引大绳

① 指挥操作手缓慢平稳操车转动滚筒（正挡），带动新钢丝绳从死绳端升向井架天车。

② 新钢丝绳端头到达天车时，操作手降低滚筒速度慢慢把新钢丝绳头引过天车，防止跳槽或拉断连接绳头。

③ 新钢丝绳端头从天车到达游动滑车时，操作手再缓慢操作滚筒把新大绳引过游动滑车，防止跳槽或拉翻游动滑车。

④ 按上述操作依次利用旧钢丝绳将新钢丝绳牵引过天车及游动滑车所有的滑轮，最后将新钢丝绳缠绕在滚筒上，死绳端剩余的钢丝绳应够卡死绳或拉力计。

四、卡死绳

卡死绳一般又分为固定井架卡死绳和车载架子卡死绳两种情况。

1. 固定井架卡死绳和拉力表

① 用10～12m的钢丝绳穿过拉力表底环，绕过井架大腿底部（井架大腿销子上部位置），分别系猪蹄扣。然后将两根绳头再次穿过拉力表底环，用8个绳卡子卡紧。

② 用4m的钢丝绳绕过底绳后，两头对折，用4个绳卡子以同方向卡紧卡牢（制成保险绳圈）。

③ 将死绳头穿过拉力表上环和保险绳圈，对折后用5个绳卡子卡紧卡牢。

2. 车载架子卡死绳

车载架子的死绳是穿入死绳固定器，然后用固定压板卡紧。

五、卡活绳

① 指挥操作手挂倒挡下放钢丝绳，将滚筒上外层的新钢丝绳倒下来，直到新旧钢丝绳连接处。

② 在新旧钢丝绳连接处的新钢丝绳头端切断，再把滚筒上的旧钢丝绳全部倒下来盘好。

③ 将新钢丝绳的活绳头用细铁丝扎好并用手钳拧紧，顺作业机滚筒一侧专门固定提升大绳的孔眼由内向外穿过，向外拉出5～10m，把活绳头围成直径约20cm左右的圆环，然后用钢丝绳卡子卡在距离绳头4～5cm处，用活动扳手拧上绳卡子螺母（绳卡松紧程度以钢丝绳能在绳卡里窜动为准）。

④ 将绳环纵穿过井架底部呈三角形状的拉筋中间，撬杠卡住绳环卡子（不能穿进绳环之中），操作人员来回拉动钢丝绳，使绳环直径变小约10cm左右为止，取出绳环用活动扳手将绳卡子卡紧。

⑤ 在滚筒内侧拉回钢丝绳，使活绳头绳环卡在滚筒外侧，以不刮碰护罩为准。

六、排大绳

1. 步骤

① 操作人员拉紧钢丝绳，指挥操作手用正挡缓慢转动滚筒缠绕大绳。

② 把钢丝绳沿滚筒的钢丝绳引导槽紧密排紧（滚筒无钢丝绳引导槽的，可用大锤把缠绕在滚筒上的钢丝绳砸紧靠在一起，避免缠绕成S形造成加剧大绳磨损和跳动），不使钢丝绳互相叠压和存在间隙，直至把活绳端剩余钢丝绳全部缠上滚筒，指挥操作手慢慢提起游动滑车至井架中部，将死绳和拉力表（固定井架）拉起。

③ 检查死绳吃力均匀情况和绳卡子松紧情况（固定井架），对不符合要求的进行调整，完成更换大绳操作。

2. 注意事项

① 换提升大绳操作前应准备好所需要的工具用具。

② 新启用的提升大绳若有扭劲，应在换大绳前解除扭劲，以免大绳打扭，解除扭劲时要注意防止钢丝绳产生死弯、松股、夹偏等。

③ 连接大绳时要紧密，不能过松过粗，接头要捆绑好，并扎紧、扎牢。

④ 引大绳时指挥人员指挥操作手缓慢操作，尤其是大绳连接处通过天车和游动滑车的滑轮时，避免跳槽或拉断接头。

⑤ 卡死绳时各股要拉直，各股吃力要均匀。

⑥ 钢丝绳与绳卡配合要合适，卡距一般为钢丝绳直径的6～7倍，绳卡子的卡紧程度以钢丝绳直径变形1/3为准。

⑦ 钢丝绳卡应把卡座扣在钢丝绳的工作段上，绳卡夹板应在受力的一侧，U形螺栓须在钢丝绳尾端，钢丝绳绳卡子的卡座要朝向同一方向（即朝向提升大绳主绳方向）。

⑧ 卡好的活绳环直径小于10cm，绳头长度不能大于5cm，以不磨碰护罩为止。

⑨ 当游动滑车放至井口时，大绳在滚筒上的余绳，不少于15圈。

⑩ 操作人员在操作时要注意钢丝扎伤，防止被大绳缠绕勒伤。

⑪ 操作过程中如需要上井架，操作人员要系好安全带和防坠落防护措施，患有心脏病、高血压的人员不准上井架工作。上井架人员随身携带的小工具必须用小绳系于身上，以免掉下伤人。

七、固定井架穿提升大绳

在早期搬运固定井架时，防止游动滑车掉落，常把提升大绳全部抽下来，这样就需要在施工前进行穿大绳作业、换新井架或换游动滑车，还有断大绳等情况也需要穿大绳。穿大绳就是把钢丝绳穿入天车和游动滑车各个滑轮。

① 穿提升大绳前，要先把提升大绳缠在通井机滚筒上，在井架后面摆正停稳，将游动滑车平放在井架前。

② 操作人员系好安全带，扣好防坠落自锁器，携带引绳爬上井架天车，固定好安全带，将引绳放入天车右边第一个滑轮内，引绳两端分别从井架前后放到地面。

③ 地面操作人员把井架后边的引绳头与通井机滚筒上的提升大绳端头进行连接，把引绳缠绕在大绳1m以上长度，缠绕5～6圈以上，用细棕绳坯子100～150mm捆扎紧，再将井架前的引绳头从井架侧面绕过拴在提升大绳端部的引绳上。

④ 地面操作人员缓慢拉动井架前的引绳，通井机操作手同时慢慢下放大绳，将提升大

绳拉向井架天车。

⑤ 提升大绳与引绳连接处到达天车后，天车处的操作人员解开引绳，把引绳在井架前从天车下面由后向前穿过天车，拴在提升大绳端部的引绳上，大绳在天车右边第一个滑轮内（快轮），引绳在第二个滑轮内。

⑥ 地面操作人员继续拉动引绳，将提升大绳从天车拉至地面的游动滑车，将提升大绳端头从游动滑车右边第一个滑轮自上而下穿过，引绳放在第二个滑轮内。

⑦ 地面操作人员缓慢拉动前引绳带动提升大绳升向井架天车，提升大绳端头到井架天车后，天车处操作人员把提升大绳放入天车右边第二个滑轮，把引绳放入天车第三个滑轮内。

⑧ 地面操作人员继续拉动引绳，直到把提升大绳穿入天车最后一个滑轮。

⑨ 当提升大绳端头从天车最后一个滑轮穿过后，天车操作人员把引绳从井架中间放到地面。

⑩ 穿过井架天车最后一个滑轮的提升大绳从井架中间到达地面后，即可进行卡死绳、活绳工作（卡死绳、卡活绳同换大绳），完成穿提升大绳操作。

八、车载井架穿提升大绳

车载井架穿提升大绳可以与固定井架采用相同方法，只是卡死绳不同。不用立起井架，在载车上直接把钢丝绳从快绳轮顺时穿过天车和滑车，但操作人员的高空安全防护必须做好。由于安全带缓冲绳长度限制，需要操作人员从天车到滑车分开接应传递大绳，最后完成卡死绳和活绳工作。

九、滑切大绳

最早，修井更换提升大绳一般是仅凭肉眼直观判断大绳断丝或磨损等情况，以确定是否更换大绳，由于提升大绳各段受力与磨损不是均衡的，所以会出现其中一段先磨损而达不到安全要求，这时一般都是更换整根大绳，相对大绳使用成本过高。滑切大绳是将较长的提升大绳穿入提升系统中，把剩余部分在死绳端做备用，然后根据提升大绳磨损情况，及时对钢丝绳进行从死绳端滑移和快绳端切除，以期达到钢丝绳的磨损均匀和移动改变那些可能出现折曲断丝、挤压变形及严重磨损着力点位置，提高钢丝绳的使用寿命。一般来讲，进行滑切的大绳越长，相对单位长度的大绳使用成本越低。

滑切大绳操作步骤如下。

① 把游动滑车挂起或放到地面，卸掉大绳载荷。

② 通过计算或根据磨损情况确定需要切掉的大绳长度。

③ 卸开死绳，使备用大绳能够顺利滑移。

④ 操作手挂正挡缓慢转动滚筒缠上需要滑切长度的大绳，死绳端的滑绳被引入提升系统中。

⑤ 从滚筒上倒下大绳，从快绳端切掉需要滑切长度的大绳。

⑥ 卡好活绳再排够滚筒上的大绳，最后卡好死绳完成大绳滑切工作。

十、思考练习

① 钢丝绳卡的使用有哪些要求？

② 更换提升大绳时，对准备启用的钢丝绳有哪些要求？

项目七　搭设管杆桥

管杆桥是由高度300～500mm的支撑座搭建起三道或四道支撑横梁，形成一座架设平台。用来摆放管杆，使油管、抽油杆不接触地面，防止压弯、损坏、接触脏物，便于丈量、检查和起下作业。

【知识目标】

① 了解管桥和杆桥的作用。

② 掌握搭设管杆桥的操作步骤及注意事项。

【技能目标】

能会搭设管杆桥的施工操作。

【背景知识】

由于受井场空间和地面条件限制，管杆桥（图3-7-1）搭设不合格不仅增加起下作业难度，还容易倒塌，轻则损坏管杆，重则伤人。所以，搭设管杆桥是修井作业准备工作中一项重要施工任务。

图3-7-1　管杆桥示意图

搭建管杆桥的井场应平坦坚实，能承受大型车辆的行驶，满足管杆桥搭设所需面积。井场整体符合中部高于四周的原则，以利排水、排污。雨季时，管杆桥周围需挖排水沟，防止积水。根据自然环境、风向、修井工艺要求及井场实际，合理布局桥面，方便施工。遇有雨雪天气时，应做好防雷、防滑工作。

1.场地检查

① 熟读施工设计，根据施工内容准备好相应规格的管杆。

② 施工前施工人员到现场进行勘察，看现场环境是否符合施工要求，如果现场凹凸不平，施工前需整改，使现场平整便于桥的搭建。

③ 管桥和杆桥的搭建地应避免地面松软和有沼泽泥泞的区域。

2. 设备与工具的检查

① 检查管凳、备用油管、棕绳等工具是否完好，各部位连接是否紧固。

② 检查钢卷尺有无磨损、数字是否清晰。

【技能训练】

一、搭设管杆桥

1. 步骤

① 管杆桥搭在距井口 2m 处。

② 操作人员搭管桥和杆桥前铺好防渗布，四周用油管固定好，围上围堤，控制原油落地范围，做好防污染工作。

③ 首先在地面上铺设 3 道管凳，每道之间间隔 3.5～4m，每道至少放置 4 个管凳且管凳之间距离保持均匀。管凳放置完后，将 3 根桥管放到每道管凳上行成桥面。桥面要平整，可用一根标准油管从桥面一端滑到另一端来检测搭设是否平整。

④ 将现场的油管和抽油杆摆到桥面上，摆平、排齐。每 10 根一组，第 10 根油管或抽油杆接箍要突出来。如果排放的油管或抽油杆数量多，要排放两层以上，层与层之间用三根油管隔开。

⑤ 用棕绳将隔开的三根油管系牢。

⑥ 最上排油管距离井口一端搭设滑道，滑道宽度以滑车宽为准。

⑦ 记录好所用管、杆数量。

2. 技术要求

① 管桥距地面 300mm 以上，杆桥距地面 500mm 以上。

② 管桥或杆桥要与设备设施之间留有 1m 以上的安全通道。

③ 每根桥管下至少要有 4 个管凳。

④ 隔层的三根油管要捆绑牢固。

⑤ 管凳应处在同一平面上，且采取立式摆放。

⑥ 抽油杆悬空部分小于全长的 20%。

二、归纳总结

① 管凳牢固，摆放间距合理、恰当，便于操作油管。桥面摆放整齐，且两端都不得拖地，中间不向下弯。

② 搭管桥和杆桥时要相互配合，保证安全。

③ 禁止人员在油管或抽油杆上走动，随时观察桥座塌陷、歪斜状况，防止倒塌伤人。

④ 油管和抽油杆不能同桥。

⑤ 油管和抽油杆要求搭设在便于起下作业，不影响工艺流程的位置上。

⑥ 丛式井两抽油机之间禁止搭油管、抽油杆桥。

⑦ 管桥或抽油杆桥搭成后，应平稳、牢固、耐负荷，防止使用中途歪斜和倒塌。不能利用石头堆砌作管桥或抽油杆桥支架。

三、思考练习

搭管桥和杆桥时应注意什么？

项目八 安装压井节流管汇

【知识目标】

① 了解节流压井管汇、手动平板阀、手动节流阀、单流阀的工作原理及用途。

② 掌握安装节流压井管汇过程中的操作方法及技术要求。

【技能目标】

能够学会安装节流压井管汇、使用节流压井管汇等。

【背景知识】

一、阀件介绍

1. 手动平板阀

手动平板阀是节流管汇开通和截断介质流通的主要开关部件，阀门由阀体、闸板、阀座、阀盖、阀杆、平衡杆等零部件组成。手动平板阀闸板为金属密封，表面喷焊硬质合金，其密封面硬度高，具有良好的耐磨、耐蚀性能，可有效提高阀门的使用寿命，如图 3-8-1 所示。

图 3-8-1 手动平板阀

2. 手动节流阀

手动节流阀靠手轮的转动来调节阀板的开关，采用顶部为圆柱形的阀杆，具有流体流动性能好，震动小的特点。阀芯和阀座均采用耐磨和抗腐蚀性好的硬质合金材料制成，并且能够颠倒使用，因而能大大增加节流阀的使用寿命，如图 3-8-2 所示。

3. 单流阀

单流阀（图 3-8-3）主要零部件有：阀体、阀盖、阀芯、阀座、弹簧。此种单流阀采用盘形阀芯，利用弹簧力使阀芯复位并压在阀座上。当流体顺着标志箭头流动时，液体克服弹簧力推动阀芯，从而打开阀门，让流体通过，反之则流体压力和弹簧力同时压紧阀芯，使之密封。阀芯和阀座采用柱形弹簧推压，使密封面产生一定的预紧力以保证低压密封，高压密封借助介质的压力在密封面上生产较高的压力，而实现自密封效果。

图 3-8-2 手动节流阀

图 3-8-3 单流阀

二、管汇介绍

1. 节流管汇结构及用途

结构：节流管汇（图 3-8-4）由手动节流阀、手动平板阀、四通、五通、连接管、汇流管、双层底座等组成。

用途：节流管汇是控制井涌、实施油气井压力控制技术的必要设备。在防喷器关闭条件下，利用节流阀的启闭，控制一定的套压来维持井底压力始终略大于地层压力，避免地层流体进一步流入井内。此外在实施关井时，可用节流管汇泄压以实现软关井。当井内压力升高到一定极限时，通过它来放喷以保护井口。

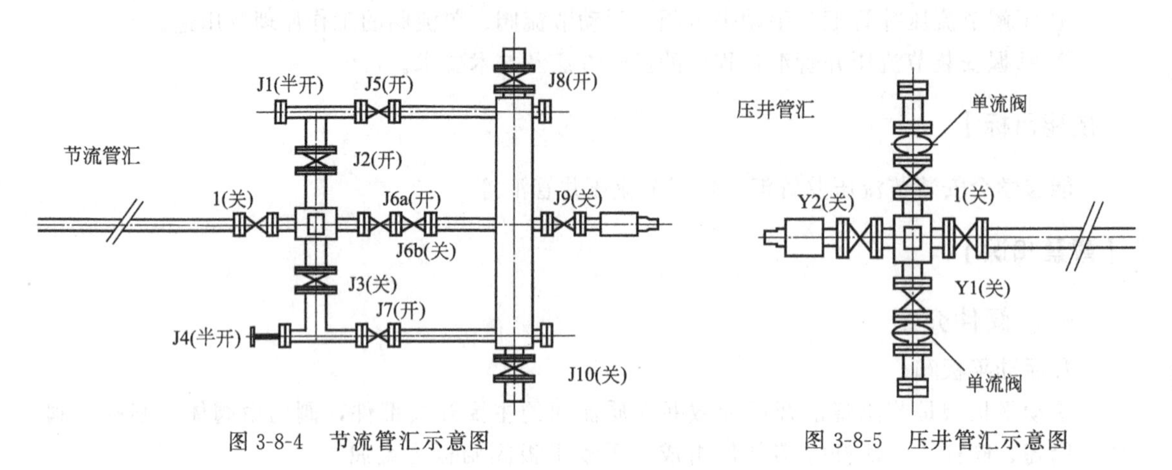

图 3-8-4　节流管汇示意图　　图 3-8-5　压井管汇示意图

2. 压井管汇结构及用途

结构：压井管汇（图 3-8-5）由手动平板阀、单流阀、四通、双层底座等组成。

用途：当发生井喷时可以在压井管汇上连接高压泵往井内灌修井液，使修井液经单流阀进入井筒循环压井。在修井液无法进行正常循环的情况下，也可以通过压井管汇往井筒里强行灌大密度液体，实施挤压井作业。

【技能训练】

一、安装节流管汇

① 先根据井场环境及季节风确定节流管汇方向，然后关闭套闸门，放净表补心及压力表压力，将其拆掉。

② 在井口四通闸门处安装卡箍扣头，再连一根双公短节。然后安装法兰盘，把卡箍接头变换成法兰接头。安装前要先清洁钢圈槽及小钢圈并检查是否完好，安装时两头螺栓拧紧，确保紧固密封。

③ 平直连接内控管线，在法兰连接操作时螺母要上满，对称均匀 2 次拧紧螺栓，公扣至少露出 1～3 扣，达到密封可靠。

④ 连接内控管线时如遇不可避免的弯角处，其转弯夹角应大于 120°，严禁直角转弯，管线每隔 10～15m 应固定。

⑤ 调整摆放节流管汇（如要调整高度，只要吊起设备上部分到需要的高度，把销子插到定位孔内固定即可，最大调节范围为 0.8m），再将管汇和内控管连接在一起，完成节流管汇连接。

二、安装压井管汇

① 关闭另一侧套管及流程闸门，放压后拆掉套管流程。

② 平直连接内控管线，在 10～15m 位置进行固定，并要求接出距井口 20m 以外，与压井管汇有平板阀一侧相连接，压井管汇摆放位置要便于接泵车进行洗压井施工。压井管汇与节流管汇连接方法相同。

③ 管汇连接完毕后对管汇、活动接头等部位试压 25MPa，稳压 10min，各部位无刺漏。

④ 根据压井管汇示意图（图 3-8-5），调整压井管汇手动平板阀、手动节流阀在施工中“待命”工况的开关位置。

三、归纳总结

① 节流管汇放喷管线应接出井场以外，放喷管线的布局应考虑风向与环境等因素，管线出口不得正对电力线、油罐区以及其他设置。

② 压井管汇距井口 20m，通径不小于 50mm，安装应考虑洗压施工时车辆进出方便。

③ 内控管线使用卡子进行固定，要求垫胶皮等物质，防止振动时磨损管线。

④ 压井节流管线必须用硬管线连接，如遇特殊情况需要转弯时，转弯处使用 120°同压力等级的锻造钢制弯管，转弯处须前后 1.5m 以内固定。

⑤ 高压管汇无裂纹、无变形、无腐蚀，壁厚符合要求并探伤、测厚。

⑥ 高压管汇、管线、井口装置等部位发生刺漏，应在停泵、关井、泄压后处理，不应带压作业。

四、拓展连接

1. 平板阀操作

平阀板是沿通道中心线垂直方向，进行直线移动的关闭件，起切断通道和开放通道的作用，阀板只能处于全开和全关两个位置。

特别注意：阀门禁止阀板处于半开半关状态工作。手轮开（或关）到位消除间隙后，必须回转 1/4～1/2 圈。阀杆升降螺纹采用左旋梯形螺，顺时针方向为“关”，逆时针方向为“开”。

2. 节流阀操作

操作节流阀时，顺时针旋转手轮，开启度变小并趋于关闭，逆时针旋转手轮，开启度变大。节流阀的开启可以从护罩上的刻度显示出来。在旋转手轮快到行程终点时，不可太快，以免损伤阀杆和限位帽。

特别注意：节流阀只能控制压力和流速，绝不能作截止用。

3. 单流阀操作

单流阀上箭头所指为流体流动方向，安装时应保证阀盖螺栓螺母拧紧，安装完毕后，按箭头指向施加液压，液体经单流阀进入井内，便证明其畅通。在使用时单流阀不需从高压管线中移出就能进行日常维修，维修时，应把此阀和高压管线中的压力隔开。压井后须用清水清洗，一次使用后须进行检修，重新进行压力密封试验。

4. 节流管汇操作

在正常情况下要关闭管汇上的平板阀，节流阀处于半关闭状态。在发生溢流时根据工艺需要，先打开节流管汇中上游的平板阀，再关防喷器，最后再缓慢调节节流阀，以制止井涌与溢流。

5. 压井管汇操作

在正常修井工作过程中，管汇上的平行闸板阀处于关闭状态。如果需要压井，可打开管汇上与井口四通连接的平行闸板阀，然后直接开泵作业。当已经发生井喷时，通过压井管汇往井口强注清水，以防燃烧起火，当已经发生着火，通过压井管汇往井筒里强注清水，能助灭火。当井中压力过高需放喷时，应同时打开压井管汇上两个平行闸板阀。此时压井管汇下游平行闸板阀出口端应接放喷管线，并且放喷管线应接出井场以外，放喷管线出口不得正对电力线、油罐区以及其他设备。

五、思考练习

① 节流管汇的结构及用途是什么？

② 压井管汇的结构及用途是什么？

项目九　拆装井口装置

拆装井口装置是指拆除或安装油气水井井口控制油气装置。作业井施工前要拆下采油（气）树安装其他井口装置，中途停工或完井要安装设计要求的井口装置，目的是不使井口出现失控状态，所以拆装井口装置是安全完成施工任务的重要保障措施。

【知识目标】

① 了解井口装置的组成及各部分的结构。

② 掌握井口装置各部分的作用。

③ 掌握各种井口装置的安装与拆卸标准操作步骤。

【技能目标】

能够学会各种井口装置的安装与拆卸标准操作。

【背景知识】

一、井口装置概述

井口装置，也称为采油（气）树，是油气井最上部控制和调节油气生产的主要设备，要由套管头、油管头和采油（气）树本体三部分组成。

（一）井口装置的作用

① 连接井下的各层套管，密封各层套管环形空间，承挂套管部分重量。

② 悬挂油管及下井工具，承挂井内的油管柱的重量，密封油套环形空间。

③ 控制和调节油井生产。

④ 保证各项井下作业施工，便于压井作业、起下作业等措施施工和进行测压、清蜡等油井正常生产管理。

⑤ 录取油套压。

（二）井口装置各组成部分的作用

1. 套管头

套管头安装在整个采油树的最下端，其作用是把井内各层套管连接起来，使各层套管间的环形空间密封不漏。

2. 油管头

油管头安装在套管头上面，主要由套管四通和油管悬挂器组成，其作用是悬挂井内的油管柱，密封油套管环形空间。图 3-9-1 为常用的 KQS25/65 型油管头，图 3-9-2 为 KYS25/65 型油管头。

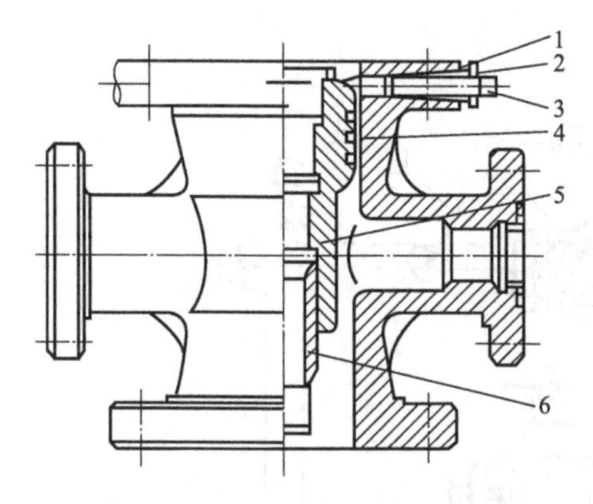

图 3-9-1　KQS25/65 型油管头

1—密封圈；2—压帽；3—顶丝；4—O 形密封圈；4—油管挂；5—油管短节；6—特殊四通

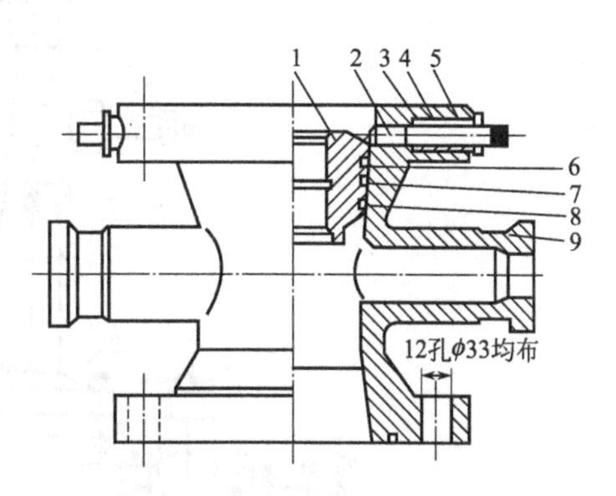

图 3-9-2　KYS25/65 型油管头

1—油管锥管挂；2—顶丝；3—垫片；4—顶丝密封；5—压帽；6—紫铜圈；7—O 形密封圈；8—紫铜圈；9—特殊四通

油管头内锥面上可以承坐油管悬挂器，下端可以连接油层套管底法兰。上端在钻井或修井过程中分别连接所使用的控制器；油井投产时，在其上安装采油（气）树。

3. 采油（气）树

采油（气）树也称为井口闸，主要由各类闸阀、四通、三通、节流器（或油嘴、针形阀等）组成，安装在油管头的上部。其主要作用是控制和调节油、气流，合理地进行生产；确保顺利地实施压井、测试、打捞、注液等修井与采油作业。常用自喷井采油树如图 3-9-3 所

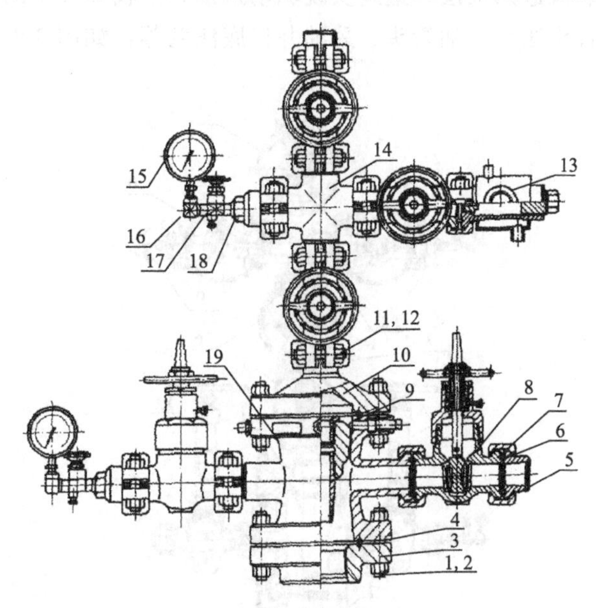

图 3-9-3　常用自喷井采油树示意图

1,11—螺母；2,12—双头螺栓；3—套管法兰；4—锥座式油管头；5—卡箍短节；6,9—钢圈；7—卡箍；8—闸阀；10—油管头上法兰；13—节流器；14—小四通；15—压力表；16—弯接头；17—压力表截止阀；18—接头；19—铭牌

示，图 3-9-4 为抽油井采油树示意图。

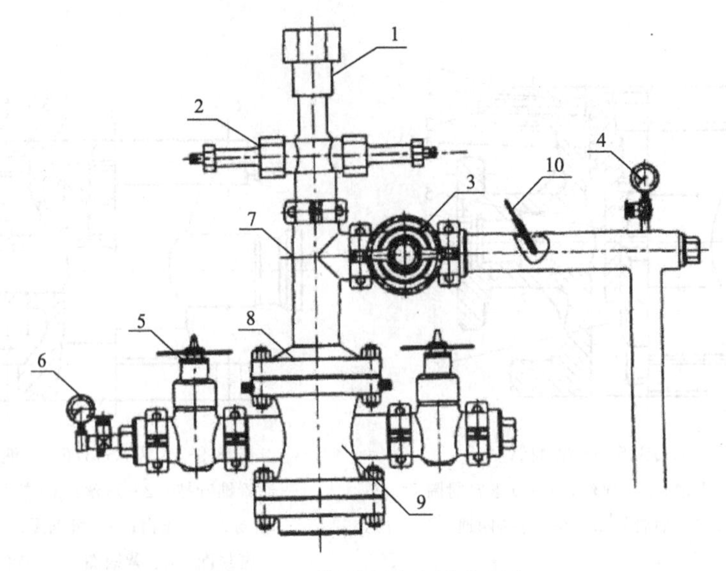

图 3-9-4　抽油井采油树示意图

1—密封盒；2—胶皮阀门；3—生产阀门；4—油压表；5—套管阀门；6—套压表；7—三通；8—油管头上法兰；9—油管头；10—温度计

二、其他类型的井口装置

1. 热采井口采油树

热采井口连接注汽管柱后安装在井口大四通上，其作用是悬挂注汽隔热管，控制和调节注入蒸汽量，使注入蒸汽进入油层，最终实现驱动采油，是稠油开采的重要装置。

热采井口包括套管头法兰、油管头、采油井口底法兰等，如图 3-9-5 所示。

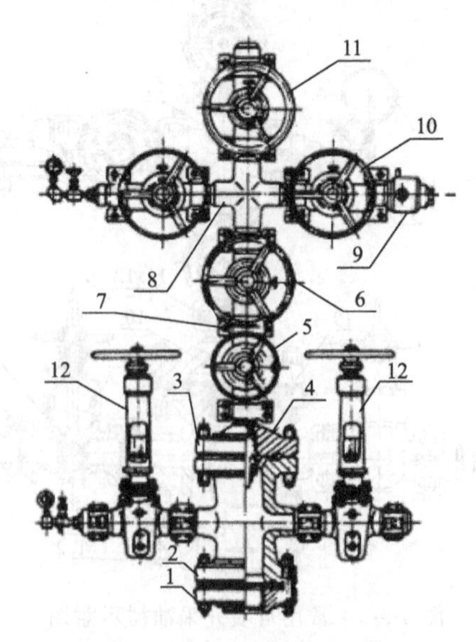

图 3-9-5　热采井口结构示意图

1—套管头法兰；2—油管头；3—采油井口底法兰；4—油管短节；5—阀门；6—总阀门；7—卡箍；8—小四通；9—节流器总成；10—生产阀门；11—测试阀门；12—套管阀门

2. 螺杆泵井口

螺杆泵井口主要由螺杆泵地面驱动装置和采油井口组成。地面驱动装置是螺杆泵采油系统的主要地面设备，是把动力传递给井下泵转子，使转子实现行星运动，实现抽汲原油的机械装置。驱动装置安装于井口之上，支座下法兰与井口套管法兰或专用井口法兰螺栓连接，支座侧面出油口与井口地面输油管线连接，连接抽油杆柱的光杆穿过驱动装置通过方卡座在驱动装置输出轴上，电动机通过电线与相匹配的电控箱相连，如图 3-9-6 所示。

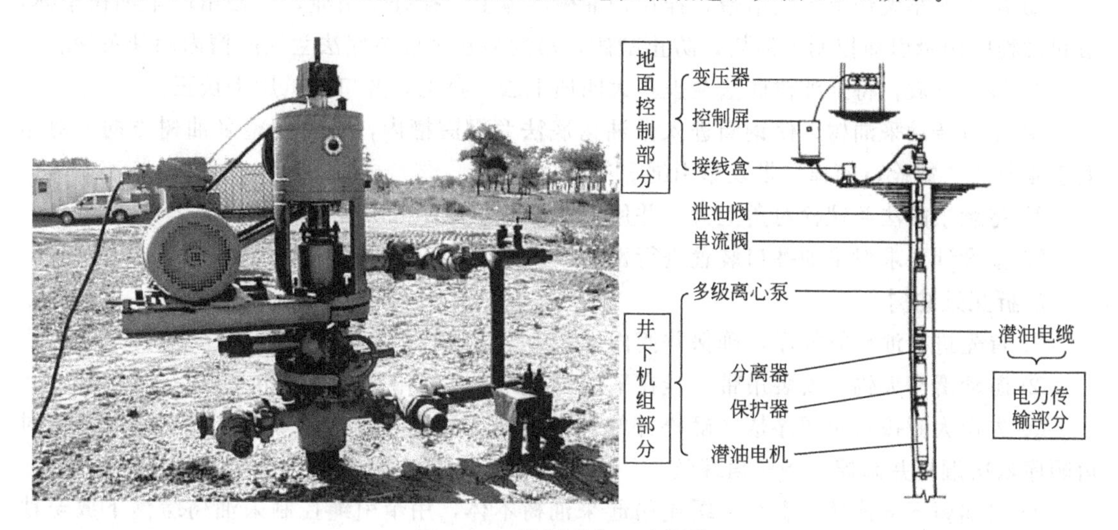

图 3-9-6　螺杆泵井口示意图

3. 油补距、套补距（图 3-9-7）

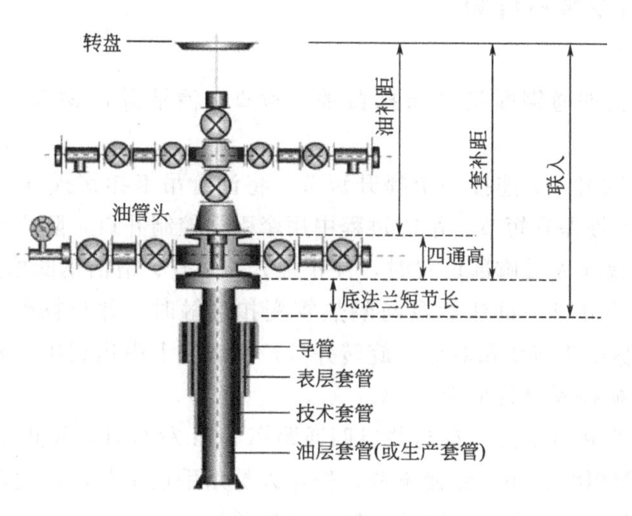

图 3-9-7　油补距、套补距示意图

（1）油补距（又名补心高差）

油补距是钻井转盘上平面到套管四通上法兰面之间的距离。

（2）套补距

套补距是指钻井转盘上平面到套管短节法兰上平面之间的距离。

【技能训练】

一、采油树安装与拆卸

1. 安装采油树

① 井口大四通上法兰钢圈槽内涂抹黄油，井口钢圈涂抹黄油放入钢圈槽内。

② 游动滑车大钩上安装吊带，挂在采油树本体上，拴好牵引绳，缓慢吊起采油树本体，吊起过程中用牵引绳控制采油树，防止刮碰，吊起后在采油树底法兰钢圈槽内涂抹黄油。

③ 缓慢下放，将采油树底法兰坐在大四通上法兰盘上，井口人员用手扶正。

④ 左右转动采油树，使钢圈进入采油树底法兰钢圈槽内，转动调整采油树方向，对角上紧 4 条法兰螺栓，摘掉吊带及牵引绳。

⑤ 将剩余的法兰螺栓对角上紧，并用大锤按对角顺序依次砸紧。

⑥ 按设计要求对采油井口装置进行密封性试压。

2. 拆卸采油树

① 首先进行油套管放压，确保井筒内无压力后再进行拆卸。

② 游动滑车大钩上安装吊带，挂在采油树本体上，使吊带伸直但不受力。

③ 先用大锤按对角顺序依次砸松并卸掉大四通上法兰其余 8 条螺丝，然后用大锤按对角顺序依次砸松并卸掉 4 条对角螺丝。

④ 采油树下部连接牵引绳，缓慢吊起采油树本体，用牵引绳控制采油树缓慢下放至地面（不影响井口操作），下部要铺设保护装置，避免损坏、脏污钢圈槽，保证采油树本体稳固后摘下吊带与牵引绳。

二、热采井口安装与拆卸

1. 安装热采井口

① 检查、清洁大四通钢圈槽并涂抹黄油；检查、清洁井口钢圈，涂抹黄油放入钢圈槽内。

② 在最上部测试闸门上连接一个提升短节，将油管吊卡扣在提升短节上，井口下部拴好牵引绳，用大钩上提提升短节，吊起过程中用牵引绳控制井口，防止刮碰。

③ 将井口提至操作人员胸部位置时，停止提升，检查、清洁钢圈槽并涂抹黄油。

④ 缓慢下放，当井口下部法兰盘与隔热管变扣接触时，井口操作人员用手扶正井口，将井口下部法兰盘螺纹孔与变扣对好，旋转井口，使螺纹上满达到扭矩要求。

⑤ 上提大钩，摘掉隔热管吊卡。

⑥ 下放大钩，当井口下法兰盘与井口四通距离 2cm 左右时，停止下放，将井口螺丝放入井口螺孔内，上部螺帽满扣，缓慢下放，操作人员用手扶正井口，使钢圈进入井口底法兰的钢圈槽内，转动调整井口方向，对角上紧 4 条法兰螺栓。

⑦ 将剩余的法兰螺栓对角上紧，并用大锤按对角顺序依次砸紧。

⑧ 按设计要求对井口进行密封性试压。

2. 拆卸热采井口

① 首先进行油管、套管放压，确保井筒内无压力后再进行拆卸。

② 先用大锤按对角顺序依次砸松并卸掉大四通上法兰其余 8 条螺丝，然后用大锤按对角顺序依次砸松并卸掉 4 条对角螺丝。

③ 吊卡扣在提升短节上，缓慢上提井口，露出隔热管接箍后扣上吊卡，下放大钩，大钩稍微吃力即可，转动井口将法兰盘与连接短节卸开。

④ 井口下部拴好牵引绳，缓慢吊起井口。

⑤ 用牵引绳控制缓慢下放至地面（不影响井口操作），下部要铺设保护装置，避免损坏、脏污钢圈槽。

三、螺杆泵井口安装与拆卸

1. 安装螺杆泵井口

① 检查地面机组零部件是否齐全，准备好常用工具。

② 检查、清洁井口钢圈槽并涂抹黄油；检查、清洁井口钢圈涂抹黄油，放入钢圈槽内。

③ 吊带穿过游动滑车大钩钩体内，两端挂在驱动头上，上吊平衡，吊起过程中用牵引绳控制地面驱动装置，防止刮碰。

④ 将地面驱动装置提至操作人员胸部位置时，停止提升，检查、清洁钢圈槽并涂抹黄油，在出油口两侧下部法兰盘安装 4 条螺丝（将 4 条螺丝螺帽全部卸掉，将螺栓穿过法兰盘螺孔，在螺栓上部带上螺帽至满扣）。

⑤ 上提至光杆上端，然后缓慢下放穿入光杆，防止把光杆压弯。当下部法兰盘螺丝接触井口上法兰螺孔时，井口操作人员用手扶正地面驱动装置（使出油口与连接流程方向一致），将下部法兰盘螺丝顺利穿过井口上法兰螺孔，使其平稳坐在井口上。

⑥ 左右转动地面驱动装置，使钢圈进入其底法兰的钢圈槽内，转动调整驱动装置方向，对角上紧 4 条法兰螺栓，摘掉吊带及牵引绳。

⑦ 将剩余的法兰螺栓对角上紧，并用大锤按对角顺序依次砸紧。

⑧ 下入提捞杆对扣把光杆捞出，卡紧防转、防脱两个方卡子，座在驱动头上卸去负荷，拆掉提捞杆，安装光杆丝堵。

2. 拆卸螺杆泵井口

① 切断螺杆泵驱动装置电源，进行油套管放压，确保井筒内无压力后再进行拆卸流程。

② 在光杆上端连接提捞杆，上提，使固定方卡子离开驱动装置，停止上提。

③ 将下端固定方卡子拆掉，缓慢下放，将光杆落至井内。

④ 倒扣起出提捞杆。

⑤ 用大锤按对角顺序依次砸松并卸掉大四通上法兰其余 8 条螺丝（出口两侧下部法兰盘处 4 条螺丝先卸螺丝下部螺帽，螺栓与上部螺帽留在出口两侧下部法兰盘处），然后用大锤按对角顺序依次砸松并卸掉 4 条对角螺丝。

⑥ 吊带穿过游动滑车大钩钩体内，两端挂在驱动装置上，下部拴好牵引绳，缓慢吊起驱动装置，井口操作人员用手扶正驱动装置轻轻摇晃，使螺栓顺利提出大四通上法兰盘螺孔，吊起过程中用牵引绳控制驱动装置，防止刮碰。

⑦ 提至操作人员胸部位置时，停止提升，卸下下部法兰盘处 4 条螺丝。

⑧ 用牵引绳控制驱动装置缓慢下放至地面（不影响井口操作），下部要铺设保护装置，避免损坏、脏污钢圈槽，然后摘下吊带与牵引绳。

四、归纳总结

① 检查钢圈及钢圈槽的损伤情况，若有损坏不得使用；钢圈上只能用钙基、锂基、复合钙基等润滑油，绝不允许用钠基黄油。

② 安装过程中要相互配合，确保安全操作；法兰缝间隙要一致，螺栓上紧后统一留半扣，安装完成后进出口必须方便施工作业。

③ 采油树安装一定要按操作顺序进行，安装后要平直、规整、美观。

④ 井口螺栓紧扣、卸扣使用大锤进行锤击时，锤击方向严禁站人。

⑤ 热采井口测试闸门上连接提升短节卡瓦一定要卡紧、卡捞，避免上提负荷过大提脱。

五、思考练习

① 简述采油树安装与拆卸的方法。

② 简述热采井口安装与拆卸的方法。

③ 简述螺杆泵井口安装与拆卸的方法。

学习情境四
起下作业

起下作业是利用修井设备及工具对井下原有的结构进行更换或改变，从而来满足生产和施工需要的施工操作过程，是修井施工过程中最基础和最主要的施工操作。几乎所有的井下工艺和措施都是通过起下作业来得以实现。

项目一　起下抽油杆

起下抽油杆是有杆泵常规维护性作业时，把井内的抽油杆起出和下入的过程，按照井内先下后起的顺序，一般都是先将井内的抽油杆起出，然后再进行起管柱等其他的施工工序。下入时正好相反，待下完泵、管等工序后再下杆完井。所以起下抽油杆是有杆泵维护性作业中连续的工序环节之一。

【知识目标】

① 了解起下抽油杆用的工具。

② 掌握使用抽油杆吊卡的操作方法。

【技能目标】

① 能够正确使用抽油杆吊卡。

② 能够正确使用小大钩，能够排放抽油杆。

【背景知识】

一、小大钩

小大钩是用于悬挂抽油杆吊卡的装置，如图 4-1-1 所示。

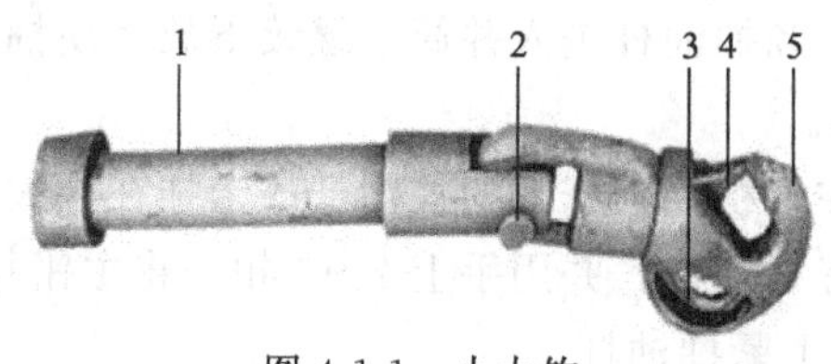

图 4-1-1　小大钩

1—短接；2—轴销；3—锁销拉手；4—锁销；5—吊钩

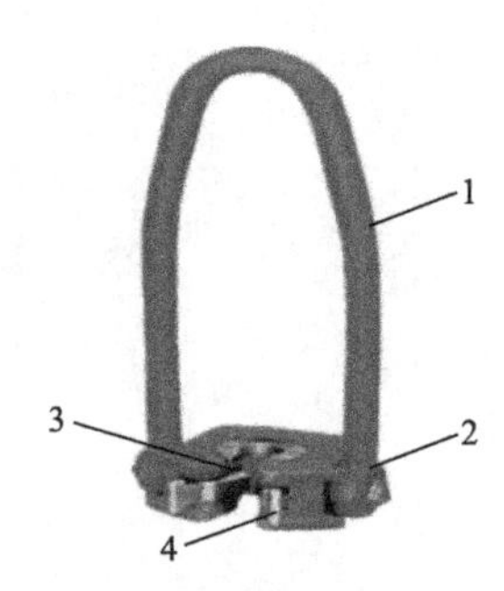

图 4-1-2　抽油杆吊卡
1—提环；2—销轴；
3—手柄；4—扭簧

二、抽油杆吊卡

抽油杆吊卡是用于悬挂抽油杆，使其顺利起下的工具，主要由提环、扭簧、手柄、销轴组成，如图 4-1-2 所示。

三、抽油杆

抽油杆是抽油机井的细长杆件，它上接总杆，下接抽油泵，起传送动力的作用，一般分为实心抽油杆和空心抽油杆，如图 4-1-3 所示。

【技能训练】

一、起抽油杆

① 选择合适的抽油杆吊卡扣在抽油杆上，缓慢上提小大钩，观察负荷是否正常。

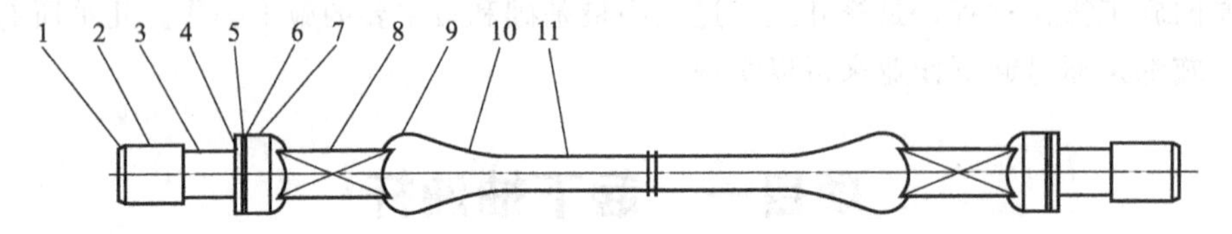

图 4-1-3　抽油杆结构示意图
1—螺纹倒角；2—螺纹；3—卸荷槽；4—卸荷槽圆弧；5—推承面；6—台扁倒角；
7—台扁；8—扳手方；9—凸缘；10—过渡段；11—杆体

② 上提小大钩，抽油杆接箍露出小四通合适高度为止，扣紧抽油杆吊卡。

③ 下放小大钩，使抽油杆接箍坐在抽油杆吊卡上。

④ 操作人员将主钳打在抽油杆上方形锻处，将背钳打在抽油杆下方形锻处，卸开抽油杆。

⑤ 下放小大钩，当抽油杆吊卡接近井口时，将抽油杆吊卡与小大钩分离，并拿掉抽油杆吊卡。

⑥ 操作人员将抽油杆排放到杆桥上。

⑦ 重复以上操作直至抽油杆全部起出。

二、下抽油杆

① 将排放在杆桥上的抽油杆涂抹好密封脂。

② 将活塞连接在下井第一根抽油杆下面，抬到管枕上，扣好抽油杆吊卡。

③ 下放小大钩，将抽油杆吊卡挂在小大钩上面。

④ 缓慢上提小大钩，将活塞置于井口正上方。

⑤ 下放小大钩，使活塞和抽油杆进入井筒。继续下放，使抽油杆吊卡座在小四通上面，将抽油杆吊卡与小大钩分离。

⑥ 下放小大钩，将扣在杆桥抽油杆上的抽油杆吊卡挂在小大钩上面。

⑦ 上提小大钩，连接好抽油杆，并用手上 2～3 扣。将主钳打在抽油杆上方形锻处，背钳打在抽油杆下方形锻处，上紧抽油杆。

⑧ 上提小大钩，使抽油杆吊卡脱离小四通，并将其拿掉。

⑨ 重复以上操作直至抽油杆全部下入井内。

三、归纳总结

① 抽油杆吊卡要与抽油杆的规格相符。

② 抽油杆要排放整齐，十根一出头，悬空端长度不得大于 1.0m。

③ 起出的活塞要放置在不易被磕碰的地方妥善保管。

④ 提升抽油杆吊卡时手要握在吊卡吊柄中部，防止碰伤手指。

⑤ 操作过程中，要及时检查抽油杆吊卡是否回位将抽油杆卡牢。

⑥ 摘挂抽油杆吊卡时，动作要迅速准确。

四、思考练习

① 简述起抽油杆的操作步骤。

② 简述起下抽油杆的注意事项。

项目二　起下油管

起下油管是用提升系统将井内的管柱提出井口，逐根卸下放在油管桥上，再逐根下入井内的过程。通过这一过程可达到更换井下工具、井内油管，完成各种工艺施工，是修井作业中最为频繁的一项工作。

【知识目标】

① 了解月牙式吊卡、液压钳工作原理及用途。

② 掌握起下油管过程中的操作方法及技术要求。

【技能目标】

① 能够学会摘挂吊环、用液压钳上卸油管、正确使用吊卡。

② 操作起下油管施工过程中能够达到熟练、规范、安全操作。

【背景知识】

一、月牙式吊卡

用途：是用来起下并卡住油管的专用工具。

工作原理：当活门处于开口位置时，将油管放入，转动手柄抱住油管即可起下油管。月牙式吊卡如图 4-2-1 所示。

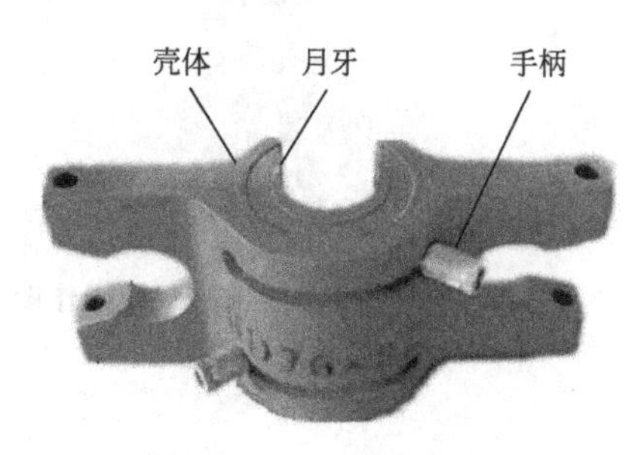

图 4-2-1　月牙式吊卡

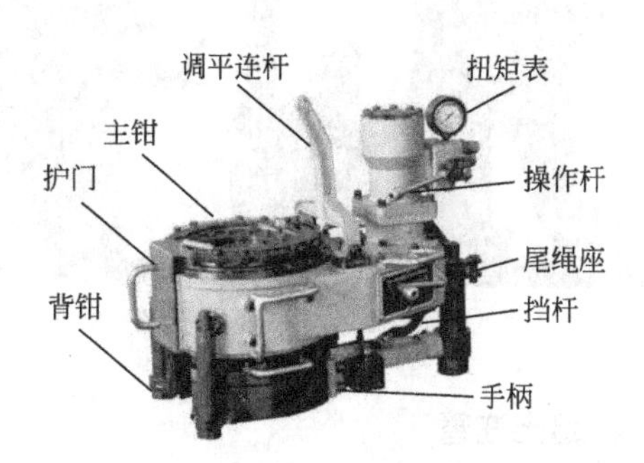

图 4-2-2　液压钳

二、液压钳

用途：是修井作业上卸油管、抽油杆、钻杆的专用工具。

工作原理：是靠液压系统进行控制和传递动力，经两挡减速，输出两种转速和扭矩，再通过夹紧机构，使钳牙板夹紧和转动管柱，在背钳的配合下，实现上卸扣的目的。液压钳如图 4-2-2 所示。

三、油管规选择标准

油管规用于检测油管内孔的通径尺寸是否符合标准，是井下作业检测下井油管通径尺寸的专用工具，选择标准见表 4-2-1。

表 4-2-1　油管规选择标准　mm

油管公称直径	油管外径	油管规直径	油管规长度
40	48.26	37	800～1200
50	60.32	47	
62	73.02	59	
76	88.90	73	
88	101.60	85	

【技能训练】

一、起油管

1. 挂吊环

① 井口操作人员侧身、双手持住吊环中下部。

② 操作手听从指挥平稳上提，同时将吊环挂入吊卡耳环内，迅速将销子插入吊卡并锁死护耳，如图 4-2-3 所示。

③ 操作手确认吊环挂入合格。

图 4-2-3　挂吊环操作图

图 4-2-4　使用液压钳卸扣操作图

2. 起出油管

① 井口人员后撤 1m 并抬头观察。

② 操作手听从专人指挥上提油管，待油管接箍提出井口后刹车停住。接箍高度超过吊卡 10～15cm 为标准。

③ 由一名操作人员将吊卡前推，扣住油管，关闭月牙，旋转 180°，油管下放至吊卡，去除负荷。

3. 卸扣

① 两人操作，抓住液压钳手柄通过一推一拽使液压钳咬住油管本体和接箍，如图 4-2-4 所示。

② 操作液压钳时要求手臂伸直，身体距液压钳保持一定距离，两手分别操作挡杆和操作杆。另一人则要后撤至安全距离，以防操作时液压钳转动伤人。卸扣时一定要先用慢挡，拽动操作杆将螺纹卸松，在用快挡卸开，最后慢挡退出液压钳，将其挂好固定，关闭护门。

③ 操作手确认液压钳已全部退出，上提油管。同时井口人员检查管柱螺纹磨损情况。

4. 下放单根

① 操作手平稳下放，井口人员扶住油管推向滑道，将油管放至小滑车向前滑动。

② 下放过程中人员后撤观察，以防发生意外。

③ 拉管人员用管钳咬住油管后拉，防止其刮碰井口。

④ 当油管放至管枕时刹车停住，井口两名操作人员同时拔出吊卡销子，摘下吊环。

⑤ 上提大钩，两人同时挂入吊环、插进销子，后撤观察。

⑥ 将起出的油管以接箍为准，排放整齐。油管两头悬空不得超过 2m。损坏的油管要做好标记。

⑦ 全部提完后安装简易井口。

二、下油管

1. 挂吊环

① 丈量、检查、清洁、保养油管，连接下井工具。

② 先将油管前移，使管接箍超过管枕，再将油管公扣一头放在小滑车上。接箍这头再抬上管枕放至距井口 1m 处排好，抬油管的过程中放入标准管规，检验油管内径。

③ 选择与管柱规格相匹配的吊卡，扣在油管本体处关闭月牙活门，翻转 180°，使吊卡活门朝上。

④ 两人分别手持吊环在上提过程中挂吊环、插销子，上提时防止挂碰井口。操作如图 4-2-5 所示。

图 4-2-5　挂吊环操作图

2. 提单根

① 指挥操作手上提油管，如图 4-2-6 所示。

图 4-2-6 提单根操作图

② 当油管随小滑车接近井口时，操作手应放慢速度，井口操作人员上前接住油管移至井口，同时将掉落下来的管规放入下一根油管内。

③ 在油管下放时扶稳对准，将公螺纹缓慢放入接箍，对扣合格。

3. 上螺纹

① 两人操作，使用液压钳咬住油管本体和接箍。

② 上扣时一人操作液压钳时用手推动操作手柄。先用快挡将螺纹上满，再用慢挡上紧，最后慢挡退出液压钳将其挂好固定，关闭护门。

③ 操作手确认液压钳全部退出，油管螺纹连接合格上提油管。

4. 下入油管

① 提起油管，井口人员划开月牙，将吊卡移开。

② 操作手松开刹车控制速度，油管接箍缓慢进入井内，继续下放。

③ 下放到接近井口时应暂时停止，两人同时拔出吊卡销子，侧身外拉吊环持续用力，落到井口后卸去负荷，两吊环同时被摘出。

④ 两人持住吊环再将其挂入下一根油管吊卡内，插入销子提起油管，重复以上步骤下入第二根油管。

三、归纳总结

① 液压管线进、出口必须安装正确，保证上扣推、卸扣拽的正确操作，护门应灵活好用。

② 吊环方位要求与滑道处于一条平行线上并固定锁死。

③ 卸扣时防止粘扣，上扣时扭矩要达到要求，不得偏扣。

④ 排油管的人员应站在较安全的侧面，严禁两腿骑跨正在拉放的油管。拉放油管下部严禁站人。

⑤ 吊卡、吊卡销子相匹配，安全绳捆绑在吊环中下部位置，余下长度略长于到吊卡的距离。

⑥ 液压钳钳牙要配套，磨损严重时及时更换，防止伤害油管本体。

⑦ 油管小滑车槽应用胶皮镶底，防止磨损油管螺纹。

⑧ 油管吊卡月牙、手柄完好，手柄销锁紧，非特殊施工严禁使用双月牙。

⑨ 禁止单吊环或吊环下放时挂入吊耳，起下时要打反吊卡。

⑩ 液压钳各部连接紧固，固销子锁死。调节平衡高度适宜，备钳正好卡住油管接箍又不碰吊卡。尾绳卡牢长度合格，主钳、备钳钳牙符合要求。

四、思考练习

① 简述液压钳上油管螺纹的操作步骤。

② 简述液压钳卸油管螺纹的操作步骤。

学习情境五

循环作业

循环作业是指修井工艺中有泵车配合施工的工艺项目。是施工中利用泵车把修井液或其他流体通过循环或替、挤等方式对井内流体进行置换，或人员通过修井液循环携带出井内砂子、钻屑等杂物的工艺过程。循环作业是完成平衡井内压力、挤注水泥、清除井筒内脏物等的一些工艺措施。

项目一　洗井

洗井是在地面向井筒内注入具有一定性能的洗井液，通过在油管与套管环形空间建立循环，把井壁和油管上的结蜡、死油、锈蚀残渣等杂质和脏物混合到洗井液中带到地面的工艺过程。稠油井、注水井及结蜡严重的井，经常通过洗井来清洁或解卡，注水泥等工艺也通过洗井对井筒进行清洁、降温、脱气等，因此洗井是小修常规作业中一项应用十分广泛的施工工艺。

【知识目标】

① 了解洗井用的设备、洗井的特点和适用井况。

② 掌握洗井的方式分类、洗井的原理。

【技能目标】

① 能够根据现场情况，按照施工设计要求的洗井方式，进行正确的管线连接和洗井施工。

② 知道洗井施工过程中的注意事项及辨识风险，做到安全操作、规范施工。

【背景知识】

一、洗井设备简介

1. 泵车

能进行洗井、循环、压井、封堵及注水泥等作业的车载洗井设备由洗井泵和动力运载车两部分组成。泵是完成洗井作业的主要设备，常见的有 300 型、400 型、700 型和 1200 型等几种。

2. 管汇

管汇是汇集液流和改变液流方向，并控制高压液流的总机关。整体的洗井节流管汇总成由高压阀门、活接头、弯头、三通和短节等组合而成。符合压力要求的管线和活接头等连接组成简易压井节流管线。

① 闸阀：控制流体流量、开启或切断管道通路。

② 弯头和活接头（图 5-1-1）：是组装洗井、节流管线的主要部件，用于改变管线方向。弯头常用的角度有 90°与 120°两种。若出口需要使用弯头，只能用 120°以上的弯头。活接头用于连接各部件，连接后用大锤砸紧压紧螺母。

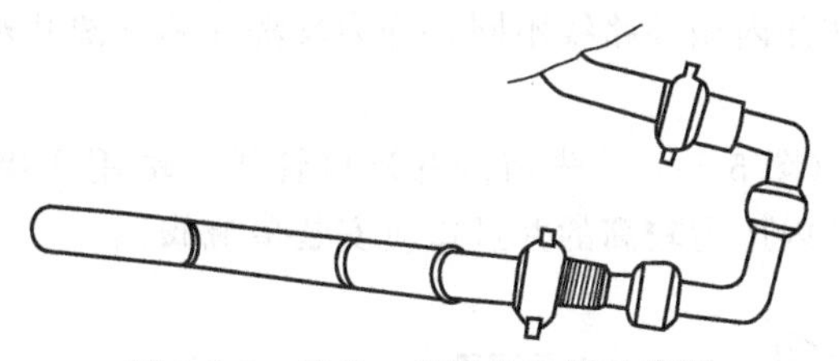

图 5-1-1 弯头、活接头连接示意图

二、洗井方式

1. 正洗井

洗井液从油管进入，从油套环形空间返出，如图 5-1-2 所示。

正洗井对井底造成的回压较小，对地层伤害较小，因此为保护油层，当管柱结构允许时，一般采取正洗井。但正洗井时，洗井液在油套环形空间上返的速度稍慢，对井内的脏物携带能力较反洗井弱，对套管壁上脏物的冲洗力度相对小。因此一般适用于具备正循环通道的井、地层压力较低的井、以及油管内结蜡较多的井和出砂不十分严重的井。

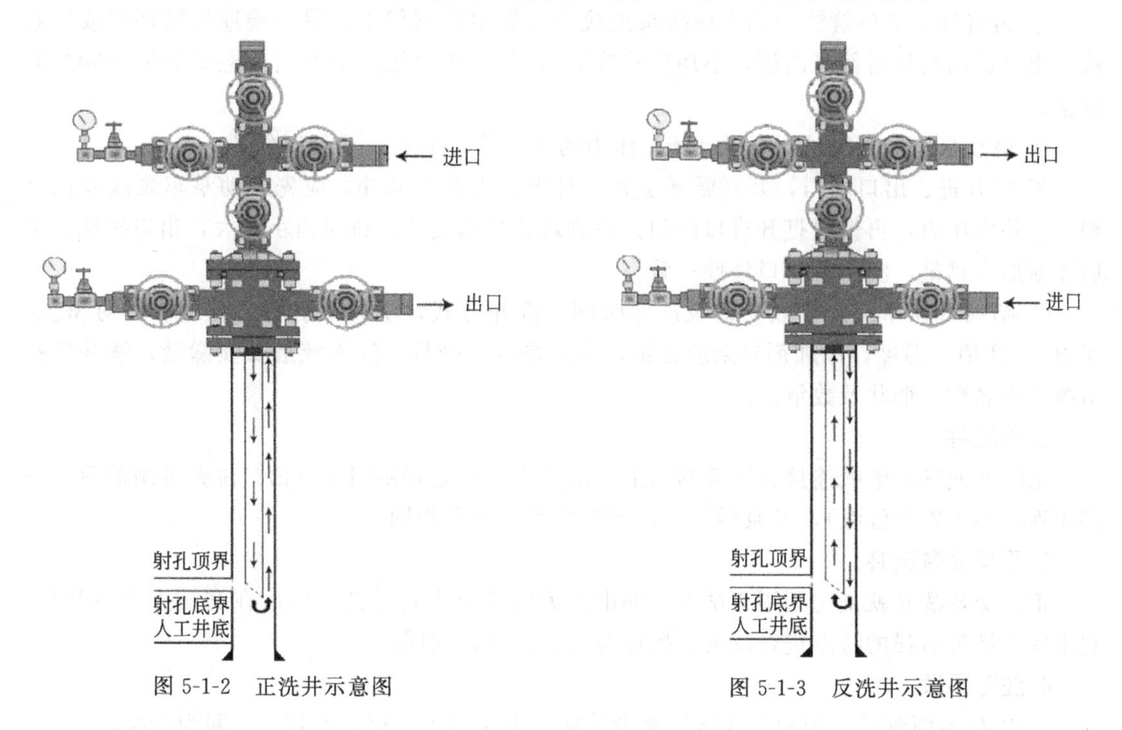

图 5-1-2 正洗井示意图

图 5-1-3 反洗井示意图

2. 反洗井

洗井液从油套环形空间进入，从油管返出，如图 5-1-3 所示。

反洗井对井底造成的回压较大，对地层伤害较正洗井大些，但洗井液在油管中上返的速度较快，较正洗井携带井内脏物能力要强，对套管壁上脏物的冲洗力度相对要大，一般适用于不具备正循环通道、地层压力较高、大尺寸井眼的井以及出砂严重、斜井、水平井等。

【技能训练】

一、洗井施工

洗井施工按洗井液在井内循环路线不同，分为反洗井和正洗井及正反交替洗井三种。

1. 反洗井

① 连接反洗井管线（图 5-1-4），先将洗井进口管线一端用活接头连接到泵车上，另一端连接到套管闸门上（井内压力较高的井进口应安装单流阀）。

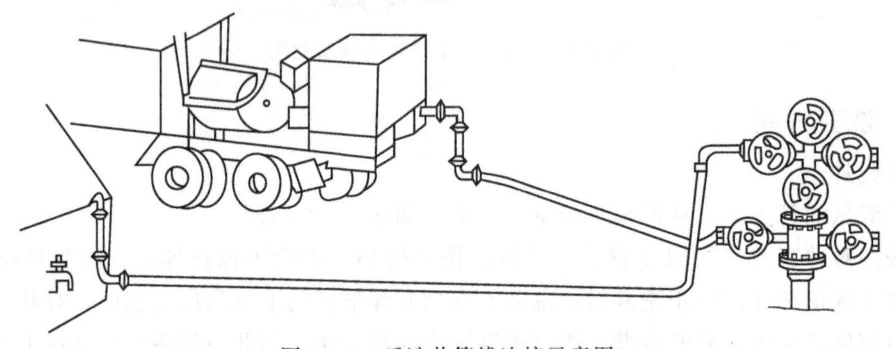

图 5-1-4　反洗井管线连接示意图

② 再将洗井出口管线一端用活接头连接到油管生产闸门上，另一端连接循环灌或回收罐（出口进站的只需倒好流程，不用连接管线），井内压力较高的井出口应安装针型阀控制排量。

③ 启动泵车对管线试压至设计施工压力的 1.5 倍，不刺、不漏为合格。

④ 打开进、出口闸门，开泵循环洗井。对于井内有压的井，应先启动泵车泵液蹩压到稍大于井内压力，再慢慢打开进口闸门。注意观察泵压变化，排量由小到大，出口排液正常后逐渐加大排量，洗至进出口液性一致。

⑤ 结束后拆掉洗井管线，记录洗井时间、洗井方式，洗井液名称、黏度、相对密度、切力、pH 值、温度、添加剂及杂质含量，洗井泵压、排量、注入液量及喷漏量，洗井液排出携带物名称、形状及数量。

2. 正洗井

正洗井的进口管线连接在油管闸门上，出口连接在套管闸门上（出口洗井进站的只需倒好流程，不用连接管线），开泵循环与录取资料和反洗井相同。

3. 正反交替洗井

正反交替洗井就是先利用正洗方式冲击力大的特点进行冲洗，然后在交换进出口管线，利用反洗携带力强的特点进行反洗，操作与正、反洗井相同。

4. 注意事项

① 连接地面管线，地面管线试压至设计施工泵压的 1.5 倍，不刺、不漏为合格。

② 有油管悬挂器的井口，洗井前对称顶紧四条油管悬挂器顶丝，注意观察是否短路打直流。

③ 洗井过程中，随时观察并记录泵压、排量、出口排量及漏失量等数据。泵压升高洗井不通时，应停泵及时分析原因进行处理，不得强行憋泵。

④ 严重漏失井采取有效堵漏措施后，再进行洗井施工。

⑤ 出砂严重的井优先采用反循环法洗井，保持不喷不漏、平衡洗井。若采用正循环洗井，应连续活动管柱，防止砂卡。

⑥ 洗井过程中加深或上提管柱时，洗井工作液必须循环二周以上方可活动管柱，并迅速连接好管柱，直到洗井至施工设计深度。

⑦ 施工井压力较高，洗井时进口应安装单流阀防止气体倒灌入泵，出口安装针型阀有效控制排量，防止井喷和污染。

⑧ 洗井液量为井筒容积的两倍以上。

二、思考练习

① 正洗井管线如何连接？

② 反洗井的特点是什么？

项目二 压井

压井是利用泵将一定密度的流体替入井内或置换出井内的原有流体，形成新的液柱压力，对井底产生一定的回压，来平衡地层压力的施工工艺。压井工艺是常规修井作业中对过平衡井压力控制的重要手段，是常规修井作业中保证其他作业项目顺利进行的前提条件，因此，正确有效的压井施工能够有效的保护油气层和防止井喷污染。

【知识目标】

① 了解压井用的设备，洗井的特点和适用井况。

② 掌握压井的方式分类，压井的原理。

【技能目标】

① 能够根据要求和现场情况，按照施工设计要求的压井方式，进行正确的管线连接和压井施工。

② 知道压井施工过程中的注意事项及辨识风险，做到安全操作，规范施工。

【背景知识】

根据井况不同，压井施工方式可分为灌注法、循环法和挤注法三种，循环法压井又分正、反循环压井。

一、灌注法压井

灌注法压井是向井筒内灌注一段压井液，用井筒的液柱压力平衡地层压力的的压井方法。适用于井底压力不高、作业难度不大、工作量较小、修井时间较短的简单施工作业。

二、循环法压井

根据井内结构或井底压力等情况，按循环方式又分反循环法压井与正循环法压井两种。

① 反循环压井：压井液从套管闸门泵入，经套管环形空间从油管闸门返出的循环方式。一般适用于压力高、产量大的井。

② 正循环压井：压井液从油管闸门泵入，经油套管环形空间从套管闸门返出的循环方式。一般适用压力低的井。

三、挤注法压井

挤注法压井是指利用泵车把压井液强行挤入井筒内，把井筒内产出液强行挤回地层，但不把压井液挤入地层而只挤到地层上界的压井方法。挤注法压井用于油、套不连通、无法循环的井，以及井内有压力，井内又无管柱或管柱深度不够无法用灌注法的井，也用于油套连通但压力高的井。

【技能训练】

一、压井施工

1. 灌注法压井

① 压井前确认井内无压力，打开油、套闸门。

② 把泵车出口管线用管线和活接头连接到套管闸门上，用大锤砸紧。

③ 开泵从套管向井内注入压井液，注入压井液时油管闸门要处于打开状态，便于排空。

④ 注入设计要求用量的压井液或灌满井筒时停止注入，完成灌注压井操作。

2. 反循环压井

① 检查井口装置安全可靠。

② 井内仅有少量气体的井可先放出油、套内的气体。井内持续产气或压力较高则须视情况而定进行放喷。

③ 从一侧套管闸门接好压井进口管线，必要时可在靠井口装好单流阀。

④ 从一侧油管闸门接好出口管线，距离井口 2m 以外装好针型阀（整体节流管汇无需安装），如需转弯，弯头角度不得小于 120°。

⑤ 将泵车分别与进、出口管线连接并将活接头砸紧，对进、出口管线进行试压，试压压力为设计工作压力的 1.5 倍，不刺、不漏为合格。

⑥ 开泵循环前试着打开反循环压井流程，对于井内没有压力的井，可以直接打开进、出口闸门；对于井内有压的井，应先启动泵车，泵液憋压到稍大于井内压力，再慢慢打开进口闸门，接着打开出口闸门，用针型阀控制出口排量。开采油树闸门时，须用闸门扳手或管钳操作，站在闸门侧面，管钳或闸门扳手开口朝外，咬住闸门手轮，扳动管钳或闸门扳手手柄开关闸门。

⑦ 先用清水反循环洗井脱气，洗井过程中用针型阀控制出口排量，进、出口排量平衡，清水用量为井筒容积的 1.5～2 倍。

⑧ 脱气结束，接着泵入压井液进行反循环压井，在压井过程中使用针型阀控制出口排量，使进、出口排量平衡，以防压井液被气浸，使压井液密度下降而导致压井失败。压井液用量为井筒容积的 1.5 倍以上。在压井结束前测量压井液密度，进、出口液性应趋于一致停泵，若不一致密度差应小于 $0.02g/cm^3$。

⑨ 观察 30min，进、出口均无溢流、无喷显示时，完成反循环压井操作。

3. 正循环压井

与反循环压井进出口相反，操作方法相同。

4. 挤注法压井

① 检查井口装置安全可靠。

② 接油管、套管放喷管线，用油嘴（或针型阀）控制放出井内的气体，或将原井内压井液放净后关闭闸门。

③ 在油管、套管闸门上接好压井管线，进口装高压单流阀，并按设计工作压力的 1.5 倍试压，不刺、不漏为合格（图 5-2-1）。

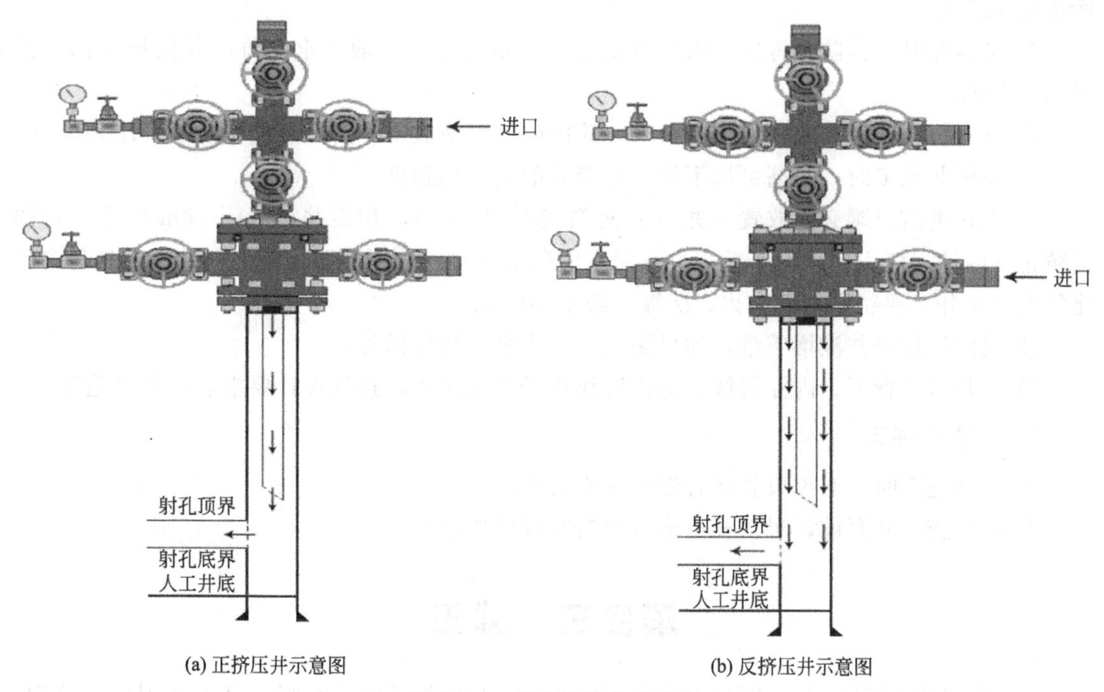

图 5-2-1　挤注法压井示意图

④ 只打开进口闸门，其他管路闸门全部处于关闭状态，启动泵车将设计要求用量的压井液挤入井筒后停泵，关闭进口闸门关井扩散压力。

⑤ 对于油套连通但压力高的井，要先后依次对油管、套管进行挤压，压井液用量和挤压深度要根据套管和油管容积进行计算。

⑥ 压力扩散 30min 以上，用 2～3mm 油嘴（或针型阀）控制放压，观察 30min 左右油井无溢流、无喷显示时，完成挤压井操作。

5. 录取资料

压井结束后，记录好压井时间、方式、深度、压井后观察时间、压井液性能、泵压、排量、注入量、喷漏量、进出口密度、携带排出物描述。

二、归纳总结

① 连接地面管线，地面管线试压至设计施工泵压的 1.5 倍，不刺、不漏为合格。

② 出口管线用硬管线连接，并装有油嘴或针型阀，转弯处不得小于 120°，每 10～15m 用地锚等固定物固定。

③ 进口管线应在井口处装好单流阀（高压井压井用高压单流阀），防止天然气倒流至水泥车造成火灾事故。

④ 循环压井时，用压井液压井前，先替入井筒容积 1.5～2 倍的清水脱气，出口见水后再泵入压井液。

⑤ 压井前，必须严格检查压井液性能，不符合设计性能的压井液不能使用。压井时，应尽量加大泵的排量，中途不能停泵，以避免压井液气浸。

⑥ 压井时，应用针型阀控制出口流量，采用憋压方式压井，待压井液接近油层时，保持进出口排量平衡，这样一方面可避免压井液被气浸，另一方面又防止了出口量小于进口量而造成油层污染。

⑦ 挤压井时，为防止将压井液挤入地层，造成污染，一般要求是将压井液挤至油层顶界以上 50m。

⑧ 重复挤压井时，要先将前次挤入井筒内的压井液放干净后，才能再次进行压井作业。

⑨ 挤压井施工时，最高泵压不能超过套管的抗内压强度。

⑩ 压井进出口罐必须放置在井口的两侧（不同方位），相距井口 30～50m 以上，目的是防止井内油、气引起水泥车着火。水泥车的柴油机排气管要装防火帽。气井，尤其是含硫化氢气井压井，要特别制定防火、防爆、防中毒措施。

⑪ 观察计量修井液增减量，如果漏失严重要采取防漏措施。

⑫ 压井节流管汇、内控管线、进出管线现场必须试压，达到设计要求后，方可施工。

三、思考练习

① 压井施工时，对出口管线有哪些基本要求？

② 压井施工开泵前，对打开进出口闸门有哪些要求？

项目三　试压

井下作业高压施工前，需要对承压设备、设施进行预试压，否则一旦出现刺漏或爆裂，可能造成人员伤害、设备损坏，所以高压施工前试压是油气水井修井作业过程中的一项安全保障措施，通过试压验证密封性，满足施工或生产要求，避免发生质量安全事故。本次任务包括采油树试压，防喷器试压，旋塞阀试压，压井、放喷管线试压，套管试压。

【知识目标】

① 了解修井作业过程中试压的目的和方法。

② 掌握对采油树、套管和井控装备试压安全操作程序。

【技能目标】

能会采油树、套管和井控装备试压安全操作。

【背景知识】

一、采油树试压介绍

采油树是一种用于控制生产并为修井作业提供条件的井口装置，由套管头、油管头、采油树本体三部分组成。常见的连接方式有螺纹式、法兰式、卡箍式三种。

在修井作业过程中，主要有以下几种情况下需要对采油树进行试压操作。

① 新井投产前，大四通上安装采油树。

② 施工设计要求更换了新的采油树。

③ 对新层进行射孔作业或老层进行补孔作业前，需要更换新的采油树并试压。

二、套管试压介绍

套管是在钻井结束后，下入到井下的管子，套管与井壁用水泥封固，然后用射孔枪对准目的层射孔，使油流穿岩层、水泥环、套管流入井底，再进入油管到地面上来。套管试压在修井作业过程中是较为常见的一个工序，它主要在以下几种情况下进行。

① 按施工作业要求，更换套管短节后，需进行试压。

② 新井投产之前，需要对全井套管进行试压（裸眼完井、筛管完井除外）。

③ 老井进行调层上返、补层合采、射孔等作业前，需要对射孔井段以上套管进行试压。

④ 水力压裂等高压作业施工前，需对目的层以上套管进行试压。

三、井控装置试压介绍

井下作业过程中的井控装备包括防喷器、内防喷工具（油管旋塞阀）、防喷器控制台、压井管汇和放喷（节流）管汇及相匹配的闸门等。井控装置试压目的有以下几个方面。

① 检查及测试井口防喷器、井控管汇及地面循环系统的承压强度、连接质量和设备整体强度，以确保被试压设备在整个井下作业过程中安全可靠。

② 检查及测试井口防喷器各个密封部件在溢流初期关井的情况下是否就能产生有效的密封，做到早期封关，以尽快平衡地层压力，制止进一步溢流。

③ 检查及测试油管内防喷工具（油管旋塞阀）在暂时关井的情况下能否有效的密封油管内空间，确保在发生险情时及时关闭油管，为下一步制止险情创造条件。

防喷器现场试压过程中，主要有以下几种试压方法。

1. 直接法

将水泥车连接设在压井管汇或井口闸门上，向井内打压，从而达到试压的目的，但全井筒均承受压力，这种试压的方法适合产层没有打开的井。但对产层打开或井下出现窜漏的井，采取这种方法时会因井下卸压而达不到对井口试压的目的。

2. 皮腕法

通过皮腕采用提拉方法对井口装置进行试压。这种方法是用油管连接与井口套管尺寸相匹配的皮腕，下至距井口 10～20m 套管内，在油管与套管的环空内灌满清水，关闭半封防喷器，缓慢上提油管，油套环空的清水由于受到压缩而在井口起压，观察套管压力表，当压力上升至设计试压值时停止上提油管，观察压力稳定情况，从而达到对井口装置试压的目的。

3. 封隔器试压法

下封隔器或桥塞临时封隔井口套管，用水泥车直接向被试压部位打压达到对井控装置试压的目的。

4. 堵头试压法

将带传压孔的试压堵阀的下端连接油管挂，上端连接 73mm 厚壁平式油管短节，将试压泵或水泥车与油管短节相连，油管挂座在井口四通内，顶好顶丝，关闭封井器半封，从油管短节向封井器内泵入清水，压力则通过堵头的传压孔传递到井口内，达到试压的目的。这种方法不仅能检验出封井器与四通之间连接法兰的密封性能，还能检验出油管挂与四通之间的密封性能。

小修作业过程中，对油管旋塞阀、压井管汇和放喷管汇的试压通常采用直接法。

【技能训练】

一、采油树试压

① 将与试压法兰连接好的采油树放置在空旷地带，打开所有闸门检查灵活性，然后关闭小四通顶部闸门，关闭小四通最外侧闸门。

② 使用高压弯头连接试压法兰，弯头另一端与硬管线连接，硬管线另一端使用弯头与水泥车连接。

③ 启动水泥车泵入清水，打压至采油树额定工作压力，观察10min，压降小于0.5MPa为合格。

④ 水泥车泄压后，打开小四通两端最外侧闸门，关闭里侧闸门，打压至采油树额定工作压力，观察10min，压降小于0.5MPa为合格。

⑤ 水泥车泄压后，打开小四通两侧闸门与上部闸门，关闭小四通下部第一个闸门，打压至采油树额定工作压力，观察10min，压降小于0.5MPa为合格。

⑥ 水泥车泄压后，打开小四通下部第一个闸门，关闭小四通下部第二个闸门，打压至采油树额定工作压力，观察10min，压降小于0.5MPa为合格。

⑦ 泄压后，打开所有闸门，拆开试压管线与试压法兰，完成试压操作。

二、防喷器试压（以SFZ18-21防喷器为例）

1. 防喷器试压

① 安装SFZ18-21防喷器，检查开关闸板灵活性。

② 将试压短节连接在油管悬挂器上。

③ 从试压短节上部连接活接头及弯头，并用硬管线与水泥车连接。

④ 启动水泥车，泵入清水，观察井口返水后停泵，关闭半封闸板。

⑤ 再次启动水泥车，打压至设计试压值，稳压10min，压降小于0.7MPa为合格。

⑥ 水泥车泄压，拆卸管线与试压短节，完成试压操作。

2. 防喷器安装要求

① 防喷器与套管四通的连接必须采用井控车间配发的专用螺栓。

② 连接螺栓配备齐全并对称旋紧，螺栓两端余扣一致，一般以出露2～3扣为宜。法兰间隙均匀，密封槽、密封钢圈清洁干净，并涂润滑脂，确保连接部位密封性能满足试压要求。

③ 防喷器各闸板需挂牌标识开关状态。

三、旋塞阀试压（以FP2 7/8-35旋塞阀为例）

① 将硬管线一端连接旋塞阀，另一端连接水泥车。

② 启动水泥车，泵入清水，观察旋塞阀出口返清水后停泵，使用旋塞阀扳手关闭旋塞阀。

③ 再次启动水泥车，打压至设计试压值，稳压10min，压降小于0.7MPa为合格。

④ 水泥车泄压，完成试压操作。

四、压井、放喷管线试压

1. 压井、放喷管线试压

① 套管闸门两侧分别连接压井及放喷管汇，使用放喷管线放出井内余压，如图 5-3-1 所示。

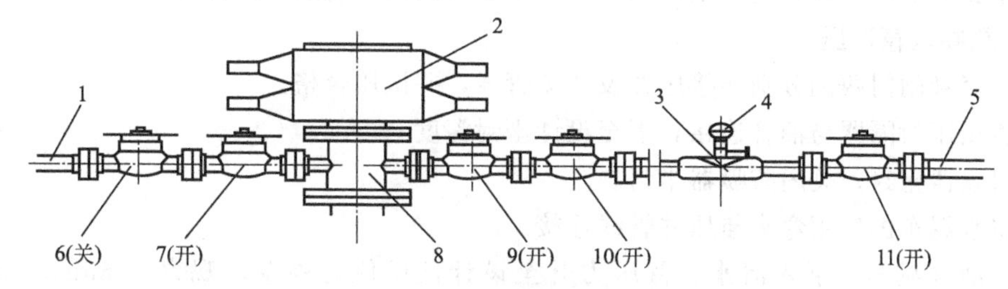

图 5-3-1 压井、放喷管线试压装置示意图

1—压井管线；2—双闸板防喷器；3—三通；4—压力表；5—放喷管线；6，7，9，10，11—闸阀；8—作业四通；
注：11 用于节流时，应换成针形阀

② 在管汇两端接好弯头，将压井管线与水泥车连接，关闭 6 号闸阀和 7 号闸阀。

③ 启动水泥车，泵入清水，打压至设计试压值，稳压 10min，压降小于 0.7MPa 为合格；泄压后打开 6 号闸门，对 7 号闸门试压，打压至设计试压值，稳压 10min，压降小于 0.7MPa 为合格。水泥车泄压，完成压井管汇试压操作。

④ 将放喷管线与水泥车连接，关闭 9、10、11 号闸门；启动水泥车，泵入清水，打压至设计试压值，稳压 10min，压降小于 0.7MPa 为合格。泄压后打开 11 号闸门，对 10 号闸门试压，打压至设计试压值，稳压 10min，压降小于 0.7MPa 为合格。泄压后打开 10 号闸门，对 9 号闸门试压，打压至设计压力值，稳压 10min，压降小于 0.7MPa 为合格。水泥车泄压，完成放喷管线试压操作。

2. 压井管线安装要求

① 压井管线安装在当地季节风上风方向。

② 压井管线出口连接外螺纹活接头。

③ 压井管线出口附近用基墩固定牢固。

④ 压井管线一侧紧靠套管四通的阀门处于常关状态，并挂牌标识清楚。

3. 放喷管线安装要求

① 放喷管线使用硬管线，安装在当地季节风下风方向，出口不得有障碍物，且距危险或易损害设施距离不小于 30m。

② 在安装放喷管线过程中，如遇特殊情况需要转弯时，在转弯处使用 120°弯头或 90°锻造弯头。

③ 每隔 10～15m 用地锚或基墩对放喷管线进行固定。一般情况下需要 4 个基墩：第 1 个基墩宜安装在放喷阀门外侧且靠近放喷阀门处；放喷管线出口 2m 内用双基墩固定；第 1 个基墩与出口双基墩之间再用 1 个基墩固定。若放喷管线需要转弯时，转弯处前后均需固定。

五、套管试压

1. 未射孔井套管试压

① 从套管闸门两侧分别连接压井及放喷管线，并试压合格。

② 打开放喷管线，放出井筒内余压后关闭放喷闸门。

③ 将水泥车与压井管线连接。

④ 启动水泥车，泵入清水，待压力升至设计试压值时停泵，观察 30min，压降小于 0.5MPa 为合格。

⑤ 水泥车泄压，打开放喷闸门放压后关闭套管闸门，完成试压操作。

2. 射孔井套管试压

① 从套管闸门两侧分别连接压井及放喷管线，并试压合格。

② 将试压封隔器与油管连接，下至设计坐封深度。

③ 封隔器坐封，关闭防喷器半封。

④ 将水泥车出口用弯头与压井管线连接。

⑤ 启动水泥车，泵入清水，待压力升至设计试压值时停泵，观察 30min，压降小于 0.5MPa 为合格。

⑥ 水泥车泄压，打开放喷闸门放压，关闭套管闸门完成试压操作。

六、归纳总结

① 水泥车开泵前确认闸门开启状态。

② 采油树试压合格后不得再进行拆装作业。

③ 复合套管试压要根据套管尺寸选择合适的试压工具。

④ 开启闸门时人员不能正对阀门螺杆及顶丝，站在侧面操作。

⑤ 水泥车进入井场后停放在井口附近上风向且有利于施工的位置。

⑥ 试压过程中，人员远离高压区，禁止跨越高压管线。

⑦ 试压过程中若发现泄漏现象，应先泄压再进行紧固操作。

⑧ 冬季施工时应及时清理出采油树中残余的试压介质，防止发生冻堵。

⑨ 试压过程中严格控制水泥车压力不超过设计试压值。

七、思考练习

① 简述采油树试压操作程序。

② 简述套管试压操作程序。

项目四　防砂与冲砂

油井出砂是困扰油井正常生产的因素之一。油井出砂能造成泵、油管、气锚、套管等井下工具和设备的磨损，严重时还有可能造成油井停产，甚至报废。所以油井的防砂工作应放在生产的重要位置。油井一旦出砂，就应该采取相应的措施处理。即冲砂处理。冲砂是向井内高速注入液体，靠水力作用将井底沉砂冲散，利用液流循环上返的携带能力，将冲散的砂子带到地面的施工。在修井作业中冲砂是一项危险性较高的施工工序，会出现卡钻、井喷、人员伤害等事故。

【知识目标】

① 了解出砂的原因和防砂的方法。

② 了解冲砂施工中的活接头、弯头、水龙头、自封封井器等的工作原理及用途。

③ 掌握冲砂施工过程中的操作方法及技术要求。

【技能目标】

① 能根据井底的实际情况选择合适的防砂方法。

② 能够学会冲砂准备、冲下单根、接换单根等。

【背景知识】

一、油井出砂的原因

油井出砂是指构成储层岩石部分骨架颗粒产生移动，并随地层流体流向井底的现象。

（一）内因——砂岩油层地质条件

1. 油层岩石的地应力分布状态

油层岩石处在一个复杂的地应力场中，由于构造地质运动和人为因素，造成目的层中应力场的不均衡分布，破坏岩石结构而导致出砂。

2. 油层岩石的胶结强度

胶结强度主要取决于胶结物的种类、数量和胶结方式。

（1）胶结物的种类和数量

胶结物主要有黏土、碳酸盐和硅质三种，以硅质和铁质胶结物的胶结强度最大，碳酸盐胶结物的胶结强度次之，黏土胶结物的胶结强度最差。对于同一类型的胶结物，其数量越多，胶结强度越大，反之则小。

（2）胶结方式

胶结物在岩石孔隙中的分布状态及其与岩石颗粒的接触关系称为胶结方式。由于岩石的胶结方式不同，岩石的胶结强度也不同。胶结物胶结方式如图 5-4-1 所示。

图 5-4-1　油层砂岩胶结方式示意图

出砂情况：孔隙胶结＞接触胶结＞基底胶结

3. 渗透率的影响

孔隙度越大，渗透率也越高，岩石的强度就越低，油层出砂就越严重。

4. 地层流体的物性

原油黏度增大，携砂能力越强，易引起出砂。因此，尽可能在高与饱和压力下开采。

（二）外因——开采条件

常见引起出砂的开采条件有以下几种。

① 固井质量差。

② 射孔密度太大。

③ 油井工作制度不合理。

④ 油井含水上升。

⑤ 措施不当引起出砂。

其他开采条件相同时，生产压差越大、渗流速度越高，井壁附近流体对岩石的冲刷力就愈大，若液体黏度高，更易出砂。

相同生产压差下，地层是否出砂还取决于建立生产压差的方式。它是指缓慢还是突然（或急剧）的方式建立压差。因为在同样压差下二者在井壁附近产生的压力梯度不同。

二、防砂方法

（一）制订合理的开采措施

① 在制订油井配产方案时，要通过矿场试验使所确定的生产压差不会造成油井大量出砂。如因受压差限制而无法满足采油速度要求时，只能在采取其他防砂措施之后才能提高采油压差，否则将无法保证油井正常生产。

② 在易出砂油气水井管理中，开、关井操作要平稳，并严防油井激动。

③ 易出砂井应避免强烈抽汲和气举等突然增大压差的诱流措施。

④ 对胶结疏松的油层，为解除油层堵塞而采用酸化等措施时，必须注意防止破坏油层结构，以避免造成油井出砂。对黏土胶结的疏松低压油层，避免用淡水压井，要防止水大量漏入油层，引起黏土膨胀。

⑤ 根据油层条件和开采工艺要求，正确地选择完井方法和改善完井工艺。对于油水（或气）层交互及层间差异大的多油层，常采用射孔完井。

（二）采取合理的防砂工艺方法

1. 机械防砂

第一类：下入防砂管柱挡砂，如割缝衬管、绕丝筛管、各类地面预制成型的滤砂器。

第二类：下入防砂管柱加充填物，如砾石、果壳、塑料颗粒、玻璃球或陶粒等。

（1）砾石充填防砂

砾石充填防砂方法属于先期防砂（即在油井投产前的完井过程中采取的防砂措施）工艺。

1）砾石充填防砂机理

砾石充填就是将地面选好的砾石，用具有一定黏度的液体携至井内，充填于具有适当缝隙的不锈钢绕丝筛管（或割缝衬管）和地层出砂部位之间，形成具有一定厚度的砾石层，阻止油层砂粒流入井内。

砾石层先阻挡了较大颗粒的砂子，形成砂桥或砂拱，进而又阻止了细砂入井。通过自然选择形成了由粗粒到细粒的滤砂器，既有良好的流通能力，又能防止油气层大量出砂。

2）砾石充填防砂工艺方法

常用砾石充填有两种：裸眼砾石充填和套管砾石充填。砾石充填防砂方法是较早的机械防砂法，近年来在理论上、工艺及设备上不断完善，被认为是目前防砂效果最好的方法之一，特别是在注蒸汽井中的防砂，其效果更为显著，如图 5-4-2 所示。

（2）绕丝筛管防砂

绕丝筛管由筛套和带孔中心管组成，如图 5-4-3 所示。国内选用不锈钢丝为原料，轧制成一定尺寸，截面为梯形的绕丝和纵筋。在将绕丝缠绕在纵筋上时，使用接触电阻焊接的方法将每一个交叉接触点焊接在一起，制成具有一定整体强度的筛套。然后再将带孔中心管穿入筛套，把筛套两端接箍焊在中心管上。

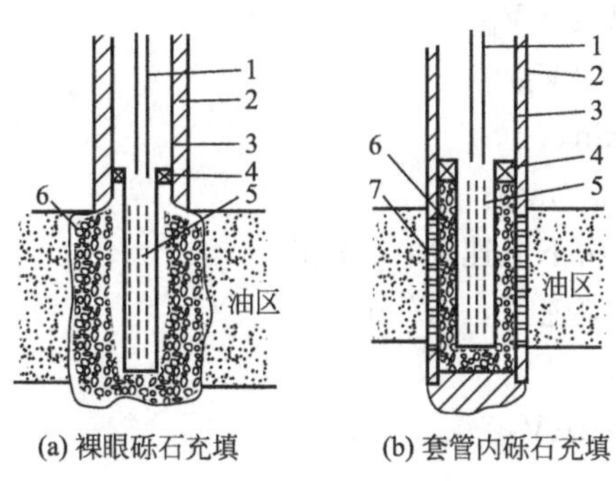

(a) 裸眼砾石充填　(b) 套管内砾石充填

图 5-4-2　砾石充填防砂示意图

1—油管；2—水泥环；3—套管；4—封隔器；
5—衬管；6—砾石；7—射孔孔眼

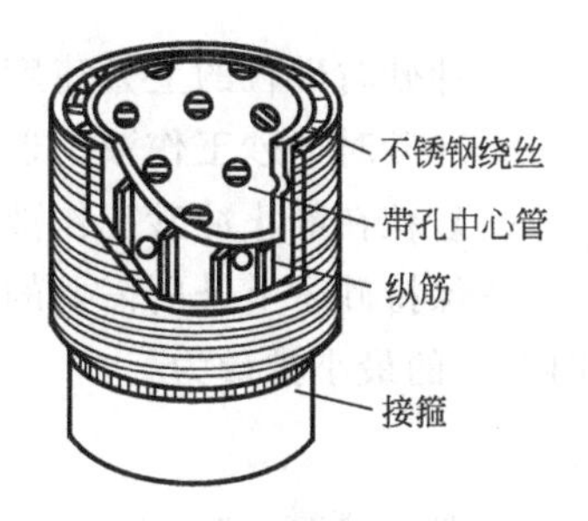

图 5-4-3　绕丝筛管防砂示意图

2. 化学防砂

将一种胶凝（结）性化学剂或多种胶凝（结）性化学物质挤入目的层段，胶结其中的散砂颗粒或者在近井地带形成“人工井壁”，阻止砂粒流出地层，以达到防砂的目的。

（1）水泥砂浆人工井壁

以水泥为胶结剂，石英砂为支撑剂，按比例混合均匀，拌以适量的水，用油携至井下，挤入套管外，堆积于出砂部位，凝固后形成具有一定强度和渗透性的人工井壁，防止油气层出砂。

（2）水带干灰砂人工井壁

以水泥为胶结剂，以石英砂作支撑剂，按比例在地面拌和均匀后，用水携至井下挤入套管外，堆积于由于出砂而形成的空穴部位，凝固后形成具有一定强度和渗透性的人工井壁防砂。

除以上两种人工井壁外，还有柴油乳化水泥浆人工井壁、树脂核桃壳人工井壁、树脂砂浆人工井壁、预涂层砾石人工井壁、酚醛树脂胶结砂层（人工胶结砂层）、酚醛溶液地下合成防砂（人工胶结砂层）等。

三、探砂面

探砂面是下入管柱实探井内砂面深度的施工操作。通过实探井内的砂面深度，为下一步下入的其他管柱提供参考依据，也可以通过实探砂面深度了解地层出砂情况。探砂作业方法主要有软探砂断和硬探砂面二种

软探砂面：对于油层深、口袋长的超深井，可通过试井车钢丝将铅锤下入井内进行软探砂面。

硬探砂面：根据油井的实际情况采用原井管柱加深探砂面，也可采用冲砂管柱直接探砂面或在保证作业井段不受影响的情况下用通井、打捞等兼顾探砂工序（不提倡）。

注意事项：不同探砂工序的应用要在掌握油井套管状况的前提下设计，应做到探砂管柱的防卡、防脱、防断。

四、冲砂的水力计算

冲砂时为使携砂液将砂子带到地面，液流在井内的上返速度必须大于最大直径的砂粒在携砂液中的下沉速度，推荐速度比大于或等于 2，其计算公式为

$$V_{砂}=V_{液}-V_{降}$$

$$V_{实}\geqslant 2V_{降}$$

式中 $V_{砂}$——冲砂时砂粒的上升速度，m/min；

$V_{液}$——冲砂时冲砂工作液上返速度，m/min；

$V_{降}$——砂粒在静止冲砂工作液中的自由下沉速度，m/min

$V_{实}$——保持砂子上升所需要的最低液流速度，m/min。

冲砂时泵车的最小排量为

$$Q_{泵}=2AV_{降}$$

式中 $Q_{泵}$——泵车排量，m^3/min；

$V_{降}$——砂粒在静止冲砂工作液中的自由下沉进度，m/min；

A——冲砂工作液上返流动截面积，m^2。

在固定排量下冲砂，井底砂粒返到地面的时间为

$$T_{实}=H/[(Q_{泵}/A)-V_{降}]$$

式中 $T_{实}$——冲砂时井底砂粒返到地面的时间，min；

$Q_{泵}$——冲砂时实际泵入排量，m^3/min；

H——井深，m。

五、冲砂施工工具简介

冲砂施工工具主要有活接头、高压活动弯头、水龙带、自封封井器、单流阀、冲砂笔尖等。

1. 高压活动弯头

高压活动弯头（图 5-4-4）是活动两臂中间采用高压活动弹子联体进行密封连接在一起，可改变连接方向便于管线的连接。

通过活接头、弯头、水龙带与地面管线和井内油管相连接，组成冲砂所需的进出口管线，经泵车不断循环，泵入的液体通过管线内部通道注入井内，经井底再携砂返至地面，从而达到冲砂施工的目的，在冲砂施工起着十分重要不可代替的作用。

图 5-4-4 高压活动弯头

2. 冲砂笔尖

冲砂笔尖（图 5-4-5）连接在下井第一根油管的底部，下入井内遇砂面时将通过高压水流将井底砂子冲散，并随返液流将砂子带到地面。随着修井技术的提高，冲砂笔尖的种类变多，其主要功能有加大水冲击能力和导斜作用，在复合套管和侧钻井内可以使管柱顺利通过

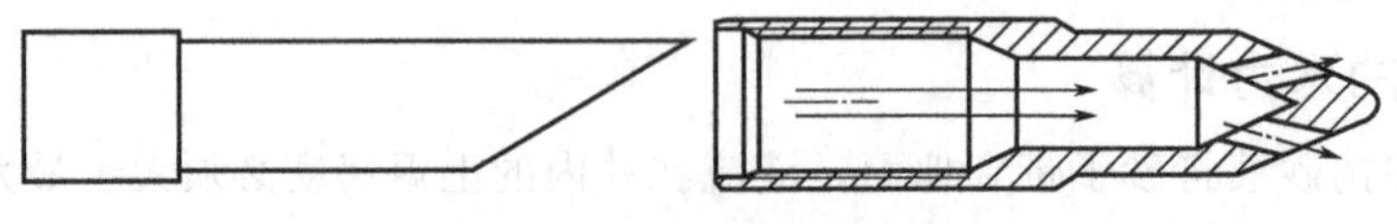

图 5-4-5 冲砂笔尖示意图

井内悬挂器等位置，遇阻砂面时还具有防堵、防蹩泵的能力。

【技能训练】

一、探砂面

用冲砂管柱探砂面，笔尖距油层 20m 时，下放速小于 0.3m/min，大钩悬重下降 10～20kN 时，则表明遇到砂面，上提重新试探，两次误差不超过 0.5m 则探得原始砂面，记录砂面位置。

二、下冲砂管

① 将冲砂笔尖接在下井第一根油管底部，下入井内。

② 继续下油管至油层上界 30m 时，缓慢加深油管探砂面，下放速度应小于 5m/min，

③ 下放遇阻，悬重下降 10～20kN 时，要连探三次，平均深度为砂面深度。

④ 核实砂面深度后，上提 2 根油管。

三、安装自封封井器

① 将提出的第二根油管架起，先套入自封上压盖，再套入自封胶皮，安装时要露出油管公螺纹以上 50cm，便于使用管钳上扣。

② 在井口油管接箍位置依次套入大钢圈、下压盖。然后将带有自封胶皮和上压盖的油管提起，用 1200mm管钳与井口油管连接、上紧。

③ 油管下放至井内，在吊卡接近井口时穿入螺栓，扶正油管居中。当大钢圈进入大四通与下压盖钢圈槽内，吊卡下放压置自封上压盖，上紧自封封井器 12 条螺栓。

四、接进、出口管线

① 将活动弯头及水龙带连接在油管接箍上，水龙带要系好安全绳以免冲砂时水龙带在水击震动下脱扣掉落伤人。

② 将单流阀连接在油管管公螺纹上，要求连接紧固。全部安装完毕后，吊起油管与井内管柱连接，用液压钳上紧螺纹防止脱扣。

③ 连接地面进、出口管线。进口是由水龙带、地面硬管线将井内油管与泵车相连。出口由地面硬管线将套管闸门与防污沉砂罐连接在一起。

④ 把泵车的进口管线、防污沉砂罐的出口管线、罐车的放水管线放在同一储液罐内，这样就可以进行循环冲砂施工。

五、冲下单根

① 打开罐车闸门，将拉来的冲砂液放入地面罐内，开泵循环洗井，观察泵车压力及排量的变化情况。

② 当出口返液排量正常后缓慢加深管柱，同时用水泥车向井内泵入冲砂液，如有进尺则以 0.5m/min 的速度缓慢均匀加深管柱。

③ 冲砂时要尽量提高排量，不得低于 25m^3/h，保证把冲起的沉砂带到地面，同时观察出口返液情况。

六、接换单根

① 当油管全部冲入井内后，要大排量打入冲砂工作液，循环洗井 15min 以上，保证井筒内冲起的沉砂不会在换单根时沉降卡管柱。

② 水泥车停泵后砸开弯头，连接在下一根已经接好活接头的油管上，同时卸下井口活接头。然后提起带有水龙带的油管与井内管柱相连接，上紧螺纹，上提 1～2m 开泵循环，待出口排量正常后，缓慢下放管柱冲砂。

③ 当连续冲下 5 根油管后，必须循环洗井 1 周以上，再继续冲砂至人工井底或设计要求深度。

七、洗井返砂、回探砂面

① 冲砂至人工井底或设计要求深度后，上提管柱 1～2m，大排量充分循环洗井，一般要冲洗井筒 2 周，在这期间要不断观察出口返砂情况，当出口含砂量小于 0.2%时，达到施工要求。

② 冲砂结束后，上提管柱至原砂面 10m 以上，关井。沉降 4 小时后回探砂面，记录砂面深度。

八、归纳总结

① 常规冲砂施工必须在压住井的情况下进行。

② 冲砂弯头及水龙带用安全绳系在大钩上，防止落物而发生伤人事故。

③ 冲砂至人工井底（灰面）等设计深度后，应保持 $0.4m^3/min$ 以上的排量继续循环，当出口含砂量小于 0.2%时为冲砂合格。

④ 禁止使用带封隔器、通井规等大直径的管柱冲砂。

⑤ 井口操作人员、作业机操作人员、泵车操作人员要密切配合，根据泵压、出口排量来控制下放速度。

⑥ 冲砂施工要特别注意防火、防爆、防中毒，避免发生事故。

⑦ 冲砂施工中途若作业机等提升设备出故障，必须进行彻底循环洗井。若水泥车出现故障，应迅速上提管柱至原砂面以上 30m（如果是组合套管内冲砂，在确保上提原砂面以上 30m 前提下，还要保证上提到悬挂器位置 10m 以上），并活动管柱。

⑧ 要有专人观察冲砂出口返液情况，若发现出口不能正常返液，应立即停止冲砂施工，迅速上提管柱至原砂面以上 30m，（如果是组合套管内冲砂，要上提到悬挂器位置 10m 以上）并反复活动管柱。

九、思考练习

① 简述油气水井出砂的原因和防砂的方法。

② 简述冲砂操作过程。

项目五　冲捞

在井下打捞对象上部覆盖泥砂等脏物的情况下，如果直接打捞，容易造成打捞失败或卡住打捞管柱，为保证打捞成功率，需要先冲洗鱼顶然后再实施打捞。在打捞封隔器时，循环冲洗还能达到防喷作用。

【知识目标】

了解冲捞对象的特点，掌握冲捞标准操作技能。

【技能目标】

能在冲捞施工过程中能够达到熟练、规范、安全操作。

【背景知识】

一、可捞式桥塞

Y445 可捞式桥塞是一种井下封堵工具。主要由座封机构、锚定机构、密封机构等部分组成。采用独特的自锁定结构，具有可靠的双向承压功能，无需上覆灰面，即可实现可靠密封。可取式桥塞用电缆座封工具或液压座封工具座封，需要时可解封回收、重复使用。它可以进行临时性封堵、永久性封堵、挤注作业等，还可与其他井下工具配合使用，进行选择性封堵和不压井作业等，结构如图 5-5-1 所示。

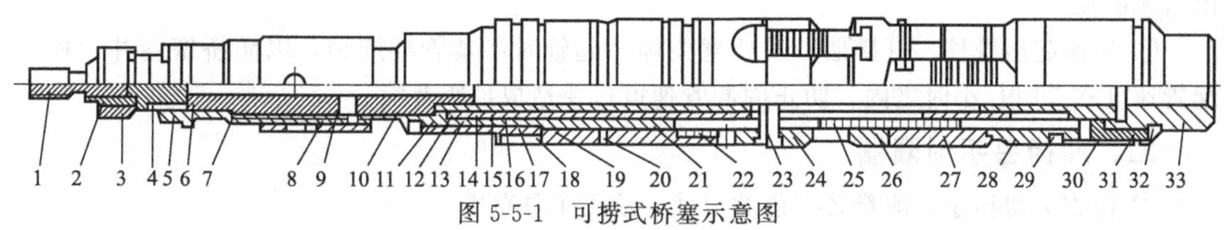

图 5-5-1　可捞式桥塞示意图

1—拉断螺栓；2—上接头；3—安全帽；4,8,9,11,17—密封圈；5—打捞头；6—上芯轴；7—剪钉；10—密封管；12—下芯轴；13—锁环套；14—中心管；15—锁环；16—承载环；18—上压帽；19—挡圈；20—隔环；21—胶筒；22—下压帽；23—轨道销钉；24—上锲体；25—衬套；26—卡瓦托；27—卡瓦；28—下锲体；29,32—稳钉；30—调节环；31—托环；33—下接头

二、丢手工具

丢手工具是封隔器的配套工具，主要作用是连接在需要丢入井内的封隔器上部，通过油管下入井内，待工具下至设计深度后投球打压丢掉，起出丢手头以上的管柱，达到丢封的目的。结构如图 5-5-2 所示。

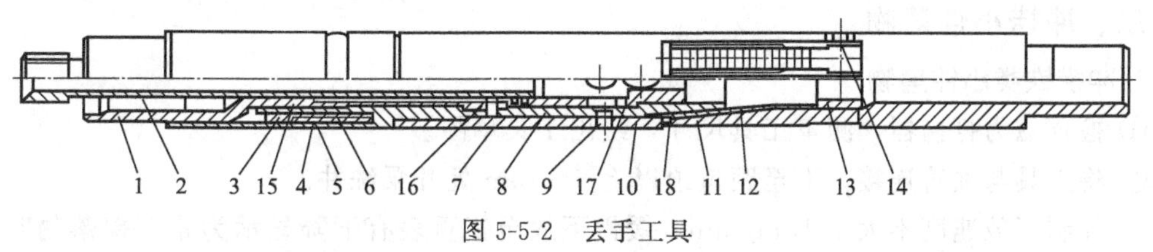

图 5-5-2　丢手工具

1—丢手接头；2—连杆；3—皮碗压环；4—护套；5—上接头；6—防砂皮碗；7,14—固定螺钉；8—球座；9—剪断销钉；10—上卡瓦壳体；11—上锥体；12—卡瓦；13—卡瓦挡环；15,16,18—O 型密封圈；17—钢球

三、小件落物

小件落物指螺丝、小工具、钢球、钳牙、卡瓦碎片、碎散胶皮等落入井筒并对油气水井生产或作业产生影响的体积较小的落物。

【技能训练】

一、冲捞可捞式桥塞

① 检查桥塞专用打捞器，测量各部位尺寸，绘出工具草图。

② 将桥塞专用打捞器连接在油管上，匀速将工具下入井内，当打捞工具下至桥塞坐封位置以上 50m 时，减速慢下。当打捞器下至距桥塞 3～5m 时，接好地面循环洗井管线。

③ 启动水泥车，选用设计洗井液循环冲洗，边冲边下放管柱，打捞工具接近桥塞顶部 0.5m 时停止下放管柱，继续循环洗井，将桥塞上部沉砂及杂物从井底返出井口。

④ 边冲洗边下放管柱，遇阻后加压 30～50kN，缓慢上提管柱同时观察指重表，若在原悬重基础上增加 20～30kN 后又降至正常悬重，证明桥塞已成功解封。上提 3m 后，再次下放 5m 探桥塞，确保桥塞捞获。如上提遇卡，在设备提升安全负荷范围内上下活动解卡，若不能解卡，在保持桥塞捞筒承受 10～20kN 拉力的情况下正转管柱，使打捞工具与桥塞脱开。

⑤ 桥塞解封后继续循环洗井脱气，洗井液液量不少于井筒容积的 1.5 倍，停泵观察有无溢流。若有溢流，分析原因，适当加大洗井液比重，循环至进出口液性一致，直至停泵后出口无溢流。

⑥ 匀速起出管柱、打捞器以及桥塞主体，起管时严禁管柱旋转，以防桥塞落井，控制起管速度在 30 根/小时之内，防止因起管速度过快造成抽吸井喷。

二、冲捞丢手封隔器

① 检查分瓣捞矛，测量各部位的尺寸，绘出工具草图。

② 将分瓣捞矛与油管连接，匀速下入井内。

③ 工具下至距鱼顶 1～2m 处开泵洗井，出口返液正常后下放管柱打捞，待指重表悬重下降 10～20kN，缓慢试提管柱，若悬重增加，判断捞获。

④ 解封后继续循环洗井脱气，洗井液量不少于井筒容积的 1.5 倍，停泵后观察有无溢流。无溢流情况下起管柱，起管速度控制在 30 根/小时，防止因速度过快造成抽吸井喷。

⑤ 分瓣捞矛和丢手封隔器起至地面后，在捞矛接箍上垫木板或胶皮，用大锤轴向轻轻敲击，使矛杆锥面和矛抓锥面分离，用管钳等卸扣工具向退出方向旋转，退出捞矛。

⑥ 将打捞工具清洗干净，保养回收。

三、冲捞小件落物

1. 冲捞铁类小件落物

① 检查磁力打捞器，测量工具尺寸，绘出工具草图。

② 将工具与油管连接，下至距鱼顶以上 5～10m 处开泵洗井。

③ 控制下放速度不大于 15m/min，缓慢下放至指重表有下降显示为止，探落物时注意泵压变化。

④ 上提 2～3m 循环洗井，时间不少于 30min，停泵，从不同方向加压 5kN 左右打捞。

⑤ 起出管柱，带出工具，检查捞获落物情况。起管速度控制在 30 根/小时，防止因起管速度过快造成抽吸井喷。

2. 冲捞碎散胶皮等小件落物

① 检查局部反循环打捞篮零部件，检查篮筐总成是否灵活完好，用手指或工具轻顶篮爪，观察是否可以自由旋转，回位是否及时、灵活，检查水眼是否畅通。

② 卸开提升接头，测量钢球直径是否合格，并将钢球投入工具内，检查钢球入座情况是否正常。测量各部位尺寸，绘出工具草图。

③ 将工具与油管连接，下至距井底以上 3～5m 处开泵洗井，出口返液正常后投入钢

球，开泵洗井送球入座，当泵压略有升高时说明球已入座。

④ 慢慢下放管柱至预定井深，再略上提1～2米之后，用较快的速度下放至井底0.2～0.3米以上，如此反复操作几次。

⑤ 起出管柱及工具，检查捞篮内捞获落物情况，回收钢球，清洗干净，涂油，存入提升短节球腔之内。起管时严格控制速度不超过30根/小时，防止因起管速度过快造成抽吸井喷。

四、归纳总结

① 查找井史资料，落实井内打捞对象型号及尺寸，合理选择打捞工具。

② 工具与油管连接紧固，防止下管柱时脱扣。

③ 开泵洗井正常后，方可进行冲捞。

④ 若打捞后遇卡，在安全要求的负荷内反复活动管柱进行解卡。

⑤ 桥塞和封隔器解封后，循环洗井脱气，观察无溢流情况下方可起管柱。

⑥ 起大直径工具，控制起管速度30根/小时，防止因起管速度过快造成抽吸井喷。

⑦ 打捞封隔器前通井落实套管质量。

⑧ 若打捞工具以上沉砂较多，需要先下冲砂管冲砂，再实施冲捞。

五、思考练习

简述冲捞可捞式桥塞操作程序。

项目六　挤水泥

挤水泥是油田修井作业中的一项重要工艺技术，主要用于封窜、封层、封井和堵水，了解并熟练掌握挤水泥方法和操作技能，可有效防止挤水泥施工中工程事故的发生，是安全、高效、优质完成施工任务的重要保障。

【知识目标】

了解水泥承留器的工作原理，掌握常用的挤水泥方法。

【技能目标】

能够按照标准和程序实施挤水泥操作。

【背景知识】

一、常用挤水泥方法

随着油田开发进程的不断加快，油层出水、水窜、地层漏失及套管腐蚀情况越来越严重，解决这些问题，主要靠挤水泥来完成。固井质量不合格、封堵枯竭的已射产层，也通过挤水泥来完成。因地质条件、油井状况和工艺目的的不同，所采取的挤水泥方法也不同。目前，修井作业常用的挤水泥方法有光油管挤入法、水泥承留器挤水泥法、空井筒加压挤入法。

(一) 光油管挤水泥法

挤水泥管柱下至挤注目标层以上10～20m，从油管挤注水泥浆，当水泥浆在射孔炮眼

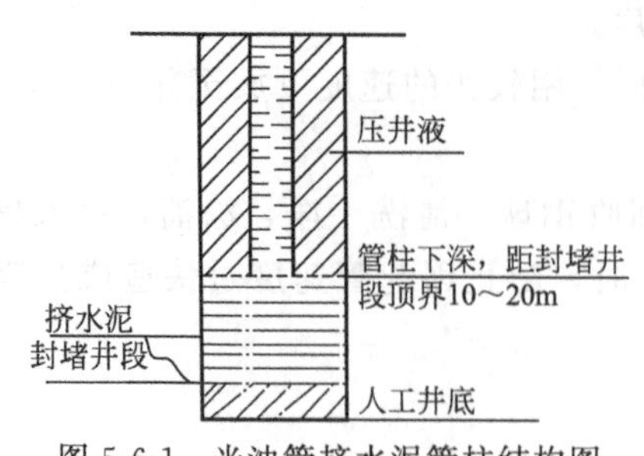

图 5-6-1　光油管挤水泥管柱结构图

或喉道处失水形成滤饼时，泵压明显上升，此时停止挤注，进行洗井，洗出多余水泥浆，上提管柱候凝（图 5-6-1）。该方法适用于老井、套管密封压力不准及地层吸收情况不确切的井。

该技术特点是水泥浆液柱产生的压力较大，油管挤注压力较低，套管压力较高。水泥浆量充足，具有一定的安全性，但失水压力不易掌握，对失水量的控制是挤注成功的关键，浅井、高渗透率及地层胶结松散的井不宜采用此方法。

若目标井段以下还有其他射孔井段，则需先在目标层底界以下 10m 处打水泥塞或者下入可钻式封隔器，然后进行挤水泥作业。

（二）水泥承留器挤水泥法

水泥承留器主要用于对油、气、水层封堵或二次固井，通过承留器将水泥浆挤注进入需要封固的井段或进入地层裂缝、孔隙，以达到封堵和补漏的目的。水泥承流器有套阀式和机械式两种。

套阀式水泥承留器的工作原理是将水泥承留器与液压坐封工具相连，通过油管下入坐封深度后投球打压，使水泥承留器坐封并完成丢手，起出液压坐封工具，下入密封插管，插入水泥承留器中，建立挤水泥通道，实施挤水泥施工，如图 5-6-2 所示。

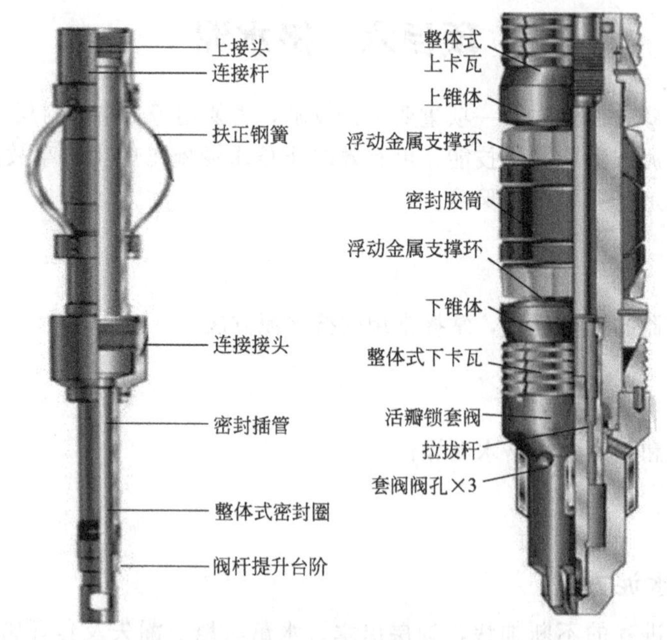

图 5-6-2　套阀式水泥承留器及坐封工具示意图

机械式水泥承留器工作原理是将水泥承留器与机械坐封工具连接，通过油管下放到预定位置，上提、旋转、再下放，使得上卡瓦释放，提拉管柱坐封水泥承留器，旋转丢手，再次将机械坐封工具插入承留器中，打开阀体，即可进行挤注水泥作业，如图 5-6-3 所示。水泥承留器挤水泥主要用于挤注层上部套管承压不可靠的井及挤注量无法预计的井或隔层挤注。技术特点是洗井时水泥浆不外吐，挤注层带压候凝，挤注时安全性较高，但钻水泥塞较费

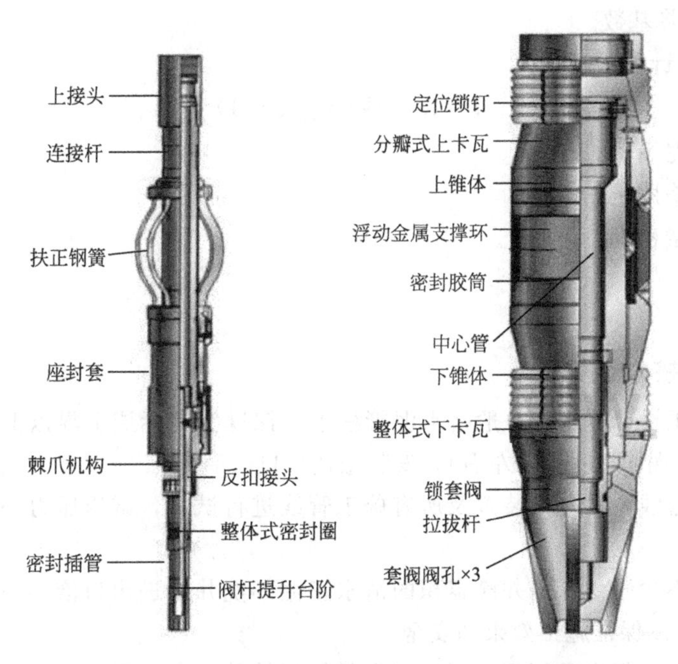

图 5-6-3　机械式水泥承留器及坐封工具示意图

时。井径较小时插入管内径较小，易堵塞。

（三）空井筒加压挤入法

空井筒直接挤入水泥浆的条件是挤水泥时地层有吸收量，能够使水泥浆进入井筒。其技术特点是整个施工过程不下管柱，水泥浆量充足，挤注压力较低，不洗井，带压候凝，防止水泥浆外吐。该方法主要用于挤注松散的浅水层或工程报废井封井。

二、水泥浆用量计算

1. 挤封堵射孔井段时水泥浆用量计算公式

$$V=(3.8-4.7)R^2\Phi h \tag{5-6-1}$$

式中　V——水泥浆用量，m^3；

R——挤封半径，m；

Φ——有效孔隙度，%；

h——挤封目标层厚度，m。

2. 封窜时水泥浆用量计算公式

$$V=(3.8-4.7)(R^2-r^2)h \tag{5-6-2}$$

式中　V——水泥浆用量，m^3；

R——原裸眼半径，m；

r——套管半径，m；

h——封窜段长度，m。

3. 堵漏时水泥浆用量计算公式

$$V=KV_1 \tag{5-6-3}$$

式中　V——水泥浆用量，m^3；

K——系数，1～4；

V_1——水泥浆基数。

4. 干水泥用量计算公式

$$t=1.456V(\rho_{水泥浆}-1) \tag{5-6-4}$$

式中 t——干水泥用量，t；

V——水泥浆用量，m^3；

$\rho_{水泥浆}$——水泥浆密度，g/cm^3。

【技能训练】

一、光油管挤水泥

① 下光油管至设计深度（一般挤水泥管柱下入深度为目标层上界以上 10～20m，或下至设计要求完成水泥面以上 2m 左右），安装悬挂井口。

② 连接施工管线，对井口装置及所有施工管线进行试压，试压压力一般为工作压力的 1.2～1.5 倍。

③ 洗井，用不少于 1.5 倍井筒容积的清水正循环洗井至进出口液性一致，将井内气体及杂质脱离干净，以保证施工效果和安全。

④ 测吸收量，关闭出口闸门，用泵车向目标层持续注水，当压力稳定后，记录在稳定压力下的注入量和时间（不小于 5min），根据目标层的吸收量来确定水泥浆用量。

⑤ 配水泥浆，配置符合要求密度和数量的水泥浆。

⑥ 挤水泥浆，正替入设计要求的水泥浆，将水泥浆推送至目标层位后关闭套管闸门，继续从油管内加压泵入水泥浆，直到达到设计要求的水泥浆量。也可持续挤入水泥浆，直至泵压持续升高至设计安全压力为止。如果井内压井液为非清水，则按油管及油套环空容积比在替入水泥浆前后依次替入前隔离液和后隔离液。

⑦ 替顶替液，用与井筒内液体液性相同的液体正替水泥浆至油套平衡。顶替液必须与井筒内液体的液性、密度相一致，控制顶替排量为 300～400L/min，顶替压力不超过设计安全值。

⑧ 反洗井，接反洗井管线，进行反循环洗井，洗出油管内外壁附着的残余水泥。

⑨ 上提管柱 100m 以上，或者起出全部管柱。

⑩ 候凝，关闭井口，常规井关井候凝 24～48h，特殊井依据水泥浆性能、添加剂浓度、水泥浆量可以延长候凝时间至 72～96h。

⑪ 回探水泥面，按规定时间候凝后，加深管柱实探水泥面，加压 10～20kN，反复探 3 次，探灰面后必须上提管柱至候凝深度以上。

⑫ 试压，按设计要求对目标层进行试压。

二、水泥承留器挤水泥

① 通井落实井底深度。

② 刮削套管，在水泥承留器坐封位置来回刮削三次以上，并循环洗井，清理井壁。

③ 将水泥承留器与油管相连，控制速度下至设计坐封深度，坐封后丢手，将插入管上提至水泥承留器坐封深度以上 1～2m。

④ 循环洗井，具体要求同光管柱挤水泥方法中循环洗井步骤。

⑤ 缓慢下放管柱，使插管打开阀体，在水泥承留器上加压 40～80kN，防止挤封过程中

压力过大将插管上顶。

⑥ 测吸收量，配水泥浆，挤水泥浆，替顶替液。具体要求同光油管挤水泥中的相关步骤。

⑦ 保持管柱压力，上提管柱拔出插管，大排量反循环洗井，洗出井内多余的水泥浆。

⑧ 起出插管，关井候凝。

三、空井筒挤水泥

① 清水灌满井筒，如果井内油污较多，则下光油管循环洗井，起出管柱后再灌满井筒。

② 测吸入量，同光油管挤水泥中测试吸收量方法。

③ 配水泥浆、挤水泥浆、替顶替液，具体要求同光油管挤水泥中相关步骤。

④ 关井候凝。

四、归纳总结

① 挤水泥管柱应丈量准确、详细记录并计算正确。

② 提前检查好提升设备、循环设备等，使其处于良好工作状态。

③ 地面流程必须使用硬质管线并试压合格，各闸阀开关灵活，储液罐内备好足量的压井液。

④ 配置水泥浆密度、用量及顶替量必须计算准确。

⑤ 挤水泥施工过程中必须保持提升设备运转正常，如果提升设备发生故障，应立即反循环洗井干净后上提管柱。如在管柱被卡且洗不通的情况下，要不停地活动管柱。

⑥ 挤水泥过程中，最高压力不得超过套管抗挤强度的70％。

⑦ 整个挤水泥施工时间不得超过水泥浆初凝时间的70％。

⑧ 候凝时间达到设计要求后方可回探。

⑨ 挤水泥之前对目标层以上的套管进行试压，试压不合格则需对目标层以上套管进行找漏，并采取相关措施封堵漏失部位或者下封隔器对上部套管进行保护，否则不允许下光油管挤水泥，以免发生卡管柱事故。

五、拓展知识

对于一些漏失严重的井，若使用普通方法挤水泥，可能会出现以下危害：水泥浆低返，不能按设计要求封隔底层；影响顶替速率和胶结质量，影响挤封堵质量，造成目标层与其他层互窜。为了提高漏失井挤水泥成功率，下面介绍一种稠油漏失井挤水泥方法，主要施工步骤如下。

① 通井，热洗井：依据正常通井操作规程进行通井，通井至人工井底，用井筒容积2～4倍的热污水洗井，洗出井内稠油。

② 丢封：若挤封目标层以下有其他射孔井段，需要在目标层下部打一个可钻式封隔器或可钻式桥塞。

③ 验套：下封隔器检验挤封目标层以上套管的完好性和抗压性，确保挤水泥安全。试压压力的大小根据挤水泥的最高压力而定。

④ 下管柱：下挤水泥管柱，井口使用法兰悬挂式井口。

⑤ 试压：对井口及挤水泥管线试压。

⑥ 降温：对于采用蒸汽吞吐方式开采的稠油井，因井温高需注入清水降温。

⑦ 挤水泥：

第一阶段：漏失阶段。

先从油管挤入水泥，此时因井漏井内的液面不在井口，井筒内有部分是空的，油套环空压力为负值，当地层的吸收量大于油、套的注入量时，油管内的水泥浆不会从管鞋上返到环空。

第二阶段：压力恢复阶段。

当地层吸收量小于油套注入量时，油、套的流体有一部分进入地层，另一部分向没填满的空间进入。一般情况下套管环空容积要大于油管的内容积，在油、套注入流体的排量相同时，流体先充满油管后再充满套管环空，即水泥浆从管鞋上返到环空。因水泥浆密度要远大于清水密度，所以此时必有套管压力大于油管压力。

第三阶段：带压挤入阶段。

当油套环空及油管内均充满液体时，井口起压。此时油管内全部为水泥浆，而油套环空内则充满的是清水和水泥浆。套管先起压，套管起压时应继续从套管打入清水，当 $P_{套}-P_{油}=(\rho_{水泥浆}-\rho_{清水})gH_{管柱}$ 时，套管环空没有水泥浆，全部充满清水。套管停止泵入清水，关闭套管闸门，继续从油管挤入水泥浆。

挤水泥排量：根据设备能力和条件尽量采取最大的排量，但如果挤水泥压力过高，可适当降低泵入排量或水泥浆密度，使挤水泥压力降低。挤水泥过程应连续不间断，间断后可能会导致泵压升高或升高压力超过炮眼处水泥浆全部失水压力而挤不动。

最高泵压 P_A＜炮眼处水泥浆全部失水压力的80％－油层中部的液柱压力

最高泵压 P_B＜套管抗内压的80％－井底液柱压力

最高泵压 P_C＜地层挤毁压力－油层中部液柱压力

最高泵压 P_D≤设备能力

在上述 P_A、P_B、P_C 与 P_D 中，如果相互矛盾，则调节水泥浆性能，降低炮眼处水泥浆全部失水压力。

第四阶段：替挤阶段。

当挤入的水泥浆（或挤水泥压力）达到设计要求时停止挤入，进行替挤，将水泥浆顶出管鞋（顶入量为油管内容积），关闭油管闸门。开启套管闸门，从套管挤入顶替液将水泥浆顶到预定位置。

⑧ 关井候凝。

六、思考练习

① 挤水泥施工前的准备工作有哪些?

② 简述光油管挤水泥操作程序。

项目七 注水泥塞

常规修井作业中，为了进行回采油层、找窜封窜、找漏堵漏、上部套管试压等，往往需进行注水泥塞施工，在井内某一井段形成坚固的水泥塞。又由于注水泥塞施工步骤较多、数据要求准确、施工周期较长，所以是常规修井作业中一项重要且复杂的施工工序。

【知识目标】

① 了解注水泥塞用的工具组成。

② 掌握测量水泥浆密度的操作方法。

③ 掌握连接管线的操作要点、拆装井口的操作要点、水泥塞施工的操作方法。

【技能目标】

① 能够正确使用水泥浆密度计，能够正确连接进出口管线。

② 能够正确开关闸门，操作员工注水泥塞施工过程中能够达到熟练、规范、安全操作。

【背景知识】

一、配制水泥浆参数

注水泥塞施工中，只有准确配制出水泥浆，才能达到设计要求和预期效果。配制水泥浆相关的技术参数和数据见表 5-7-1。

表 5-7-1 配制水泥浆相关技术参数和数据

序号	配浆量/L	水泥浆密度/(kg/cm³)	水泥用量/kg	水泥袋数/(50kg/袋)	清水用量/L
1	400	1.85	498.1	10	244
2	500	1.85	622.625	12	305
3	600	1.85	747.15	15	366
4	700	1.85	871.675	17	427
5	800	1.85	996.2	20	487
6	1000	1.8	1172	23	632
7	1500	1.8	1758	35	949
8	2000	1.8	2344	47	1265
9	2500	1.8	2930	59	1518
10	3000	1.8	3516	70	1897
11	3500	1.8	4102	82	2214
12	4000	1.8	4688	94	2530
13	4500	1.8	5274	105	2846
14	5000	1.8	5860	117	3162
15	5500	1.8	6446	129	3479
16	6000	1.8	7032	141	3795
17	6500	1.8	7618	152	4111
18	7000	1.8	8204	164	4427
19	7500	1.8	8790	176	4744
20	8000	1.75	8790	176	5245
21	8000	1.8	9376	188	5060
22	8000	1.83	9727.6	195	4949
23	8500	1.75	9339.375	187	5573
24	8500	1.8	9962	199	5376
25	8500	1.83	10335.575	207	5258

续表

序号	配浆量/L	水泥浆密度/(kg/cm³)	水泥用量/kg	水泥袋数/(50kg/袋)	清水用量/L
26	9000	1.75	9888.75	198	5901
27	9000	1.8	10548	211	5692
28	9000	1.83	10943.55	219	5568
29	10000	1.75	10987.5	220	6556
30	10000	1.8	11720	234	6325
31	10000	1.83	12159.5	243	6186

计算公式为

$$G=Vr_1(r_2-r)/(r_1-r)$$

即

$$G=1.465V(r_2-r)$$

式中 G——所需干水泥总质量，kg；

V——需配水泥浆的体积，L；

r_2——需配水泥浆密度，kg/L；

r_1——干水泥密度，一般取 3.15kg/L；

r——水的密度一般取 1kg/L；

Q——清水用量，$Q=V-G/r_1$。

二、泥浆比重计

泥浆比重计用于井场或实验室内测量泥浆的重量（单位为 g/cm³），是一个不等臂的天平，它的杠杆刀口搁在可固定安装在工作台的座子上，杠杆左侧为有刻度的游码装置，移动游码可在标尺上直接读出泥浆重量，杠杆的平衡可由杠杠顶部的水平泡指示，如图 5-7-1 所示。

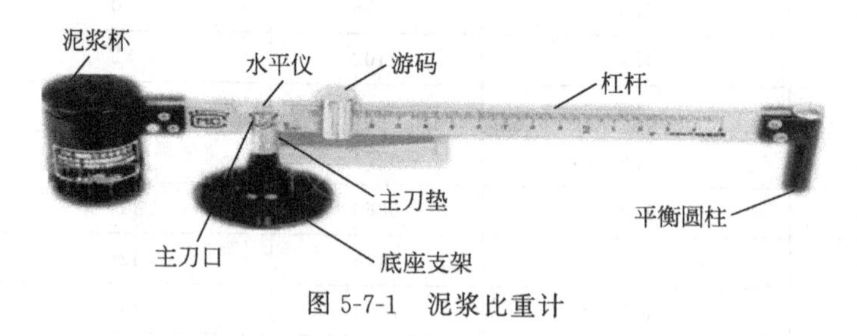

图 5-7-1 泥浆比重计

【技能训练】

一、配制水泥浆

① 按设计要求在 2m³ 罐内加入清水，并向罐内均匀地加入设计量的水泥，边加边搅拌并边测量密度（密度应在规定范围内），直到液体均匀混合为止。

② 加完设计量的水泥后，用铁锹将其循环均匀，用水泥浆密度计测量其密度，达到设计要求为合格。

二、正替水泥浆

① 打开油管和套管闸门，准备好正替水泥浆管线。

② 用水泥车正替入罐内的全部水泥浆。

三、正顶替水泥浆

① 用水泥车向井内打入顶替液，将水泥浆顶替到预定位置。

② 当顶替完设计要求的顶替液量后，停泵。

③ 迅速卸开井口管线，卸掉井口装置。

④ 上提油管，完成反洗井管柱（应完成在预计水泥塞面以上 1.5～2m 的位置）。

⑤ 装好采油树，上紧顶丝及螺栓。

四、反洗水泥浆

① 将正注水泥塞管线倒成反循环洗井管线。

② 用清水反循环洗井，将多余的灰浆全部洗出。

五、候凝

① 卸掉井口装置，上提油管至设计水泥面位置 100m 以上，完成候凝管柱。

② 装好井口，向井筒内灌入同性能压井液，关井候凝 24～48h。

六、回探灰面

① 拆开井口，加深油管回探灰面，确定灰面深度。

② 确认深度后上提管柱 20m，装好井口。

七、试压

对所注水泥塞进行试压，保证灰塞密封合格。

八、归纳总结

① 配制水泥浆过程中，水泥枪必须两个人同时握住，在罐内来回晃动刺起沉底的水泥。

② 配制水泥浆过程中，施工人员需带好防尘口罩。

③ 配制水泥浆需安排紧凑，一般在 20min 内完成。

④ 配制水泥浆过程中，应避免将水泥碎纸袋掉入罐内，发现水泥结块、失效，要停止使用。

⑤ 计量顶替量一定要准确，必须始终在一个固定位置计量。

⑥ 从顶替水泥浆到反洗井结束，应在 30min 内完成。

⑦ 注水泥塞施工过程中，中途不得随意停泵，若施工中途水泥车出现故障，应立即卸开管线，卸掉采油树，起出井内油管。

⑧ 注水泥塞过程中，作业机不得熄火，若施工中途作业机出现故障，应立即开泵循环，洗出井内水泥浆。

⑨ 对灰塞试压前，需反循环洗井，防止油管堵塞，试压失真。

九、思考练习

① 简述注水泥塞施工步骤。

② 简述注水泥塞施工中的技术要求及注意事项。

项目八　钻水泥塞

钻水泥塞是修井作业中的一项重要施工任务，是通过钻具旋转并使用循环设备将留在套管或井眼内的凝固水泥塞进行钻磨并将水泥屑返出地面的一项工艺。钻水泥塞的主要驱动设备有螺杆钻、动力水龙头和转盘。下返回采、封串、堵漏、堵层及二次固井等许多施工都需要钻水泥塞。

【知识目标】

① 了解钻水泥塞所需要的设备、工具。

② 掌握钻水泥塞操作技能。

【技能目标】

能够使用螺杆钻实施钻水泥塞操作，在钻水泥塞施工过程中能够达到熟练、规范及安全操作。

【背景知识】

一、螺杆钻组成及工作原理

螺杆钻是一种以修井液为动力，把液体压力能转为机械能的容积式井下动力钻具。水泥车泵出的修井液流进入马达，在马达的进、出口形成一定的压力差，推动转子绕定子的轴线旋转，并将转速和扭矩通过万向轴和传动轴传递给钻头，从而实现钻磨作业。

螺杆钻具由旁通阀、马达、万向轴、传动轴和防掉等五大总成组成，如图 5-8-1。

图 5-8-1 螺杆钻结构示意图

1. 旁通阀

旁通阀由阀体、阀套、阀芯及弹簧等部件组成，在压力作用下阀芯在阀套中滑动，阀芯的运动改变了液体的流向，使得旁通阀有旁通和关闭两个状态。

2. 马达

马达由定子、转子组成。定子是在钢管内壁上压注橡胶衬套而成，其内孔是具有一定几何参数的螺旋；转子是一根有硬层的螺杆。转子与定子相互啮合，用两者的导程差而形成螺旋密封腔，以完成能量转换。马达转子的螺旋线有单头和多头之分。转子的头数越少，转速越高，扭矩越小；头数越多，转速越低，扭矩越大。

3. 万向轴

万向轴的作用是将马达的行星运动转变为传动轴的定轴转动，将马达产生的扭矩及转速传递给传动轴和钻头。

4. 传动轴

传动轴的作用是将马达的旋转动力传递给钻头，同时承受钻压所产生的轴向和径向负荷。

二、螺杆钻操作方法

① 下井前检查：检查旁通阀的灵活性，用木棒压下阀芯，然后松开，阀芯在弹簧力的作用下，恢复正常，反复压下 3～5 次，阀芯无卡阻，运动灵活。将螺杆钻与水泥车相连，开泵，旁通孔封闭，马达启动，驱动接头旋转，停泵后，阀芯复位，液体从旁通孔泻出，判断螺杆钻正常。

② 下井：螺杆钻下井时平稳操作，下管速度小于 1.5m/s，下至距水泥塞面 2～3m 时，开始循环，下钻过程中严禁顿钻。

③ 钻进：钻进前应充分清洗井底，并测循环泵压，循环正常后缓慢施加钻压钻进。

④ 起钻：平稳起出检查，用清水冲洗旁通阀，排出钻具内的残余液体。

【技能训练】

一、使用螺杆钻钻水泥塞

① 地面检查，将螺杆钻与循环设备连接，开泵观察螺杆钻具的工作情况，检查旁通阀是否能自动打开或关闭，不符合要求严禁下井。

② 下钻具，管柱组合自下而上依次为：钻头、螺杆钻、加压油管、缓冲器、油管。

③ 连接进出口管线和循环设备，在循环设备与井口之间的管线串联地面过滤器，对管线试压。进口水龙带采取防脱及防掉落措施，出口管线固定。

④ 钻头下至距离水泥面 5m 处开泵循环冲洗，循环正常后缓慢下放钻具，加压 5～10kN 开始钻磨。循环液为清水时，环空上返速度不小于 0.8m/s。

⑤ 每钻进 3～5m 划眼一次。钻进过程中密切观察施工参数变化，如发现排量不变、泵压及钻速明显下降，考虑井下钻具、工具有断、脱或破裂等情况发生。

⑥ 接单根之前充分循环洗井，时间不小于 15min。

⑦ 钻塞中途若要停泵，应将钻头提至原水泥塞面以上 20m，并活动管柱，防止卡钻。

⑧ 钻至设计深度，充分循环，替出井内钻屑。

⑨ 起出井内钻具，完成钻水泥塞施工。

二、归纳总结

① 下井工具尺寸准确，符合设计要求，管柱组合清楚，并有记录和示意图。

② 下钻时井口必须安装井控装置，并安装合格的指重表或拉力计。

③ 钻塞前保证塞面无任何落物。

④ 使用螺杆钻具时，修井液必须清洁无杂质，并符合保护地层要求。

⑤ 每钻进 3～5m 划眼一次，钻进过程中防止损伤套管。钻进无进尺时应停止钻进，起出钻具，分析原因，采取合理措施。

⑥ 所钻水泥塞下为射开高压层时，必须有防井喷措施。

⑦ 接单根之前必须充分洗井，防止钻屑卡钻。

⑧ 钻穿水泥塞至设计深度后，应通井、刮管并洗井，确保井内无残留水泥环。

⑨ 油管螺纹密封完好，上扣扭矩符合要求，保证钻塞管柱密封不漏失。

⑩ 使用磨鞋钻水泥塞时，硬质合金镶嵌最大直径不能超过磨鞋体外径。

⑪ 钻塞施工前对循环管线试压，施工过程中密切观察泵压，防止因堵钻造成泵压突然升高，发生高压伤人事故。

⑫ 水泥塞钻通后充分循环洗井，观察出口排量，若出口排量增大，立即停止循环，分析原因，采取增加压井液比重等措施，防止发生井喷事故。

三、拓展知识

动力水龙头是一种新型钻、修井设备，由液压马达驱动，与螺杆钻相比，具有扭矩大、转速高及钻磨效率高的特点，可实现反循环钻磨，如图 5-8-2 所示。使用动力水龙头钻水泥塞操作步骤如下。

① 在探灰面遇阻的末根油管上做好记号，量出方余，起出末根油管，安装好自封。

② 连接好液压管线，吊装水龙头，现场调试正反转，连接好反扭矩力臂。

③ 使用小绞车配合，将水龙头与油管连接，将固定反扭矩力臂的钢丝绳穿过力臂孔，上提油管，到达高度后，拉紧固定反扭矩力臂的钢丝绳，将提起的油管对接井内的油管，缓慢上扣，井口附近不得站人，防止反扭矩力臂摆动伤人。在上提油管过程中，专人检查和送放液压管线，防止管线刮碰。

④ 上提管柱，记录吨位，开泵循环（优先选用反循环），出口返液正常后，启动动力水龙头，边旋转边下放管柱，加压为 10～30kN，钻塞过程中如反扭矩过大，适当减小钻压，适当调整油门，保证转速在 60～70r/min。

⑤ 钻完一根油管后，循环彻底，更换单根。

⑥ 钻铣施工结束，循环彻底后停泵，泄压，反方向卸扣，卸下水龙头，专人配合将液压管线盘放整齐，卸掉反扭矩力臂及钢丝绳，将水龙头放置到撬上，熄火停止作业。

图 5-8-2 动力水龙头

四、思考练习

简述使用螺杆钻钻水泥塞的操作步骤。

学习情境六

打捞作业

在油气水井的开发生产、维护过程中，由于生产所处的区域地质因素，开发前期的工艺水平、工程设计、开发资金等因素，采油或注水工艺水平、生产井的管理水平，各类新工艺、新工具的实验因素，各种增产措施及油层改造措施等，都可能造成生产井不能正常工作。特别是由于井下落物和各类卡钻，使生产井停产，有时还会造成油气水井报废。因此，打捞作业已成为油田的一项重要工作，而采用科学合理的打捞工艺，迅速有效地处理井下事故，是保障油田正常生产的一项重要措施。这样就需要针对不同类型的井下落物，采取相应的打捞工具，捞出井下落物，恢复油气水井正常生产。捞出井下落物的作业过程称为打捞作业。按落物名称性质划分，井下落物类型主要有：管类落物、杆类落物、绳类及小件落物。

项目一　管类落物的打捞

在油气水井生产、实施工艺技术措施或修井过程中，油管或钻杆脱扣、折断或顿钻经常造成断落事故。常见的打捞管类工具有公锥、母锥、滑块卡瓦打捞矛、接箍捞矛、可退式打捞矛、可退式打捞筒、开窗打捞筒等，具体见表 6-1-1。

表 6-1-1　常见打捞管类落物工具

工具名称	适用条件	
公锥	鱼顶带接箍或接头	被卡落物
滑块卡瓦打捞矛		经套铣需倒扣的落物
可退式打捞矛		可能遇卡的井下落物
倒扣捞矛		遇卡落物或经套铣出的部分落物
油管接箍捞矛	油管接箍完好及下部落物无卡	
水力捞矛	内径较大的落物及下部落物无卡	
母锥	鱼顶为油管、钻杆本体等落物	
可退式打捞筒	鱼顶外径基本完整而可能有卡的井下落物	
倒扣捞筒	鱼顶外径基本完整，部分可倒出的落物	
开窗打捞筒	鱼顶外径基本完整并带有接箍或台肩的无卡落物	

【知识目标】

① 掌握常用管类打捞工具的分类。
② 了解常用管类落物打捞工具的操作步骤。

【技能目标】

① 认识管类落物打捞常用的工具。
② 掌握常用管类工具的打捞操作。

【背景知识】

1. 公锥

公锥是一种专门从油管、钻杆、套洗管、封隔器、配水器、配产器等有孔落物的内孔进行造扣打捞的工具。这种工具对于带接箍的管类落物，打捞成功率较高。公锥与正、反及其他工具配合使用，可实现不同的打捞工艺。

2. 母锥

母锥与公锥的使用方法基本相同。不同之处是：公锥适用于打捞壁厚较大的管体，如钻铤、钻杆接头或加厚部分等，并且是在管体水眼中造扣；而母锥适用于打捞壁厚较薄的管体，如钻杆本体等，并且是从管体外表进行造扣。

3. 滑块卡瓦打捞矛

滑块卡瓦捞矛是在落鱼腔内进行打捞的不可退式工具。它可以打捞钻杆、油管、套铣管、衬管、封隔器、配水器、配产器等具有内孔的落物，既可以对落鱼进行打捞，又可以进行倒扣，还可以配合震击器进行震击解卡。

4. 可退式打捞矛

可退式卡瓦捞矛是通过鱼腔内孔进行打捞的工具。它既可抓捞自由状态下的管柱，也可抓捞遇卡管柱，还可按不同的作业要求与安全接头、上击器、加速器、内割刀等组合使用。其优点是在抓获落物而拔不动时，可退出打捞工具，不足之处是不能进行倒扣。

5. 卡瓦打捞筒

卡瓦打捞筒是从落鱼外壁进行打捞的不可退式工具。可用于打捞油管、钻杆、抽油杆、加重杆、长铅锤、下井工具中心管等，还可对遇卡管柱施加扭矩进行倒扣。

6. 油管接箍捞矛

接箍捞矛是专门用来捞取鱼顶为接箍的工具。这种捞矛的主要特点是：无论接箍处于较大的套管环形空间内，还是处于较小的管柱环形空间内，都能准确无误地抓住捞出。

【技能训练】

一、使用公锥打捞落物

（一）打捞施工前的准备

1. 落实井况

① 了解被打捞井的地质、钻井、采油资料，搞清井身结构、套管完好情况、井下有无早期落物等。

② 搞清落井原因，分析落井后有无变形可能及井下卡、埋等情况。

③ 计算鱼顶深度，判断清楚鱼顶的规范、形状和特征。对鱼顶情况不清楚时，要用铅模或其他工具下井探明（必要时应冲洗鱼顶）。

2. 制定打捞方案

① 绘出打捞管柱示意图。

② 制定出施工工序细则及打捞过程中的注意事项。

③ 根据打捞时可能到达的最大负荷加固井架。

④ 制定安装防卡措施，捞住落鱼后，若井下遇卡仍可以脱手。

3. 选择下井工具

根据落鱼水眼尺寸选择公锥规格。

（二）打捞步骤

① 检查打捞部位螺纹和接头螺纹是否完好无损。

② 测量各部位的尺寸，绘出工具草图，计算鱼顶深度和打捞方入。

③ 检验公锥打捞螺纹的硬度和韧性。

④ 公锥下井时一般应配接震击器和安全接头。

⑤ 下钻至鱼顶以上 1～2m，开泵冲洗，然后以小排量循环并下探鱼顶。

⑥ 根据下放深度、泵压和悬重的变化判断公锥是否进入鱼腔。

⑦ 造扣 3～4 扣后，指重表（或拉力计）悬重若上升，应上提钻杆柱造扣，上提负荷一般应比原悬重多 2～3kN。

⑧ 上提造扣 8～10 扣后，钻杆悬重增加，造扣即可结束。

⑨ 打捞起钻前，要检查打捞是否牢靠。起钻要求操作平稳，禁止转盘卸扣。

二、使用母锥打捞落物

（一）打捞操作

使用母锥打捞落物的打捞施工与公锥基本相同，主要内容如下。

① 根据落鱼水眼尺寸选择母锥规格。检查打捞部位螺纹与接头螺纹是否完好无损。

② 测量各部位尺寸，绘制草图，计算鱼顶深度与打捞方入。

③ 用相当于落鱼硬度的金属敲击非打捞部位螺纹，以此检验打捞螺纹的硬度与韧性。

④ 母锥下井时，一般应配接震击器与安全接头。

⑤ 下钻到鱼顶深度以上 1～2m 开泵冲洗，然后以小排量循环并下探鱼顶。根据下放深度、泵压、悬重的变化判断是否鱼顶进入母锥。

⑥ 造扣。造扣时，落鱼尺寸不同，造扣压力也不同。落鱼尺寸大，造扣钻压也大。新公锥最大造扣钻压不应超过 40kN。1∶16 锥度 8 扣/in 的公锥造 8 扣（指实进扣数）就可以。

⑦ 打捞起钻前，应提起钻具，然后下放到距井底 2～3m 处猛刹车，检验打捞是否可靠。起钻要求平稳，严禁转盘卸扣。

（二）技术要求

① 母锥打捞螺纹的强度与耐磨性与公锥相同。

② 当断落、卡于井内的钻杆、油管无接头或接箍时，用母锥打捞不易破坏鱼顶，处理事故成功率高，

③ 当井下鱼头靠边或公锥打捞滑扣时，采用母锥比公锥更有效，因为母锥对鱼顶的接触面积大。

④ 在多次打捞无效而鱼顶已被破坏时，用母锥可以顺利地捞出坏鱼顶管柱。

⑤ 在井眼大而管柱小的井况中，公锥反复找不到鱼顶时，往往用母锥可以捞住落物。

⑥ 在裸眼或井下严重出砂的情况下，不可轻易采用母锥打捞，这是由于母锥外径大，往往易造成卡钻。套管严重损坏的井也要特别注意防止母锥卡于井中，若必须用母锥打捞时，可在母锥上部接一安全接头，以便遇卡时可顺利地起出钻具。

三、打捞矛打捞打捞落物

（一）准备工作

① 根据落鱼水眼尺寸，选择打捞矛的规格。

② 画出打捞矛草图，并标明尺寸。

（二）打捞步骤

① 下钻至鱼顶 0.5m 处开泵循环，冲洗鱼头，停泵（也可开泵，但应改用小排量，并注意泵压变化）。慢慢下放探鱼头，使打捞矛进入落鱼内，直至预计深度。

② 逆时针旋转钻柱 1～1.5 圈，再上提钻柱。若落鱼被卡，可在允许范围内提钻柱。若不解卡，可施行震击解卡；若仍不解卡，则应退出打捞矛，起钻。

③ 退出打捞矛的方法是：上提钻柱，迅速下放。待下击器震击后，顺时针旋转钻柱 2～3 圈。重复此操作，直至打捞矛离开落鱼。

④ 落鱼捞获后起钻完，在钻台上卸打捞矛时，也可用上述退出打捞矛的方法。

（三）安全注意事项

① 若探不到鱼顶，可旋转钻具以不同方向下探，但不得下过鱼顶 1m；若仍探不到，则应起出打捞矛，换弯钻杆找鱼头。

② 捞获起钻时，操作要平稳，轻提轻放，严禁转盘卸扣。

③ 地面下击退打捞矛时，必须防井下落物，人员退离井口

四、可退式捞筒打捞

（一）打捞施工前的准备

打捞施工前的准备可以参照公锥打捞的相关内容。根据井眼直径和落鱼情况，选择合适的卡瓦打捞筒，画出卡瓦打捞筒草图，注明尺寸。

（二）打捞方法

① 下钻至距鱼顶 0.3～0.5m 处开泵冲洗鱼头，并记下泵压和实际鱼顶方入，停泵打捞。

② 打捞时，慢慢转动转盘，同时慢慢下放钻具，将鱼头套入引鞋，即可停止转动。若发现在卡瓦处遇阻，应加压（其压力视卡瓦与落鱼尺寸的差值而定，一般在 5～50kN 范围内），使鱼头进入卡瓦。

③ 上提钻具，若悬重增加，证明抓住落鱼。

④ 起钻前，开泵充分循环钻井液，并将落鱼提离井底 1～2m 猛刹两次，若悬重未降，证明落鱼已卡牢，方可起钻。

⑤ 起钻完，在钻台上卸卡瓦打捞筒时，可用下击器击一下，后用吊钳正转拉开。如无下击器，可用方钻杆向下顿一下再退开。

⑥ 如果落鱼卡死，又循环不通时，可下放钻柱，给打捞筒加压 200～500kN（或用下击器下击），使卡瓦松开落鱼，然后正转转盘，同时慢慢上提钻具，直到卡瓦全部退出落鱼，

即可起出打捞钻具。

（三）注意事项

① 缓慢上提钻具时，若悬重增大，说明已捞获，可继续上提。

② 若在上提时悬重一直上升至工具允许最大载荷时，说明遇卡严重，应停止上提，将打捞筒退出落鱼。

③ 如果打捞筒上部带有下击器，可按下击器操作规程进行；若无下击器，可视钻具重量加压下击，或缓慢溜钻下击，一边正转，一边上提即可退出。

五、归纳总结

① 卡瓦的内径与鱼头外径差应在1～2mm间。

② 打捞和松脱落鱼，必须正转，禁止反转。

③ 下钻打捞前应算准三个方入，如：引鞋碰鱼方入、铣鞋碰鱼方入和鱼头进卡瓦方入。

④ 引鞋套不上鱼头，说明鱼头偏斜，须改变打捞钻具结构。如下弯钻杆或活动肘节进行打捞。

⑤ 鱼头入铣鞋时遇阻，说明鱼顶有毛刺或变形，这时可加压10～20kN，并用低转速磨铣30min。若无效，应起钻下磨鞋，修好鱼头后再行打捞。

⑥ 鱼头进不了卡瓦或进入卡瓦而又捞不住，说明卡瓦尺寸太小或太大，应重新选择卡瓦。

六、思考练习

① 简述管类落物打捞工具的分类。

② 简述公锥、母锥打捞落物的步骤。

项目二　杆类落物打捞

这类落物大部分是抽油杆，也有加重杆和仪表等，落物有落在套管里的，也有落在油管里的，打捞作业分为油管内落物打捞和套管内落物打捞。常用的打捞杆类工具有抽油杆打捞筒、组合式抽油杆打捞筒、活页式打捞筒、三球打捞器等，具体见表6-2-1。

表6-2-1　常见打捞杆类落物工具

工具名称	适用条件
可退式抽油杆打捞筒	打捞断脱在油管或套管内的抽油杆
抽油杆打捞筒	打捞断脱在油管或套管内的抽油杆
组合式抽油杆打捞筒	在不换卡瓦的情况下，在管内打捞抽油杆本体或抽油杆台肩及接箍
活页式打捞筒	用来在大的环形空间里打捞鱼顶为带台肩或接箍的落物
三球打捞器	在套管内打捞抽油杆接箍或抽油杆台肩部位
偏心式抽油杆接箍打捞筒	用来打捞抽油杆接箍
捞钩	在套管内打捞弯曲的抽油杆
抽油杆接箍捞矛	用来在油管或套管内捞取鱼顶为接箍的抽油杆

【知识目标】

① 掌握常用杆类打捞工具的分类。

② 了解常用杆类落物打捞工具的操作步骤。

【技能目标】

① 认识杆类落物打捞常用的工具。

② 掌握常用杆类工具的打捞操作。

【背景知识】

1. 抽油杆打捞筒

抽油杆打捞筒是专门用来打捞断脱在油管或套管内的抽油杆的一种工具。从性能上分，有可退式和不可退式；从结构上分，有螺旋卡瓦式、篮式卡瓦式和锥面卡瓦式三种。无论哪种形式的抽油杆打捞筒，其都是靠锥面内缩产生的夹紧力抓住落井抽油杆的。

2. 活页打捞器

活页式打捞筒又名活门式打捞筒，用来在大的环形空间里打捞鱼顶为带台肩或接箍的小直径杆类落物，如完整的抽油杆、带台肩和带凸缘的井下仪器等。

3. 三球打捞器

三球打捞器是专门用来在套管内打捞抽油杆接箍或抽油杆加厚台肩部位的打捞工具。

【技能训练】

一、抽油杆打捞筒的打捞

（一）打捞施工前的准备

打捞施工前的准备可以参照公锥打捞的相关内容。根据井眼直径和落鱼情况，选择合适的卡瓦打捞筒，画出卡瓦打捞筒草图，注明尺寸。

（二）抽油杆打捞筒打捞

可退式抽油杆打捞筒打捞操作要点如下。

① 把抽油杆捞筒连接在抽油杆上，下入井内。

② 当工具接近鱼顶时缓慢旋转下放，直至悬重有减轻显示时停止。

③ 上提工具，若悬重增加则表示打捞成功。

④ 起出钻具。

二、活页打捞筒打捞

（一）活页打捞筒打捞操作

① 地面全面检查各处螺纹，逐一连接上紧。检查活页卡板是否可以自由活动，弹簧能否使活页卡板自动复位，卡板开口尺寸与落鱼尺寸是否相同。最好能用与落物相同的试件进行试验。

② 下钻至自鱼顶上 1～2m，开泵洗井，慢转慢放使引鞋入落鱼。下放时应注意观察指重表悬重变化，如有轻微变化，应立即停止下放，上提钻具。当悬重增加，说明已捞获，可以提钻。如无显示，应重复打捞，直至捞获。

（二）注意事项

用此工具打捞各种抽油杆时，由于抽油杆直径较细，套管直径相对较大，极易受压弯曲变形，甚至被压弯曲，使打捞失败（未捞获或捞获后提断），增加二次打捞难度。在打捞操作中，切不可猛放重压，必须严格按慢放轻压、旋转入鱼、逐级加深、多次打捞的方法操作。

三、三球打捞器打捞

（一）三球打捞器打捞操作方法

① 将三球打捞器连接在工具管柱的最下端。

② 直接下井，待通过鱼头后，再缓慢上提。若指重表比原悬重增加，说明抓住落鱼。

③ 起钻。

（二）注意事项

① 三球打捞器入井前必须通井。

② 检查工具外径尺寸，三球活动情况并涂机油润滑。

四、归纳总结

① 打捞前对井下落物情况要清楚。

② 根据井下落物情况，正确选用杆类打捞工具。

③ 按井内抽油杆尺寸选择工具。

④ 拧紧各部分螺纹，将工具下入井内。

⑤ 抓住井下抽油杆后，一旦遇卡，最大提拉力不得超过抽油杆许用载荷。如不能解卡，可先下击，然后缓慢右旋并上提，即可退出工具。

⑥ 当工具接近鱼顶时，缓慢下放，悬重下降不超过 10kN。

⑦ 捞获后起出井内管柱。

五、思考练习

① 简述杆类落物打捞工具的分类。

② 抽油杆打捞筒打捞抽油杆的要点。

项目三　绳类及小件落物打捞

在修井工作中经常碰到钢丝绳、电缆、螺丝、钢球、钳牙、牙轮、撬杠等小物件落井，这会给井下作业带来一定困难。打捞这些落物时，要根据落鱼的大小、形状选择合适的工具。必要时还要根据具体情况设计、制造出相适应的工具。设计的打捞工具必须具备易捞、足够的强度、结构简单、操作方便等特点。常见的打捞工具有钩类、篮类、一把抓、磁铁打捞器等工具，具体见表 6-3-1。

表 6-3-1　常见打捞绳类及小件落物工具

工具名称	适用条件
磁力打捞器	铁磁性落物
循环打捞器	体积很小或已成为碎屑的落物
抓捞类打捞工具	未成为碎屑的落物
自制打捞工具	针对某种落物设计专用工具
内、外钩	打捞绳类落物

【知识目标】

① 掌握常用小件类落物打捞工具的分类。

② 了解常用小件类落物打捞工具的操作步骤。

【技能目标】

① 认识小件类落物打捞常用的工具。

② 掌握常用小件类工具的打捞操作。

【背景知识】

1. 常用的钩类打捞工具

钩类打捞工具包括内钩、外钩、内外组合钩、单齿钩、多齿钩、活齿钩等类型，是修井施工中使用较广泛的工具。钩类打捞工具操作简单、打捞成功率高，是打捞电缆、钢丝绳、录井钢丝绳等绳、缆类的专用打捞工具。

2. 篮类打捞工具

篮类打捞工具包括反循环打捞篮、局部反循环打捞篮等类型，是打捞螺母、射孔子弹垫子、钳牙、碎散胶皮、钢球、阀座等井下小件落物的专用打捞工具。

3. 其他小物件打捞工具

必要时还要根据具体情况设计、制造出相适应的工具，如一把抓、磁铁打捞器、随钻打捞杯等。

【技能训练】

一、钩类工具打捞操作

（一）螺旋式外钩捞钢丝绳操作

① 选择合适的螺旋式外钩，要特别注意防卡圆盘的外径与套管内径之间的间隙要小于被打捞绳类落物的直径。

② 将工具下入井内，至落鱼以上1～2m时，记录钻具悬重。

③ 缓慢下放钻具，使钩体插入落鱼内同时旋转钻具，注意悬重下降不超过20kN。

④ 如果对鱼顶深度不清，在下人工具时，应注意不能一下子插入落物太深，以避免将处于在井壁盘旋状态中的落物压成团，造成打捞困难。

⑤ 上提钻具，若悬重上升，说明已钩捞住落鱼，否则旋转一下管柱重复下放打捞，直至捞获。

⑥ 如果确定已经捞上，可以边上提边旋转3～5圈，让落物牢牢地缠绕在螺旋式外钩上。

⑦ 上提时，注意速度不得过快、过猛。

⑧ 捞钩以上必须加装安全接头。

（二）内钩捞钢丝绳操作

工具下人之前应根根井内落物的具体情况初步估算出鱼顶深度。当钻柱下至鱼顶以上50m后，应放慢速度进行试探打捞，注意观察指重表是否变化。如指重表有下降情况，立即停止下放，上提钻具观察悬重有无增加，如无反应可以加深5～10m继续打捞。如此逐步加深打捞深度，直至钻压能加至 5kN 左右为止，即可提钻将落鱼捞出。

（三）外钩捞钢丝绳操作

工具下至鱼顶后，只要有遇阻显示，应立即上提钻住 1～2m。提完后转动钻柱 90°～120°，再行下放、上提、转动、下放，如此多次反复进行。在打捞中，如多次下放方入有所加深，说明已捞获落鱼，提钻之后即可将落物取出。

（四）老虎嘴捞电缆操作

1. 打捞操作

① 算出井内电缆扭断时断头处的井深。

② 第一次打捞下钻，捞绳器下过断头井深后要减慢下放速度。若无遇阻显示。最多可过断头井深 150m。转动一圈，上提 1～2m，然后放回原下深，再转一圈，即可用低速小心起钻。

③ 如果第一次未捞着，要继续打捞时，每次下钻只能增加 100m，直到捞住为止。

2. 安全注意事项

① 在现场利用旧公锥焊制外捞绳器时，注意捞绳器钩口不能太大，也不能太小，一般比电缆外径大 15mm 左右，捞绳器长为 1.5～2m 左右。

② 每次下打捞器时，下深不得超过电缆断头井深 100m，转盘也不可多转，以防将电缆扭成一大团而起不出钻柱来。

③ 每次打捞出来的电缆要准确地测量其总长，为下次打捞提供依据。

二、篮类工具打捞操作

（一）反循环打捞篮打捞操作

① 检查各零部件是否完好灵活，可用手指或工具轻顶篮爪，观察是否可以自由旋转，回位是否及时灵活。

② 将工具接上钻具，下至距井底以上 3～5m 处开泵反洗井。

③ 循环正常后，再慢慢下放钻具，边冲边放。当工具遇阻或泵压升高时，可以提钻 0.5～1m，并作好方入记号。

④ 以较快的速度下放钻具，在离井底 0.3m 左右突然刹车，使井底工具快速下行，造成井底液体紊流，迫使落物运动进入筒体，增强打捞效果。循环 10min 左右停泵，起钻。

（二）局部反循环打捞篮操作

① 地面检查工具零件的螺纹是否完好，大小水眼是否畅通。

② 卸开提升接头，测量钢球直径是否合格，并将球投入工具试验，检查钢球入座情况是否正常可靠。

③ 将工具下至预定深度以上 5～10m，开泵正循环洗井，待洗井正常平稳后停泵投球。

④ 投球之后，开泵洗井送球入座，并根据洗井时间观察泵压变化，当泵压略有升高说明球已入座。

⑤ 钢球入座形成局部反循环之后，慢慢下放管柱至预定井深。如工具为带有铣鞋的常用型，可边冲边转动管柱，用铣齿拨动落物或少量钻进，使落物随洗井液冲入篮筐。

⑥ 提钻之后检查捞篮内捞获落物情况，回收钢球，清洗擦净，涂油，存入提升短节球腔之内。

⑦ 洗井液必须过滤使用，防止堵塞小水眼，使打捞失败。

三、其他小物件打捞工具打捞操作

（一）一把抓打捞小物件操作

1. 操作步骤

① 一把抓齿形应根据落物种类选择或设计，若选用不当会造成打捞失败。材料应选低碳钢，以保证抓齿的弯曲性能。

② 工具下至井底以上 1～2m，开泵洗井，将落鱼上部沉砂冲净后停泵。

③ 下放钻具，当指重表略有显示时，核对方入，上提钻具并旋转一个角度后再下放，找出最大方入。

④ 在此处下放钻具，加钻压 20～30kN，再转动钻具 3～4 圈（井深时，可增加 1～2 圈），待指重表悬重恢复后，再加压 10kN 左右，转动钻具 5～7 圈。

⑤ 以上操作完毕之后，将钻具提离井底，转动钻具使其离开旋转后的位置，再下放加压 20～30kN，将变形抓齿顿死，即可提钻。

⑥ 提钻应轻提轻放，不允许敲打钻具，以免造成卡取不牢，落鱼重新落入井内。

2. 安全注意事项

① 下一把抓时，如果遇阻，不准硬通或划眼，以免折断抓片。

② 加压应缓慢均匀，严禁冲击加压，以免折断抓片。

③ 转动不能太多，以免抓片扭曲变形或折断。

④ 在井斜较大或定向井中不宜使用。

（二）磁力打捞器打捞操作

磁力打捞器分正循环和反循环两种，它们的打捞方法基本一样。下面以正循环打捞器为例，介绍它们的使用操作和安全注意事项。

1. 准备工作

① 根据井眼直径选定合适的磁力打器，其最大外径应比井眼小 10～25mm。

② 找落物实样，试验磁力打捞器的磁性。

③ 根据落物大小，确定是否带引鞋。落物外径大于引鞋内径的，则不能带引鞋。

④ 测量各部尺寸，绘制草图。

⑤ 计算方入，并在方钻杆上作记号。

2. 打捞操作

① 下钻至井底 0.5m 处循环冲洗，然后停泵打捞。

② 按画好的打捞方入，在一个圆周内的不同方向上多次下放打捞，加压 5～10kN，如果各个方向上的方入一致，证明落物已捞住，可起钻；如多次下放的方入不一致，说明落鱼未捞上，可轻转转盘，拨动后再捞，直到捞住落物。

③ 如落物小，地层较软，可以开小排量，轻压、慢转钻进 3～5cm，再停泵打捞。

3. 注意事项及安全措施

① 下放加压不允许超过 10kN，以防落物压入地层。

② 正循环磁力打捞器不许开泵打捞，反循环磁力打捞器可开泵打捞。

③ 捞获起钻时，操作要平稳，轻提轻放。不得用转盘卸扣，必须吊钳松扣，旋绳卸扣。

（三）随钻打捞杯打捞操作

1. 打捞操作步骤

① 入井前，画出草图，并注明尺寸。

② 随钻打捞杯接在钻头以上，钻铤以下，并尽可能靠近钻头。

③ 钻头下到距井底 0.5m 时，开泵循环，同时边用低挡转动边慢慢下放钻柱到井底。

④ 循环 10～15min，停止转动并停泵 2～3min。然后上提钻柱重复以上打捞操作。

2. 安全注意事项

① 上卸扣时，大钳不能咬在杯筒上，以免损坏杯筒。

② 若杯筒直径大于钻铤外径时，起至套管鞋处，应用低速起钻，以防碰挂。

四、归纳总结

绳类落物打捞原则：打捞工具必须安装防卡盘，外径与套管内径的间隙要小于被捞绳类落物的直径。对鱼顶深度不清时，不可一次插入落物太深，要采取下一根试提一根的方法进行打捞。

小件落物打捞原则：洗井液必须清洁，保证冲洗液体排量，起钻时轻提轻放，严禁猛顿或敲击钻具，以防落物重新掉入井中。

五、思考练习

① 简述绳类及小件落物落物打捞工具的分类。

② 简述一把抓打捞操作方法。

学习情境七

解除卡钻事故作业

卡钻是指油气水井在生产或作业过程中，由于操作不当或某种原因造成的井下管柱或井下工具在井下被卡住，按正常方式不能上提的一种井下事故。由于卡钻事故会使油气水井的生产不能正常进行，严重时还会使油气水井报废，给油田的生产和经济造成重大损失。因而预防和及时妥善处理卡钻事故，对维护油田生产和提高作业水平是非常重要的。

卡钻事故按其形成的原因可分为以下几种类型：

① 油气水井生产过程中造成的油管或井下工具被卡，如砂卡、蜡卡等。

② 井下作业不当造成的卡钻，如落物卡、水泥（凝固）卡、套管卡等。

③ 井下下入了设计不当或制造质量差的井下工具造成的卡钻，如封隔器不能正常解封造成的卡钻。

项目一　砂卡的解除

在油气水井生产及井下作业中，由于地层出砂或工程用砂及压裂砂埋住部分管柱，造成管柱不能正常提出井口的现象称为砂卡。砂卡的解除方法有大力提拉活动解卡、憋压恢复循环法解卡、长期悬吊解卡、冲管解卡、倒扣套铣法、打压解卡法等。

【知识目标】

① 了解砂卡的原因。

② 掌握卡点的测定、计算原理。

③ 掌握砂卡的解除方法及原理。

【技能目标】

① 能够正确进行测卡操作。

② 能够对砂卡的原因进行正确分析。

③ 会正确选用解除砂卡的方法解卡。

【背景知识】

一、砂卡的原因

① 在油井生产过程中，由于地层疏松或生产压差过大，油层中的砂子随油流进入油套

环空后逐渐沉淀造成砂埋一部分管柱形成砂卡。

② 冲砂作业时，由于排量不足，洗井液携砂能力差，不能将砂子洗出井外造成砂卡。如冲砂液量不足、冲砂进尺太快、接单根时间过长、不连续施工等都会造成砂卡。

③ 在填砂作业时由于含砂比太大造成砂卡。

④ 压裂施工中，由于管柱深度不合适，含砂比大，压裂液不合格及压裂后放压太猛造成砂卡。

二、砂卡的预防

① 对出砂严重的生产井，要尽量采取防砂措施或进行冲砂处理防止砂卡。

② 生产管柱下入深度要适当。

③ 注水井放压时一定要有所控制。

④ 冲砂要尽量反洗井，排量要足够大，接单根速度要快，冲至井底彻底反洗井后再起管柱。

⑤ 填砂施工尾管距砂面要有足够距离。

⑥ 探砂面加压要控制在15kN以内。

三、卡点的计算和测定

卡点的测定，实际是指井下落物被卡部位最上部的深度。卡点的测定就是对这一深度进行测定。卡点是处理井下事故应掌握的重要参数。是制定措施选择解卡方法均应以卡点为依据。测定卡点深度的意义主要有以下几方面。

① 确定倒扣悬重：在正常情况下，被卡管柱在旋转中被倒开，总是在既不受管柱自身拉力，又不受管柱自身压力的位置。这个位置称为中和点。被确定的卡点，就是在倒扣中被认定的中和点。这样就可以对管柱上提适当悬重，准确地将其在卡点位置倒开，从而减少下钻打捞次数。

② 确定管柱切割的准确位置：切割时保证在卡点上部1～2m处用切割器聚能切割或化学切割等方式将管柱切断。

③ 了解套管损坏的准确位置：由于套管变形引起的管柱卡，当卡点位置确定后，套管变形就确定下来了，对这一点位置的了解和掌握，不但有利于对被卡管柱的尽快处理，也有利于尽快转入对套管损坏位置的修复。

④ 确定管柱被卡类型：确定卡点深度便于认定管柱被卡类型。管柱上部一般为套管变形或小件落物所致，如果油层为高凝油层，也应考虑到是稠油卡。尾部位或封隔器部位卡，一般为砂卡。

1. 计算法测卡点

(1) 理论计算法

计算法测卡点是现场使用原管柱提拉法推算测卡，其理论依据是虎克定律。其理论计算公式为

$$L=\frac{EF\lambda}{P} \tag{7-1-1}$$

式中　L——卡点深度，cm；

λ——管柱伸长量（两次不同负荷上提时的长度差），cm；

P——拉力，kN；

E——钢材弹性模数，值为 2.1×10^4，kN/cm^2；

F——管柱环形截面数，cm^2。

(2) 经验公式计算法

经验公式为

$$L=K\frac{\lambda}{P} \tag{7-1-2}$$

式中 K——常数，ϕ73mm 油管 K 取 2450，ϕ73mm 钻杆 K 取 3800；

λ——管柱伸长量，cm；

P——拉力，kN；

L——卡点深度，m。

2. 测卡仪测卡点

测卡仪测卡点，是近几年发展起来的新的测卡技术，它提高了打捞解卡的成功率，缩短了施工时间，测得的卡点直观准确可靠。这种方法主要配合切割方法处理被卡管柱。

(1) 测卡仪的结构

测卡仪的结构如图 7-1-1 所示，主要由以下部件组成：

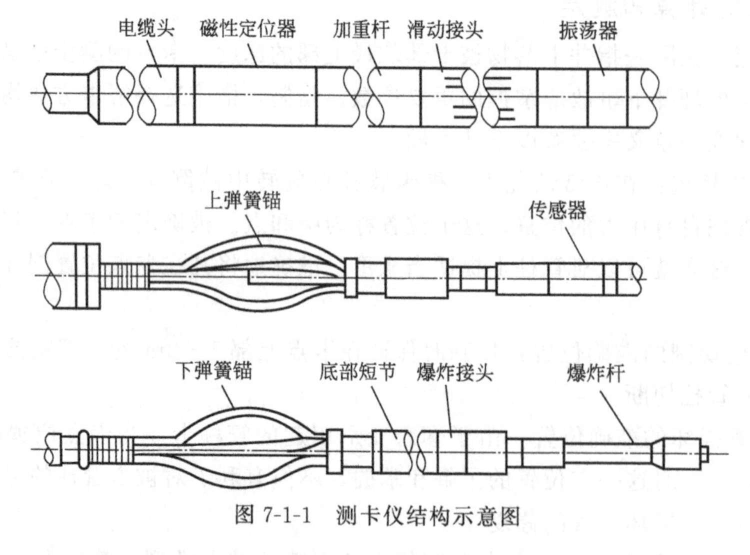

图 7-1-1 测卡仪结构示意图

① 电缆头：电缆头是连接电缆和磁定位仪的部件，中间有导线与仪器连接形成一闭合电路。

② 磁性定位器：与测卡仪配套使用的是小直径磁性定位器，接在电缆头的下面。

③ 加重杆：测卡仪的加重杆是空心的，中间有导线，可与仪器接通电路。每根加重杆长 2m，重约 16kg。测卡时通常接 3 根，最多不得超过 5 根。

④ 滑动接头：内腔有呈双层螺旋弹簧的导线。内层导线接壳体，外层导线接芯子，将滑动接头与磁定位及传感器连接后即接通电路。

⑤ 振荡器：该电器组件接在滑动接头下部，中间有导线连通。当传感器线圈电感量发生变化时，振荡器频率也发生变化。

⑥ 弹簧锚：测卡仪有上、下两个弹簧锚，其中间距离是 1.32m。每个弹簧锚是由 4 组弹簧沿圆周均匀分布，每组有两片弹簧，且用螺钉固定在定位器上。用螺旋压簧来调节弹簧

的外径，并用中心杆上的定位套与定位环来固定弹簧的外径尺寸，中心杆内有导线。

⑦ 传感器：传感器接在两个弹簧扶正器之间，当钻柱受拉或受扭时，传感器电阻值变化。

⑧ 底部短节：接在弹簧支撑体下面。

⑨ 爆炸接头：爆炸接头在测卡仪的最下部，其下面是爆炸杆，爆炸杆上有导爆索，找准卡点后，通400V高压，低电流引爆倒扣。

(2) 测卡仪的工作原理

当管材在其弹性极限范围内受拉或受扭时，应变与受力或力矩成一定的线性关系。被卡管柱在卡点以上的部分受力时，应变符合上述关系，而卡点以下部分，因为力（或力矩）传不到而无应变，因此，卡点位于无应变到有应变的显著变化部位。测卡仪能精确地测出2.54×10^{-3}mm的应变值，二次仪表能准确地接收、放大且明显地显示在仪表盘上，从而测出卡点。

四、砂卡的解除方法

1. 大力提拉活动解卡

当井下管柱或工具遇卡时间不长，或通卡不很严重时，应分析遇卡原因，根据井架及设备允许负荷条件，对管柱进行大力提拉活动卡具，或快速下放冲击，使卡点脱开（井底有口袋才行）。一般轻度砂卡、盐卡、蜡卡等，往往可以解卡。

2. 憋压恢复循环法解卡

发现砂卡后，应争取时间开泵循环。如循环不起来，可用憋压的方法，如能憋开，则卡钻即可解除。同时上下活动管柱。憋压时应注意安全，管线连接部分的丝扣、由壬应上紧，操作人员要在安全地带，以防管柱断脱伤人。

3. 诱喷法解卡

当地层压力较高时，可采用靠地层压力引起套管井喷，使部分砂子随油流带到地面而解卡。利用此法时，井口控制器必须灵活、好用，以防造成无控制井喷事故。

4. 长期悬吊解卡

当判明井下卡钻原因是胶皮膨胀、胶皮块卡钻情况时，可以利用胶皮受力后的蠕变性能，在井口给管柱一合适拉力，使胶皮卡点处受拉，在较长的时间内产生蠕变而逐步解卡。在这种施工过程中，应经常观察指重表上悬重的变化，如悬重缓慢下降，则说明胶皮正在蠕变，应继续补充拉力，迫使蠕动继续，直至解卡。在观察指重表变化时要记录真实变化数值，必须排除指重表等因漏失而产生的假象，为了消除假象，可以在井口作出方入标志，如指重表下降，方入有所减少，则说明蠕动在进行，可继续提高拉力，反之两者不能统一，则说明是指重表管线漏失下降的假象，应具体分析后，方可进行施工作业。

5. 冲管解卡

冲管解卡是借小直径的冲管在油管内进行循环冲洗，以解除砂堵。最下面的冲管要有切口，用于捣松砂堵和防止憋泵。当管下至距砂面5～10m处时，即开泵冲洗，排量一般为$12\sim15m^3/h$，井口压力不超过0.04MPa，冲管冲出油管鞋4～5m后停止加深，应做长时间的冲洗，使油管外围的砂堵慢慢掉下来而被冲出地面。这样，可避免冲管加深后砂子突然垮下来而卡住或挤断冲管。

6. 震动解卡

在卡点附近造成一定频率的震击，有助于被卡管柱和工具的解卡。常用的震击器类工具有上击器、下击器、加速器等。上击器接在安全接头下面，采用液压工作原理实现上击。下击器与上击器相反，产生下击的作用，下击器接在钻具下部，安全接头之上。下击器通常是在处理键槽卡钻或上提遇阻卡钻时使用，效果较好。使用下击器时，先上提钻杆，使下击器的壳体也向下移动，再突然把它们下放，使下击器的壳体击到下面的接头，产生一种震击力量，把受卡部分震松。

【技能训练】

一、测定卡点

（一）计算法算卡点

① 检查井架、绷绳、地锚、游动系统、提升系统等部位是否完好，指重表是否灵活好用。

② 将吊卡扣在最后一根下井管柱上，挂上吊环。

③ 上提管柱，当上提负荷比井内管柱悬重稍大时，停止上提。记录第一次上提拉力，记为 P_1。

④ 在与防喷器法兰上平面平齐位置的油管上做第一个标记，作为 A 点。

⑤ 继续上提管柱，当上提负荷超过第一次上提拉力 50kN 时，停止上提。记录第二次上提拉力，记为 P_2。

⑥ 在与防喷器法兰上平面平齐位置的油管上做第二个标记，作为 B 点。

⑦ 用钢板尺测量标记 A 与 B 之间的距离，记为 λ_1。

⑧ 继续上提管柱，当上提负荷超过第二次上提拉力 50kN 时，停止上提。记录第三次上提拉力，记为 P_3。

⑨ 在与防喷器法兰上平面平齐位置的油管上做第三个标记，作为 C 点。

⑩ 用钢板尺测量标记 A 与 C 之间的距离，记为 λ_2。

⑪ 继续上提管柱，当上提负荷超过第三次上提拉力 50kN 时，停止上提。记录第四次上提拉力，记为 P_4。

⑫ 在与防喷器法兰上平面平齐位置的油管上做第四个标记，作为 D 点。

⑬ 用钢板尺测量标记 A 与 D 之间的距离，记为 λ_3。

⑭ 下放管柱，卸掉提升系统负荷。

⑮ 计算三次上提拉伸力及三次平均上提拉伸力，单位符号为 kN。

第一次上提拉伸力　$P_a = P_2 - P_1$；

第二次上提拉伸力　$P_b = P_3 - P_1$；

第三次上提拉伸力　$P_c = P_4 - P_1$；

平均拉伸拉力　$P = (P_a + P_b + P_c)/3$

⑯ 计算三次上提拉伸的平均油管伸长量，单位符号为 cm。

$$\lambda = (\lambda_1 + \lambda_2 + \lambda_3)/3 \tag{7-1-3}$$

⑰ 也可根据两次上提拉力的差（$P_2 - P_1$）值和相应的伸长量差值（$\lambda_2 - \lambda_1$）求出相应的拉伸力 P 和伸长量 λ 值。

根据式（7-1-1）和式（7-1-2）计算卡点位置。

（二）测卡仪测卡点

1.操作步骤

① 调试地面仪表，先将调试装置与地面仪表连接好，再根据被卡管柱的规范，将调整装置上的拉伸应变表调到适当的读数后（应超过预施加给被卡管柱的最大提升力所产生的伸长应变），把地面仪表的读数调到100，然后把指针拨转归零。同法调试地面仪的扭矩。这样才能保证测卡时即不损伤被卡管柱，又能准确测出正确的数据。

② 测卡操作，先用试提管柱等方法估计被卡管柱卡点的大致位置，进而确定卡点以上管柱重量，并根据管柱的类型，规范确定上提管柱的附加力。将测卡仪下到预计卡点以上某一位置，然后自上而下逐点分别测拉伸与扭转应变，一般测5～7点即可找到卡点。测试时先测拉伸应变，再测扭转应变。

③ 测拉伸应变，先松电缆使测卡滑动接头收缩一半，此时仪器处于自由状态，将表盘读数调整归零，再用确定的上提管柱拉力提管柱，观察仪表读数，并作好记录。

④ 测扭转应变，根据管柱的规范确定应施加于被卡管柱旋转圈数（经验数据是300m的自由管柱转四分之三圈，一般管径大、壁厚的转的圈数少些）。先松电缆，使测卡仪处于自由状态，然后将地面仪器调整归零，再按已确定的旋转圈数缓慢平稳地转动管柱，观察每转一圈时地面仪表读数的变化，直至转完，记下读数值。然后控制管柱缓慢退回（倒转），观察仪表读数的变化，以了解井中情况。这样逐点测试，直到找准卡点为止。

2.注意事项

① 被测管柱的内壁一定要干净，不得有泥饼、硬蜡等，以免影响测试精度。

② 测卡仪的弹簧外径必须合适，以保证仪器正常工作。

③ 所用加重杆的重量要适当，要求既能保证仪器顺利起下，又能保证仪器处于自由状态，以利于顺利测试。

二、解卡辅助工具的使用

（一）开式下击器的使用

在震击打捞开始之前，将落鱼管柱卡点以上部分倒扣取出，使鱼顶尽可能接近卡点，因为下击器离卡点越近，震击效果越好。

在打捞作业中，下击器紧接在各种可退式打捞工具或安全接头之上。根据不同的需要可采用不同的操作方法，产生不同的震击方式。

(1) 在井内向下连续震击

上提钻柱，使下击器冲程全部拉开，并使钻柱产生适当的弹性伸长。迅速下放钻柱，当下击器接近关闭位置150mm以内时刹车，停住。由于运动惯性，钻柱产生弹性伸长，下击器迅速关闭，并下击芯轴台阶。由于这种冲击波在钻柱中的反复传递，芯轴台阶上端面与芯轴外套发生反复连续撞击。

(2) 在井内向下进行强力震击

上提钻柱，使下击器冲程全部拉开，并使钻柱产生适当的弹性伸长。迅速下放钻柱，超过下击器关闭位置，下击器急速关闭，芯轴外套下端面撞在芯轴台阶上，将一个很大的下击力传递给落鱼。这是下击器的主要用途和主要工作方式。

(3) 在地面进行震击

一般打捞工具连同落鱼提到地面，需要从落鱼中退出工具。由于打捞过程中进行强力提拉，工具和落鱼咬得很紧，退出工具比较困难。在这种情况下，可在下击器以上留一定重量的钻柱，并在芯轴外套和芯轴台阶之间放一支撑工具，然后放松吊卡，这时将支撑工具突然取出，下击器迅速关闭形成震击。这样可消除打捞工具在上提时形成的胀紧力，再旋转和上提，就容易退出工具。

（4）与机械式内割刀配套使用

将下击器接在内割刀以上的管柱中，让下击器和内割刀之间的钻柱悬重正好等于加在内割刀上的预定进给力。切割时使下击器处于半开半闭的状态，下击器以上的管柱由吊卡承担，只有下击器以下的钻柱重量压在内割刀上，形成固定的进给力，以保证内割刀平稳顺利地进行切割。

（二）液压式上击器的使用

1. 操作方法

① 钻具的组成，从落鱼向上的排列顺序为：捞筒（捞矛）、安全接头、上击器、钻铤、加速器、钻杆（浅井和斜井须加接加速器）。

② 检查下井工具规格是否符合要求，部件是否完好。

③ 按设计要求接好钻具下井。

④ 按需用负荷上提钻具，刹车后等待上击。

⑤ 当钻台（井台）发生振动后，下放钻具关闭上击器。

2. 使用上击器需注意的问题

① 上击器入井前须经试验架试验，检查上击器的性能，并填写资料卡片。

② 井内提拉时，上提力从小到大逐渐增加，直至许用值。

③ 上击器上、下腔中必须充满油，各部密封装置不得渗漏。

④ 如果第一次震击不成功，则应逐步加大提拉力，或提高上提速度。

⑤ 如果不产生第二次震击，就应把钻具多下放一些，完全关闭下击器。

⑥ 如果发生震击的时间过长，就不应完全关闭上击器。

⑦ 上击力的调整司钻可根据震击效果的大小，随时调整上击力。其方法是改变上提速度以调整上提负荷，或根据井口所做标记改变上击器的关闭程度。

三、归纳总结

① 对出砂较严重的生产井，要尽早采取防砂措施，或及时进行冲砂处理，防止砂卡。

② 冲砂时泵的排量要达到规定参数，以保持砂能够被带出地面，而且冲洗要彻底。倒罐或接单根时动作要快，防止砂子下沉造成砂卡。

③ 压裂施工作业中，要严格按照施工要求进行，避免含砂比过大、排量过小及压裂后放压过猛等。

④ 注水井排液降压时要注意控制，防止排液降压过猛。

⑤ 填砂时要准确计量填入的砂量，注意泵排量，不能将砂携带到油套管环空，沉砂时要活动管柱且要洗出井筒沉砂。

⑥ 在施工过程中造成砂卡，例如：冲砂卡，捞封卡，处理要及时果断，一般采取大力上提活动，同时配合憋压法。

⑦ 生产过程造成砂卡，一般采取悬吊法、小冲管冲洗法、倒扣套铣法，对于震击解卡法适用于套变卡。

四、思考练习

简述砂卡的原因及解决办法。

项目二　水泥卡钻事故的解除

水泥卡钻事故是由于水泥固住部分管柱不能正常提出的事故。即钻具接触水泥被水泥“焊”死的现象。

【知识目标】

① 了解水泥卡钻的原因。

② 了解倒扣器倒扣的工艺原理。

③ 掌握水泥卡的解除方法。

【技能目标】

① 能够正确使用倒扣器倒扣解卡。

② 会用倒扣套铣解卡。

③ 会用磨铣解卡。

【背景知识】

一、水泥卡钻的原因

① 打完水泥塞后，没有及时上提油管至预定水泥塞面以上，进行反洗井或洗井不彻底，致使油管与套管环空有多余水泥凝固而卡钻。

② 挤水泥时没有检查上部套管的破损，使水泥浆上行至破损位置，造成卡钻。

③ 挤水泥时间过长或催凝剂用量过大，施工中水泥凝固卡钻。

④ 井下温度过高或遇高压盐水层，以致使水泥早期凝固。

⑤ 打水泥浆时计算错误或发生其他故障，致使油管固住。

二、预防水泥卡钻的措施

① 打完水泥塞后，及时上提油管至预定水泥塞面以上进行反洗井。

② 憋压挤水泥时检查上部套管是否完好。

③ 挤水泥时，确保在规定时间内尽快挤入，催凝剂用量要适当。

④ 井下温度过高或遇高压盐水层时，采取有效措施确保不发生卡钻事故。

三、倒扣类工具

倒扣类工具是指在修井过程中倒出卡点以上遇卡钻柱的专用工具。倒扣类工具包括：倒扣器、倒扣捞筒、倒扣捞矛及爆炸工具等。

（一）倒扣器

1. 用途

将钻杆的右旋转动（正扭矩）变成遇卡管柱的左旋转动，使遇卡管柱的连接丝扣松开。由于这种变向装置没有专门的抓捞机构，因此必须同特殊形式的打捞筒、打捞矛、公锥或母锥等工具联合使用，以便完成倒扣打捞工作。

2. 结构

倒扣器主要分四大部分：接头连接部分、坐卡部分、换向部分、锁定部分，如图 7-2-1 所示。

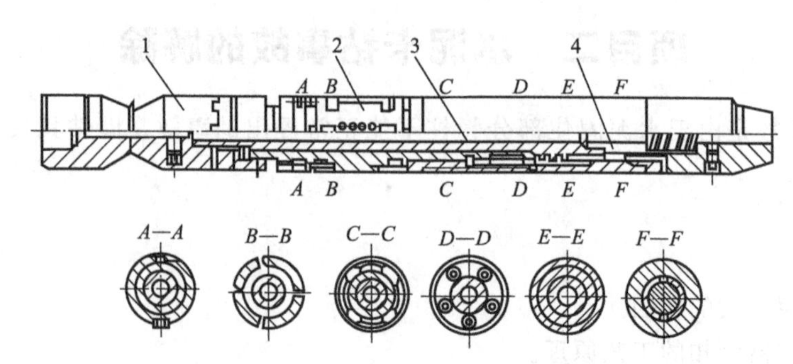

图 7-2-1 倒扣器结构示意图

1—接头连接部分；2—坐卡部分；3—换向部分；4—锁定部分

3. 工作原理

当倒扣器下部的抓捞工具抓获落物并上提一定负荷，确定已抓牢时，正旋转管柱，倒扣器的锚定板张开，与套管壁咬合，此时继续旋转管柱，倒扣器中的一组行星齿轮工作，除自转（随钻柱）外，还带动支承套公转。由于外筒上有内齿，将钻杆的转向变为左旋，倒扣开始发生，随着钻柱的不断转动，倒扣则不断进行，直至将螺纹倒开。此时旋转扭矩消失，钻柱悬重有所增加，倒扣完成之后，左旋钻柱 2～3 圈，锚定板收拢，可以起出倒扣管柱及倒开捞获的管柱。

（二）倒扣捞筒

1. 用途

倒扣捞筒既可用于打捞、倒扣，又可释放落鱼，还能进行洗井液循环。在打捞作业中，倒扣捞筒是倒扣器的重要配套工具之一，同时也可同反扣钻杆配套使用。其特点如下：

① 综合了各种捞筒、母锥等工具的优点，使打捞、倒扣、退出鱼顶、冲洗鱼顶一次实现。

② 动作灵活，性能可靠，打捞成功率高。

③ 结构复杂而紧凑，加工难度大。

④ 抗拉负荷大，倒扣力巨大。

⑤ 操作容易，维修简便。

2. 结构

如图 7-2-2 所示，倒扣捞筒主要由上接头、弹簧、紧瓦螺钉、限位座、抓捞卡瓦、筒

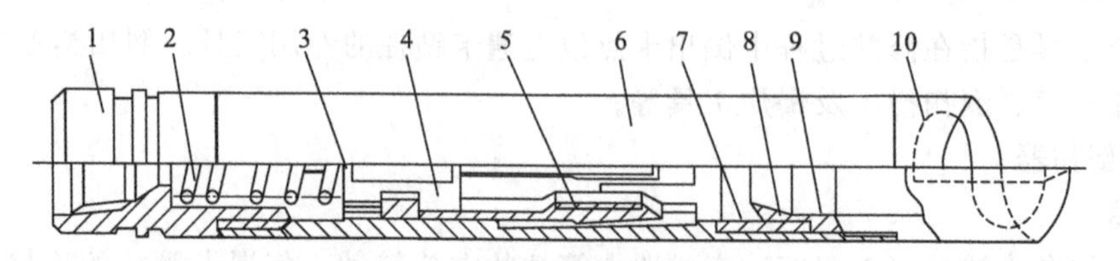

图 7-2-2 倒扣捞筒结构示意图

1—上接头；2—弹簧；3—紧瓦螺钉；4—限位座；5—抓捞卡瓦；6—筒体；7—密封圈上隔套；8—密封装置；9—密封圈下隔套；10—引鞋

体、密封圈上隔套、密封装置、密封圈下隔套和引鞋等零件组成。

3. 工作原理

下放工具至落鱼顶，转动工具，引入落鱼。当内径略小于落鱼外径的卡瓦接触到落鱼时，筒体相对卡瓦开始下滑，弹簧被压缩，限位坐顶在上接头下端面上，迫使卡瓦外胀，落鱼进入卡瓦，由于弹簧力的作用，卡瓦牙始终贴紧落鱼外表面。若停止下放后，上提钻具，筒体相对卡瓦上行，由于卡瓦与筒体锥面贴合，随着上提力的增加，三块卡瓦对落鱼的夹持力也相应增加，三角牙吃入落鱼外壁。继续上提，就可实现打捞。如果此时对钻杆施以扭矩，通过筒体上的键传给卡瓦和落鱼，使落鱼接头松扣，即实现倒扣。

如果打捞和倒扣都失败，要退出落鱼，收回工具，则可放松并将钻具下击，使卡瓦与筒体锥面脱开，然后右旋，卡瓦最下端大内倒角进入内倾斜面夹角中，将卡瓦锁定在筒体上，随筒体一起转动。上提钻柱就可退出落鱼。

4. 操作方法及注意事项

① 检查捞筒规格是否与打捞的落鱼尺寸相等。

② 拧紧各部丝扣、下井。

③ 距鱼顶 1～2m 开泵循环，冲洗鱼头。待循环正常后 3～5min 停泵，记录悬重。

④ 慢慢右旋，慢慢下放工具，待悬重回降后，停止旋转和下放。

⑤ 按规定负荷上提并倒扣，当左旋力矩减小时，说明倒扣完成，起钻。

⑥ 当需要退出落鱼时，钻具下击，使工具向右旋转 1/4～1/2 圈，并上提钻具，即可退出落鱼。

四、钻、磨、铣工艺技术

钻、磨、铣类工具是修井施工中应用较广泛的常规工具，可用于处理较复杂的卡埋事故、复杂落物井、严重套损井的修整鱼头、铣磨环空，并可单独作为钻、磨、铣工艺工具进行施工，如钻铣水泥塞、铣磨桥塞等。

在对井下各种不同落物施工时，除了对磨鞋、铣鞋的结构、形状、几何尺寸等有一定的要求外，在磨铣施工中对井下磨铣情况的掌握与判断，使用的工艺参数选择以及各种技术措施的配合，也非常重要。以上各方面配合得当时，既可以提高磨铣速度，又可以实现安全生产。

（一）磨屑的辨认

磨铣施工时，磨屑返出井口有片状、丝状、砂粒状等。当井下落物为稳定落鱼，材料含碳量较低时（如 P110、N80、35CrMo、40Cr 等），其磨屑为长丝状，最大厚度为 0.5～0.8mm，长度可达 70mm 左右。当出现的磨屑呈头发丝状时，说明钻压小，应当增加钻压。

当磨铣含碳量较高的落鱼时，出现的磨屑为长度较短的丝条状，长度在 30～50mm 左右。有时由于局部挤压研磨作用也出现长鳞片状磨屑。如果在磨铣中磨屑大量呈现鳞片状或铁末，说明参数不合理或者磨鞋已磨损严重，需要更换新的磨鞋。

在磨铣施工时，如洗井排量不够，环形空间流速低于或等于较大的磨屑沉降速度，则较大的磨屑在井筒中悬浮，地面收集到的磨屑实际是假象，因而应根据排量等因素综合判断。

（二）钻压

在磨铣与钻进中，应根据不同的落鱼、不同的井深，选用不同的钻压。平底、凹底、领眼磨鞋磨削稳定落物时，可选用较大的钻压。锥形（梨形）磨鞋、柱形磨鞋、套铣鞋与裙边铣鞋等由于承压面积小，不能采用较高的钻压。

（三）转速

井下磨铣，应选用较高的转速进行，以取得较高的磨铣速度，一般应选用在100r/min左右。但应当与钻压配合使用，若钻压大、转速高，则地面扭矩加大，动力、钻具和工具等均可能出现损坏。

（四）对井下不稳定落鱼的磨铣方法

当井下落鱼处于不稳定的可变位置状态时，在磨铣中落物会转动、滑动或者跟随磨鞋一起作圆周运动，这将降低磨铣效果。因而应采取一定措施，使落物于某一段时间内暂时处于固定状态，以便磨铣。

① 确定钻压的零点（钻具的悬重位置是磨铣工具刚离开落鱼的位置），然后在方钻杆上做好标记。

② 上提方钻杆1～2m。

③ 向下溜钻。当方钻杆标记离转盘面0.4～0.5m时突然猛刹车，使钻具因下落惯性产生伸长，冲击井底落物，使落物顿紧压实。

④ 上提钻具，转动一定角度再进行冲顿。如此进行3～4次，即可继续进行磨铣。

⑤ 要防止金属碎块卡在磨鞋一边不动。

⑥ 防止让平底磨鞋在落鱼上停留时间过长，要不断将磨鞋提起，边转动边下放到落鱼上，以使改变磨鞋与落鱼的接触位置，保证均匀磨铣。

⑦ 在磨铣铸铁桥塞时，磨鞋直径要比桥塞直径小3～4mm。

（五）对钻具憋跳的处理

磨铣时出现跳钻，特别是使用领眼磨鞋时的跳钻，往往是由于落物固定不牢而引起的，一般降低钻速可以克服。产生跳钻时，要把转速降低至50r/min左右，钻压降到10kN以下。待磨铣正常，再逐渐加压提高转速。

当钻具被憋卡，产生周期性突变时（转速由快变慢，机器负荷声音加大，到一定圈数时，钻具突然快速转动，并发出较大声响），说明磨鞋在井下有卡死现象。卡死的原因：一是落鱼偏靠套管；二是落鱼碎块；三是钻屑沉积。无论是何种原因，均必须上提钻具，排出磨鞋周边的卡阻物或改变磨铣工具与落鱼的相对位置，同时加大排量洗井，将磨下的碎屑物冲洗出地面。若上提遇卡，可边转边提解卡。

（六）对各种胶皮的磨铣

落鱼上附带的胶皮在磨铣过程中会造成麻烦，胶皮会引起磨铣速度下降。若遇到这种情况，判断准确之后可采取降低泵压或完全停泵很短一段时间，并反复顿钻，用磨鞋把胶皮捣成碎块。如果胶皮实在无法继续操作，那就不得不起出磨鞋，下钻头将胶皮块从落鱼中消除，或者另行下入其他打捞工具（如一把抓、老虎嘴、反循环打捞篮等），将胶皮处理之后，再进行磨铣。

（七）磨铣中注意事项

① 下钻速度不宜太快。

② 作业中途不得停泵，修井液的上返流量不得低于$36m^3/h$，如达不到，应采用沉砂管或捞砂筒等辅助工具，以防止磨屑卡钻。

③ 如果出现单点长期无进尺，应分析原因，采取措施，防止磨坏套管。

④ 在磨铣过程中，为了不损伤套管，应在磨鞋上部加接一定长度的钻铤或在钻具上接扶正器，以保证磨鞋平稳工作。

⑤ 不能与震击器配合使用。因配合后不能进行顿钻和冲顿落物碎块。

五、套铣工艺技术

套铣工具一般为套铣筒，套铣的操作方法及注意事项与磨铣基本相同。但有一点应特别指出，即套铣筒直径大，与套管环形空间间隙小，而且长度大，在井下容易形成卡钻事故，因而注意在操作中应使工具经常处于运动状态；停泵必须提钻，还应经常使其旋转并上下活动，直至恢复循环。具体操作方法如下。

① 套铣筒下井前要测量外径、内径和长度尺寸，并绘制草图。

② 套铣筒连接时，螺纹一定要清洁，并涂螺纹密封脂。

③ 根据地层的软硬及被磨铣物体的材料、形状，选用套铣头。

④ 下套铣筒时必须保证井眼畅通。在深井、定向井、复杂井套铣时，套铣筒不要太长。

⑤ 套铣筒下钻遇阻时，不能用套铣筒划眼。

⑥ 当井较深时，下套铣筒要分段循环修井液，不能一次下到鱼顶位置，以免开泵困难，憋漏地层和卡套铣筒。

⑦ 下套铣筒要控制下钻速度，由专人观察环空修井液上返情况。

⑧ 套铣作业中若套不进落鱼时，应起钻详细观察铣鞋的磨损情况，认真分析，并采取相应的措施。不能采取硬铣的方法，避免造成鱼顶、铣鞋、套管的损坏。

⑨ 应以憋跳小、钻速快、井下安全为原则选择套铣参数。

⑩ 套铣筒入井后要连续作业，当不能进行套铣作业时，要将套铣筒上提至鱼顶 50m 以上。

⑪ 每套铣 3～5m，上提套铣筒活动一次，但不要提出鱼顶。

⑫ 套铣时，在修井液出口槽内放置一块磁铁，以便观察出口返出的铁屑情况。

⑬ 套铣过程中，若出现严重憋钻、跳钻，无进尺或泵压上升或下降时，应立即起钻分析原因。待找出原因，泵压恢复正常后再进行套铣。

⑭ 套铣至设计深度后，要充分循环洗井，待井内碎屑物全部洗出后，起钻。

⑮ 套铣结束，应立即起钻。在套铣鞋没有离开套铣位置时不能停泵。

六、水泥卡钻解除方法

水泥卡钻的处理可分为两种情况：一种是能够开泵循环的；另一种是开不了泵无法循环的。对可开泵循环的，可用浓度为 15% 的盐酸进行循环，破坏水泥环进行解卡。对开不了泵无法循环时，则采用如下办法解卡。

（一）倒扣套铣法

先将油管倒至被卡的水泥面，用套铣筒铣去油、套管环形空间的水泥环，倒扣起出被套铣的油管。重复用套一根、倒一根的办法，将被卡管柱全部起出。注意套铣筒的长度要长于被套油管。

（二）喷钻法

若油管偏靠套管壁又被卡住时，用套铣筒套铣就有困难，可采用喷钻法以达到解卡的目的。喷射器采用两根直径 ϕ19.5mm 的无缝钢管，其长度稍长于或等于被卡油管长，下部各接一朝下的喷嘴，两根管子用电焊并排连接（避免落入鱼腔内）。下钻时，距鱼顶 3～5m 处应放慢速度。遇到鱼顶应上提转动，从环形空间放入。探明水泥面后把喷射器上提 1m 开泵循环，正常后加砂喷钻，再套铣倒扣捞出落物。

(三) 磨铣法

当套管内径小或被卡管柱直径较小时，可用磨鞋将被卡管柱连同水泥环磨掉。施工时，首先将水泥面以上油管取出，然后用平底磨鞋或凹底磨鞋磨去管柱和水泥环。

磨铣时磨鞋上部应接扶正器。磨铣一段时间后，可用磁铁打捞器或反循环篮捞净碎铁屑，然后再继续磨铣。

【技能训练】

一、倒扣器操作

(一) 工具组合

自落鱼向上为：倒扣捞筒（或倒扣捞矛）、倒扣安全接头、倒扣下击器、倒扣器、正扣钻杆（或油管）。其中用倒扣捞筒或倒扣捞矛去抓捞落鱼。用倒扣下击器去补偿连接螺纹松扣时的上移量。用安全接头去收回倒扣捞筒或倒扣捞矛在不能释放落鱼时安全接头以上的管柱。

(二) 倒扣器操作要点

① 按使用说明书检查钢球尺寸。

② 根据落鱼尺寸选择打捞工具，按组接顺序连接好工具管柱。

③ 将工具管柱下至鱼顶深度，记下悬重 G_1 值，开泵洗井，正常后停泵。

④ 直下或缓转反转工具管柱入鱼，待指重表下降 10～20kN 时停止下放，在井口记下第一个记号。

⑤ 上提工具管柱，其负荷为 $Q=G_1+(20\sim30)$kN，并在井口记下第二个记号（此时抓住落鱼，拉开下击器）。

⑥ 继续增加上提负荷。上提负荷大小视倒扣管柱长度而定，但不得超过说明书规定负荷。

⑦ 在保持上提负荷的前提下，慢慢正转工具管柱（使翼板锚定）。

⑧ 继续正转工具管柱（倒扣作业开始）。

⑨ 当发现工具管柱转速加快，扭矩减少，说明倒扣作业完成。

⑩ 反转工具管柱（锚定翼板收拢）。

⑪ 提钻。

(三) 退出工具管柱的操作要点

根据倒扣作业中某种情况，需要释放落鱼退出工具时，应按下列步骤退出工具。

① 反转工具管柱，关闭锚定翼板。

② 下压工具管柱至井口第一个记号（关闭下击器），使倒扣器正转 0.5～1 圈起钻。

③ 如果仍不能退出工具，可投球憋压（有的倒扣器可直接憋压）锁定工具，边正转边上提卸开安全接头（注：倒扣安全接头内为左旋方牙螺纹）。

二、磨铣、套铣落鱼

(一) 工具准备

套铣筒（磨鞋）、封井器、修井转盘 1 套、随钻打捞杯。

(二) 操作步骤

1. 下套铣筒或磨鞋

① 卸井口装置。

② 将套铣筒或磨鞋连接在下井第一根钻杆的底部，然后下入井内。

③ 套铣筒或磨鞋下至卡点如上 5m 处，停止下放钻具。

2. 套铣或磨铣

① 接正洗井管线，开泵循环，待排量及压力稳定后，缓慢下放钻杆，旋转钻具。套铣或磨铣时所加钻压不得超过 40kN，排量大于 500L/min，转速 40～60r/min，中途不得停泵。

② 套铣或磨铣至设计深度后，要大排量循环洗井 2 周以上。

③ 起出井内管柱，检查套铣或磨铣工具，分析套铣效果，确定下一步方案。

（三）技术要求

① 套铣或磨铣时加压不得超过 40kN，指重表要灵活好用。

② 在套铣或磨铣深度以上着有严重出砂层位，必须处理后再进行套铣。

③ 在套铣施工过程中，每套铣或磨铣完 1 根钻杆要充分洗井，时间不少于 20min。

④ 在套铣或磨铣施工过程中，若出现无进尺或憋钻等现象，不得盲目加压，待确定原因后再采取措施，防止出现重大事故。

三、归纳总结

① 倒扣作业前，井下情况必须清楚。如鱼顶形状、落鱼自然状态、鱼顶深度、套管和落鱼间的环形空间大小、鱼顶部位套管的完好情况等。对不规则鱼顶要修整、而对倾斜状态下的落鱼可加接引鞋。

② 倒扣器不可锚定在裸眼内或者破损套管内。如果鱼顶确系处于裸眼或破损套管处时，必须在倒扣器与下击器间加接反扣钻杆，使倒扣起锚定该完好套管内。

③ 倒扣器在下至鱼顶深度的过程中，切忌转动工具。一旦因钻柱旋转，使倒扣器锚定在套管内时，则应反转钻柱，即可解除锚定。

④ 扣器工作前必须开泵洗井，循环不正常不得进行倒扣作业。

⑤ 锚定翼板上的每组合金块安装时必须保证在同一水平线上。校对方法可用钢板尺检查，低者、高者均需更换。

四、思考练习

① 简述水泥解卡的方法。

② 简述水泥卡后套铣的步骤。

项目三　落物卡钻等卡钻事故的解除

在起下施工中，由于井内落物把井下管柱卡住造成不能正常施工的事故叫落物卡钻。

【知识目标】

① 了解落物卡钻的原因。

② 掌握落物卡钻的解除方法。

【技能目标】

① 会转动工具解卡。

② 会用套铣法解卡。

【背景知识】

一、落物卡钻的原因

① 井口未装防落物保护装置，会造成井下落物。

② 施工人员责任心不强，工作中马马虎虎，不严格按操作规程施工，会造成井下落物。

③ 井口工具质量差，强度低，在正常施工时也可能造成井下落物。

二、井下落物的卡钻预防

① 加强责任心，严格执行交接班制度，起下时所有工具、部件要详细检查，并做好记录。

② 施工前摸清套管完好情况，避免盲目下入大直径工具而发生卡钻事故。

③ 下井工具要完好，避免因工具损坏和部件散落而造成井下落物。

④ 下井管柱各部分要上紧，避免因管柱松脱造成的井下落物卡钻。

⑤ 起下作业施工时，井口应装自封封井器，井口操作台上不得摆放与起下作业无关的小物件，避免因操作不慎造成小物件落井卡钻。

三、解除落物卡钻的方法

处理落物卡钻，切忌大力上提，以防卡死。一般处理方法有两种：若被卡管柱可转动，可以轻提慢转管柱，有可能造成落物挤碎或者拨落，使井下管柱解卡；若轻提慢转处理不了，或者管柱转不动，可用壁钩捞出落物以达到解卡的目的。若上述方法不行，可选择尺寸合适的套铣筒将落物套掉。

四、其他卡钻事故的解除

（一）解除套管卡钻

1. 套管卡钻的原因

① 对井下情况掌握不准，误将工具下过套管破损处，造成卡钻。

② 在采取增产措施，进行井下作业等施工过程中，将套管损坏，卡住井下工具起不出来。

③ 构造运动、泥页岩蠕变、井壁坍塌等方面的因素造成套管损坏，致使井下工具起不出来。

④ 对规章制度执行不严，技术措施不当均会造成套管损坏而卡钻。

2. 套管卡钻的处理

套管卡钻通常分为变形卡、破裂卡、错断卡。不论处理那种形式的卡钻，都要将卡点以上的管柱取出，修好了套管，卡钻也就解除了。

首先是将卡点以上的管柱起出，其方法可采用倒扣、下割刀切割或爆炸切割。然后探视、分析套管损坏的类型和程度，可以通过打铅印、测井径、电视测井等方法完成。一般变形部严重的井，可采取机械整形（涨管器、滚子整形器）或爆炸整形的方法将套管修复好，达到解卡目的。如果变形严重，进行磨铣打通道解卡。

（二）解除封隔器卡

1. 造成的原因

① 卡瓦支撑弹簧断裂使弹簧失控。

② 破裂的胶皮垫住卡瓦，使卡瓦不能正常收回。

2. 处理方法

可用上提下放、正转、套铣等方式解卡。

（三）解除通井规卡

① 详细计算通井规遇卡的准确位置。

② 罗列通井规遇卡的原因，并用排列剔除的方法找出一至两个遇卡的主要原因。

③ 针对原因制定解卡方案。

④ 检查井架绷绳、天车、游动系统，要符合标准。

⑤ 通井规因套管变形遇卡后，可用上提下放方法解除。

⑥ 通井规如因结垢遇卡时，可根据垢型选用酸液浸泡，然后上提下放活动解卡。

⑦ 通井规在油层上部遇卡时，可用水泥车从油管内打入液体，进行蹩压，同时进行上提和下放的方法进行解卡（蹩压压力不得超过油层破裂压力或套管抗内压力的70%）。

（四）解除蜡卡

蜡卡是指油井结蜡严重，或原油凝固点高，致使的管柱被卡，如果能循环通，则采取热循环解卡，若循环不通则采取热套铣的方法解卡。

五、归纳总结

落物卡钻的处理过程总结为以下两点。

① 钻头在井底：

ⅰ. 用较大扭力正转，正转不行则倒转。

ⅱ. 在转不开的情况下，尽最大力量上提。

ⅲ. 用震击器向上震击。

② 在起钻过程中发生卡钻：

ⅰ. 向上提1～2m，然后猛力下压，反复数十次，可能会解卡。

ⅱ. 用震击器下击。

六、思考练习

简述落物卡钻的一般处理方法。

学习情境八

找漏与堵漏作业

油层套管的破漏，直接影响油气水井的正常生产，破漏严重的使油气水井不能生产。甚至造成地面环境污染。大修作业对套管破漏的维修是常见而重要的工序之一。油气水井套管破漏绝大部分发生在水泥返高以上，发生的原因有：固井质量不好，管外水泥返高不够，未能将水层封住，套管受硫化氢水腐蚀和管外水的侵蚀、氧化等影响发生腐蚀性损坏；套管质量存在缺陷，不能承受过高的压力以及增产或作业措施不当而损坏套管；在注采过程中，由于技术处理不当，压差过大引起油气水井出砂、地层坍塌、地层结构被破坏，所产生的内外力的作用致使套管损坏。

项目一　找漏作业

各种因素造成的套管破漏均会影响油井正常生产。因此要恢复油井正常生产必须堵漏。要成功堵漏，首先要确定漏失的类型、漏失位置、漏失压力和漏失量，以便于确定堵漏方法和提高施工效率。套管找漏的方法目前有测流体电阻法、木塞法、井径仪测井法、封隔器试压法、FD 找漏法、井下视像法等。随着科学技术的发展，生产工艺水平的不断提高，找漏方法也越来越多，但目前现场采用较多的还是工程测井、FD 找漏法、封隔器试压法等找漏方法。

【知识目标】

① 掌握套管找漏的方法及原理。
② 掌握找漏的步骤、技术要求。

【技能目标】

① 能够根据套管破漏的实际情况选用合适的找漏方法。
② 能够进行套管找漏操作。

【背景知识】

一、套管的破漏分类

由于套管质量，管外油、气、水的腐蚀和施工原因造成套管在不同位置、不同类型的漏失，根据现场实际情况，套管的破漏大体可分为以下三种情况。

（一）腐蚀性破漏

腐蚀性破漏多发生在水泥返高以上的套管，由管外硫化氢、水等腐蚀性物质引起。其特点是：破漏段长，破漏程度严重，多伴有腐蚀性穿孔和管外出油、气、水。

（二）裂缝性破漏

裂缝性破漏是由于受压裂高压或作业因素产生内力作用造成破漏。其特点是：破漏段长，试压时压力越高漏失量越大。

（三）套损破漏

套损破漏是由于受地层应力作用形成的外挤力所造成的破漏。其特点是：向内破，属局部性的套损破漏。

二、几种常用的找漏方法

（一）测流体电阻法

测流体电阻法是利用井内两种不同电阻的流体，采用流体电阻仪测出不同液面电阻差值的界面，决定其漏失位置。

（二）木塞法

用一个木塞较套管内径小 6～8mm，两端胶皮比套管内大 4～6mm 的组合体投入套管内，坐好井口后替挤清水，当木塞被推至破口位置以下后，泵压下降，流体便从破口处排出管外，不再推动木塞，停泵后测得的木塞深度，即为套管破漏位置。这种方法简单易行，缺点是裂缝性破漏难以确定。

（三）井径仪测井法

井径仪测井法是在确定套管破漏后（经试压证实），为缩短施工周期，利用井径仪测井检查油层井段以上套管内径变化而确定破漏深度。

井径仪可以连续测量裸眼井的井眼直径。该仪器利用弹簧弹力将井径臂直接推靠到井壁，比如三臂井径仪可以测量的最大井眼直径为 406mm。当井眼直径变化时，臂相应地作径向运动，这种运动传给井径电位器，使其电阻发生变化。这样，在电位器上就产生了一个反映井径变化的直流电压信号。当井径变大时，直流电压就增大；反之，当井径变小时，直流电压就减小。

（四）封隔器试压法

用单封隔器或双封隔器卡住井段分别试压，并确定其破漏深度，是油田大修作业中常用的找漏方法。

1. K344 封隔器找漏

K344 封隔器结构：上接头、密封圈、中心管、护碗、胶筒、滤砂管、下接头，如图 8-1-1 所示。

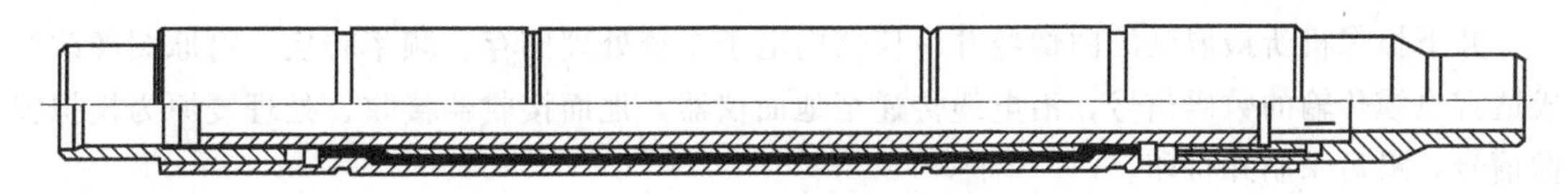

图 8-1-1　K344 封隔器

封隔器下到预定位置，坐封。油管内压力升高，液体通过滤砂管和下接头水眼进入中心管和胶筒间的腔体内，封隔器胶筒随着压力的升高而扩张，从而封隔油套环空，当油管内卸压至 0，胶筒在自身的作用下收回，挤出腔体内的液体，如图 8-1-2 所示。

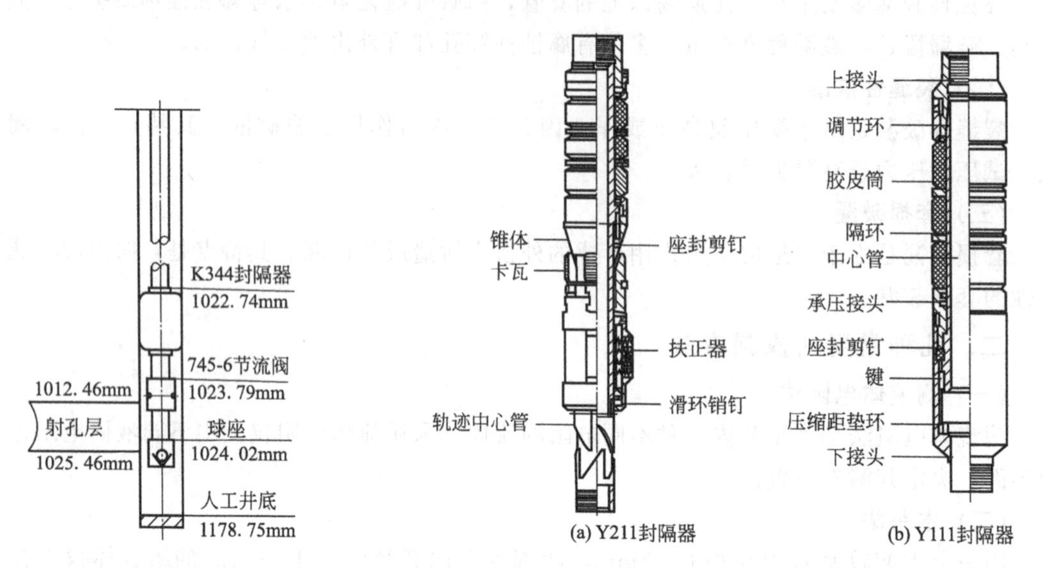

图 8-1-2　K344 封隔器找漏

图 8-1-3　Y111 和 Y221 两级封隔器找漏

2. Y111 和 Y221 两级封隔器找漏（图 8-1-3）

封隔器组合管柱下到预定位置，上提下放坐封，封隔器胶筒扩张，从而封隔油套环空，用水泥车向油管、套管打压，观察压力变化情况。上提管柱，胶筒收回，解封。

（五）FD 找漏法

该方法是目前用得比较多的找漏方法。施工时只需要适合套管尺寸的堵塞器或皮碗封隔器（图 8-1-4）、提放式开关、井口坐有封井器或防喷器即可。

图 8-1-4　皮碗封隔器

将油层以上套管当作液缸，堵塞器或皮碗封隔器作为活塞，防喷器或封井器密封环空。根据液体不可压缩的原理，通过堵塞器（皮碗封隔器）在套管内的往复运动，从套管、油管压力表产生的压力值的变化来判别和计算漏失量和漏失深度。

（六）井下视像法

井下摄像机所摄取到的图像经井下仪器内电子系统处理储存、频率转换，将原图像改变成适宜电缆传输的数码信号，沿电缆传递至地面仪器，地面接收器接收、处理复原为模拟视像信号，最后录制并打印。

这种方法适用于七年以上套管，水泥返高低，固井质量不合格，管外长期处于地层水的侵蚀。井下视像法在油田上用途很广，对油、气、水井大修作业提供多项服务，为套管检测、井下落物的形状大小、破漏点都能提供准确数据，缺点是成本高。

【技能训练】

一、找漏

（一）封隔器找漏法

1. 准备

用刮削器在找漏井段反复刮削三次。

2. 管串

以 K344 封为例，管柱、K344 封隔器、节流器、球座，至上而下，下至找漏井段。

3. 施工

钢球清水送球入座，用清水正打压 10MPa，观察泵压变化。如稳压不变，改变深度继续找漏。

（二）FD 找漏法

1. 准备

适合套管尺寸的堵塞器或皮碗封隔器，提放式开关、井口坐有封井器或防喷器即可。

2. 找漏

下管柱带入堵塞器或皮碗封隔器，关闭防喷器半封闸板密封环空。上提、下放油管，通过堵塞器（皮碗封隔器）在套管内的往复运动，从套管、油管压力表产生的压力值的变化来判别和计算漏失量和漏失深度。

3. 特点

缺点是经套管接箍时压力波动大，容易造成判断失误，还需用另一种方法验证。

二、归纳总结

① 找漏是堵漏的第一步，实现高质量的堵漏必须试漏。

② 漏失压力的高低、漏失量的大小决定着堵剂的选择和堵漏工程的成败。

③ 找漏管柱保证密封可靠。

④ 封隔器在工作时不能上下蠕动，并且座封时绝对不能座在接箍处。

三、思考练习

简述单封隔器找漏操作步骤。

项目二　堵漏作业

堵漏方法常用的有挤水泥堵漏和综合化学堵剂堵漏，另外衬管法和套固法也是有效方法之一，本节重点介绍挤堵工艺技术。挤堵水泥浆和综合化学堵剂方法在施工上大体相同，是将堵剂以一定的压力和排量挤入破漏管外，并在套管内留有一定长度的水泥塞，经 24～48h 反应凝固后再钻通，试压符合要求，施工结束。

【知识目标】

① 了解挤水泥的目的、方法及应用范围。

② 掌握挤水泥各种方法的工艺原理。

③ 掌握综合堵漏剂堵漏的工艺原理。

【技能目标】

① 会计算挤水泥时的水泥用量。

② 会挤水泥等堵漏施工操作。

【背景知识】

一、挤水泥堵漏

通过挤水泥工艺技术，可使固井质量不合格井、窜槽井、套管破漏的油气水井恢复止常生产。

（一）挤水泥的目的

挤水泥工艺是利用液体压力挤入一定规格、数量的水泥浆，使之进入地层缝隙或多孔地带、套管外空洞、破漏处等目的层，达到存地层或地层与套管之间形成密封带，以承受各种应力，满足油气水井注采需要及生产措施的一种工艺技术。

挤水泥工艺技术作为油气水井大修的基本工序，其目的是恢复油气水井正常生产，主要意义如下。

① 对油气水井封堵某一出水层位或高含水层，解决在生产过程中注水开发形成的矛盾。

② 对油气水井层间窜通，油层与非油层窜通，生产井与邻井窜通，通道挤水泥封窜槽。

③ 通过挤水泥弥补油气水井因套管破损不能承受各种应力作用，填补地层亏空。

④ 封堵某井段漏失，保护油气资源。

⑤ 对固井质量不合格的油气水井，通过挤水泥使其达到完井质量标准。

⑥ 对油气水井地层出砂井段，采用挤水泥及其添加剂实现人工井壁防砂。

⑦ 对某些因地质、工程因素需暂闭井及油田井网，生产层调整需上返的油气水井进行挤封。

（二）挤水泥的方法及应用范围

挤入方法是挤水泥施工作业中采取相应工艺，使水泥浆到达目的层的一种工艺措施。挤入方法分为挤入法、循环挤入法、控制挤入法。挤封结构分为空井筒、钻具（油管）、封隔器等。

1. 挤入法

挤入法是在井口处于控制状态下，通过液体的一定挤入压力将水泥浆替挤到目的层的方法。

（1）套管平推法

套管平推法在井内无任何结构，利用原井套管作为挤水泥的通道，从井口直接挤水泥。适用于因地质工程因素报废井的挤封。使用条件：封堵井段以上套管完好，封堵深度小于500m，封堵长度不大于5m。

优点：施工简单，安全可靠。

缺点：不能分层作业，套管壁上易留水泥环。

（2）钻具（光油管）挤入法

钻具挤入法是将钻具下到挤封井段设计位置，利用钻具作挤入通道的一种挤入方法。使用条件：封堵井段以上套管完好，封堵长度不大于5m。适用于中深井作业，多用于中深井堵漏。

优点：挤入过程不动钻具，施工较简单且易反洗井，套管壁不会有大段残留水泥环。

缺点：不能挤封中间层段的封堵

（3）单封隔器挤水泥法

单封隔器或与填砂、注水泥塞配合挤水泥，井下结构较简单，挤水泥针对性强，使非挤封层得到较好保护，避免了上部套管破漏及非常规井的上部套管承受高压，做到了有目的挤封。不足是填砂或注水泥塞增大了作业量。单封隔器挤水泥适用挤封底部油层，与填砂注水泥塞相配合可挤封层间窜槽、挤封高含水层。采用电桥或桥塞挤水泥有利于简化施工，提高井况适应性及成功率。

（4）双封隔器挤水泥法

双封隔器挤水泥法中，其下封隔器还可采用电桥或桥塞替代底水泥塞或填砂作业，减少了作业量，双封隔器挤水泥针对施工作业需要，可分层作业，有利于保护非挤封层。不足是双封隔器挤水泥法对井况要求高，适用于油气水井封窜及油层中部挤封作业。

2. 循环挤入法

循环挤入法是将一定数量的符合性能要求的水泥浆循环到设计位置，然后上提工具柱后，施加一定液体压力使水泥浆进入目的层的施工工艺。

采用循环挤入法重点解决两方面的问题。第一，对挤封层段多，易单层突进的油、气、水层采用循环挤入法能使水泥浆较均匀进入各挤封层，从而提高挤封效果。第二，对吸收量小，挤入压力高的层段，采用循环挤入法一方面能有效控制挤入压力，另一方面节约了水泥浆。

不同的是：挤入法是将一定水泥浆循环到设计位置不替置，紧接着再挤水泥浆后替置，其用水泥量大，多适用于多层同时挤封。循环挤入法是将一定量地面配制的水泥浆循环到设计位置，上提钻具挤入，其用水泥量少，适用于单层挤封。

3. 控制挤入法

挤入法、循环挤入法多适用于井况较好，井筒内相对稳定的油气水井作业。但随着油田开发时间的增长，油水井井况日趋复杂，出水出砂日益严重，对于油、气、水相对活跃，甚至采用高密度修井液压不住井的油气水井采用上述两种方法挤水泥时，由于井内稳定性差，易吐喷，极易造成施工失败。

控制挤入法是在井口采用井控装置与井下结构配套，使挤水泥前后，井口、环形空间均处于受控状态下的一种挤水泥工艺。

采用控制挤入法扩展了挤水泥工艺技术，特别对高压出砂层、出水层挤封效果较好：由于井口、环形空间均受控，特别对地层压力较高，砂埋油层的油气水井可冲开出砂层后，有的放矢地进行防砂作业，从而进一步提高了挤封效果。

（三）挤水泥施工

1. 挤水泥施工方法的确定

挤水泥的工艺方法较多，在确定具体施工方法时应综合考虑油层物性，挤封层段、位置，套管完好情况，井况等因素，有针对性地选择挤入法。

① 套管平推法适用于堵漏、封层、封窜、防砂等。使用条件：封堵井段以上套管完好，封堵深度小于 500m，封堵长度不大于 5m。

② 钻具挤入法适用于堵漏、封层、封窜、防砂等。使用条件：封堵井段以上套管完好，封堵长度小大于 5m。

③ 封隔器挤水泥法适用于封窜、封层、防砂等。使用条件：封堵层位以上套管完好程度差（低于挤入压力有渗捕），或套管使用时间较长但可顺利通井的油气水井。

④ 循环挤入法适用于封层、防砂或吸收量低于 200L/min，挤入压力高的孔、洞、缝型破漏井的封堵。使用条件：井内稳定，封层、防砂时封堵层厚度大于 5m 的油井。

⑤ 控制挤入法适用于井内不稳定，出砂、出砾较严重的井。

2. 挤水泥时的水泥用需量

挤水泥时用的水泥量与地层物性、生产历史、挤封目的、各种挤封井况等有关，应综合考虑。

（1）挤封射孔井段（防砂）时水泥浆用量

$$V=(3.8\sim4.7)R^2\Phi H \tag{8-2-1}$$

式中 V——水泥浆用量，m^3；

R——挤封半径，m；

Φ——有效孔隙度，%；

H——封堵层厚度，m。

（2）封窜时水泥浆用量

$$V=(3.8\sim47)(R^2-r^2)h \tag{8-2-2}$$

式中 V——水泥浆用量，m^3；

R——原裸眼半径，m；

r——套管半径，m；

h——封窜段长度，m。

（3）堵漏时水泥浆用量

$$V=KV_1 \tag{8-2-3}$$

式中 V——水泥浆用量，m^3；

K——系数，1～4；

V_1——水泥浆基数，取 $2.4m^3$。

针对上述不同挤水泥目的计算出水泥浆用量后，按式（8-2-4）计算干承泥用量，即

$$T=1.465V(\rho_{水泥浆}-1) \tag{8-2-4}$$

式中 T——干水泥用量，t；

V——水泥浆用量，m^3；

$\rho_{水泥浆}$——设计水泥浆密度，g/cm^3。

（四）特殊井挤水泥

1. 薄壁套管挤水泥

薄壁套管由于多为有缝管，承受压力低，加之注采过程油水的运移，受各种应力的影响，极易变形破漏，因此薄壁套管挤水泥，解决挤封过程中套管承压问题是一个关键。

为了解决承压问题，对薄壁套管进行挤水泥作业时，应在挤封段以下注水泥，用封隔器保护上部套管或用双隔器卡住挤封段。施工中采用低压挤注或循环挤入法，在水泥浆中加一定添加剂，提高水泥浆流动性，降低水泥浆密度，以控制施工压力。一般压力控制在 10MPa 左右，施工完毕不能长时间憋压，应及时活动井内结构并起出。

2. 高压高含水、严重出砂井挤水泥

对高压高含水、严重出砂井挤水泥，除保证水泥浆进入目的层外，还应有一个使水泥浆

相对稳定的凝结固化环境。由于受注水开发的影响，高压出水层有一个水源，油层由于受水冲刷，胶结物被破坏，造成地层坍塌，严重出砂，地层亏空。因此，挤水泥工艺多采用控制挤入法且考虑地层亏空，挤水泥前在管外填砂，垫稠泥浆或先挤部分水玻璃，在井控装置及管柱止回阀的配合下，能满足水泥有相对稳定的凝结硬化环境，从而提高施工成功率。但应考虑施工过程中有止回阀不能反洗井的因素，并考虑挤入过程环形空间密封钻具上顶的防顶措施。

3. 低漏失井挤水泥

对地层致密、吸收量较小的漏失段挤封，一般采用循环挤入法，既要保证水泥浆能有效地进入地层，又要防止挤入压力过高挤毁套管。施工作业中将水泥浆密度控制在 1.7g/cm^3 左右（根据井深浅选择水泥类型，可用低密度水泥）且加入部分减阻剂，将配制好的水泥浆循环到目的层顶替后，在一定泵压下挤入。漏失井段应留有水泥塞。

二、综合堵剂堵漏

挤水泥和综合堵剂堵漏是油田普遍采用的封堵方法，然而堵漏成功与否的关键取决于堵剂在套管破漏处管外的运动状态。堵剂在破漏管外流动时，没有将破漏处管外的环形断面均匀灌注，而在破漏处管外呈舌状推进是造成封堵失败的主要原因。因此改变堵剂的反应速度，改变堵剂在破漏管外的流向，可以提高封堵效率。

（一）油井水泥浆加速凝剂堵漏

对于漏失量在 200～400L/min、试挤压力在 2～4MPa、破漏深度超过 150m 的井，采用油井水泥加入一定比例的速凝剂封挤效果较好。水泥用量一般 8～10t，水泥浆密度在 1.85～1.9g/cm^3 左右，速凝速度控制在施工需要的安全范围内。

（二）综合堵剂堵漏

对于漏失量大于 500L/min、试挤压力低（0～4MPa）的大漏失井，采用水泥浆加水玻璃、填砂挤封剂的方法堵漏，效果很好。

1. 水泥浆加水玻璃堵漏

水玻璃遇水泥浆后，对水泥浆凝固有急剧加速作用，部分水泥浆与水玻璃在破漏管外混合后快速凝固，以堵塞漏失量大的裂缝和溶洞，从而改变水泥浆在破漏管外的运动状态，使后续的水泥浆能进入漏失量小的裂缝和溶洞而较好地均布在破漏管外的周围，以防止水泥浆窜流以提高封堵效率。就漏失井井深不一，水泥浆加水玻璃堵漏又分为分段合成法和井口合成法两种。

（1）分段合成法

将一定数量的水玻璃（用量一般根据漏失量和漏失压力的大小而定，现场一般用量在 0.6～1m^3）在试挤正常后按顺序挤入 1～2m^3 水泥浆、隔离液、水玻璃、隔离液、水泥浆、顶替液，关井候凝。使用分段合成法封堵破漏，注意防止水泥浆与水玻璃在泵内直接掺混反应，同时隔离液量不宜大，否则会降低水玻璃浓度和水泥浆浓度而影响速凝效果。

（2）井口合成法

将水泥浆和水玻璃分别由泵同时挤入井内，使凝固速度再加快，对于漏失井段浅、漏失量大、挤封后憋不住压的井效果较好。

2. 填砂堵漏

以密度为 1.2g/cm^3、黏度 25～35MPa・s 的轻泥浆做为携砂液，砂砾选用直径 0.5～

0.8mm 的石英砂，理论的填砂量为水泥浆体积的 80%～90%，现场经验数据以破漏长度每 5m 加砂 2～2.5m^3。携砂比根据漏失量和漏失压力而定，一般可控制在 15%～30%，排砂排量要求大于 500L/min。具体施工时用三部泵车施工，其中一部负责搅拌砂液，另外两部以大排量将携砂液挤入破漏管外（人工加砂速度可控制在 10～15min 加砂 1m^3）。清水 3～5m^3 作为清洗液以使砂砾沉降堵塞裂缝和溶洞，然后按挤水泥方法施工，完成堵漏。凡管外出油气水，漏、窜均存在的破漏，可先以硅土胶泥或高密度、高黏度压井液挤压管外窜漏，然后再挤水泥浆加速凝剂堵漏完成施工。

【技能训练】

一、堵漏操作

（一）套管补贴法堵漏

1. 压井

根据修井施工要求选择合适相对密度的压井液，充分循环洗井。

2. 通井

使用模拟管通井（模拟管应比补贴工具外径大 1mm 左右，长度应大于补贴管总长度 1m 左右），通井深度一般通至补贴井段以下 10～20m，必要时应通至人工井底，为补贴做好调查准备。

3. 补贴井段预处理

① 刮削补贴井段：用套管刮削器反复上、下刮削套管内壁，清除死油、死蜡、锈蚀、射孔毛刺等。

② 将油管下至补贴井段底界，然后开泵循环工作液 1～2 周，正常后由管内泵入计算好的稀盐酸液量，之后泵入顶替工作液。顶替液泵注完成后，上提油管在补贴片段以上 10～20m。等候反应 1～2h，然后加深油管至补贴井段以下 5～10m，返排出酸液。

4. 计算补贴管柱深度、连接补贴工具

补贴工具入井连接顺序（自上而下）：油管柱、滑阀、震击器、水力锚、液缸、安全接头、刚性接头、弹性胀头、导向头。

5. 配置固化剂

补贴工具、波纹管已连接完毕，开始入井前 15min 配制固化剂，黏合剂与固化剂配比为 2∶1，充分搅拌均匀后，向波纹管外部的玻璃丝布上涂抹固化剂，涂抹应均匀，无漏涂现象。

6. 补贴

① 波纹管下到补贴井段后，核对补贴管柱深度，波纹管中部应对正补贴井段中部，补贴深度误差不超过±0.2m，校核管柱悬重并记录备案。悬重误差不超过 0.05%，井口最后一根油管方余不超过 1.5m。

② 加深油管 1.5m，连接井口及地田流程管线，地面流程管线为硬管。地面流程试压压力为补贴工具最高工作压力，稳压 5min，压力降不超过 0.5MPa 为合格。

③ 开泵循环工作液 1～2 周，正常后，上提管柱 1.5m，关闭滑阀。

④ 补贴：工作液循环正常后，关闭滑阀，管柱内憋压。升压应缓慢。升压程序为：10、15、25、28、32MPa，一般不使用 35MPa 的最高工作压力。当压力点达 25、28MPa 时，各稳压 2～5min。最后达时 32MPa，应最少稳压 5min。一般情况下，压力达 32MPa 时，补贴

已经完成。即活塞拉杆第 1 个 1.5m 行程已回缩完成，已将波纹管胀大胀圆约 1.5m 长距离。重复上述憋压、放空、上提 1～5m 程序，一直将入井波纹管完全胀开胀圆，完成补贴。

7. 补贴后工作

补贴全部完成后，起出补贴工具、管柱。候凝 12h 后，进行井径仪测井，检查补贴后井径最大、最小、平均直径等数据。根据套管直径、补贴管承压能力对补贴井段试压稳压 30min，压力降不超过 0.5MPa 为合格。

（二）挤灰法堵漏

① 下光管柱至漏点位置，测吸收量，洗井。

② 将堵剂以一定的压力和排量挤入破漏管外，并在套管内留有一定长度的水泥塞。

③ 候凝 24～48h，反应凝固后再钻通，试压符合要求，施工结束。

（三）化学堵剂堵漏

① 作业队完成堵漏前的验管、通井、验套等工序。

② 装好 350 型高压悬挂式井口（油套双闸门），井口用 4 道地锚绷绳固定。

③ 接好 700 型水泥车管线，地面管线试压 40MPa，不刺不漏为合格。

④ 装好套压表，用清水测试漏点吸水指数，挤堵剂 10～35m^3，视压力情况，挤清水 5～15m^3（施工中注意观察套压变化情况，施工压力控制在 35MPa 以下）。

⑤ 关井反应 48h，同时装好油压表，每班录取二次油压资料，观察油压变化情况。

⑥ 装好高压井口验证封堵效果，清水试压 10MPa，30min 压降小于 0.5MPa 为合格。

（四）填砂堵漏

① 完成填砂施工管柱。ϕ62mm 喇叭口距预计砂面 50m 以上。连接好正填砂施工管线。

② 准备两台水泥车，一台把装在罐内的砂子刺起来，另一台将混砂液从油管泵入井内。

③ 当泵入一倍油管容积的混砂液后，注意观察出口返砂情况，若有砂子返出，指示水泥适当减小排量。

④ 将所需砂量全部泵入后，小排量顶替一倍油管容积的清水，命两台水泥车停泵。

⑤ 间歇活动管柱，沉砂 4h 以上，加深油管探砂面，合格即可。

二、归纳总结

① 套管补贴法堵漏前，必须先使用模拟管，通井合格后再进行补贴。

② 化学堵剂堵漏前，必须用清水测试漏点吸水指数。

③ 填砂堵漏时，填砂管柱应距预计砂面 50m 以上，当泵入一倍油管容积的混砂液后，注意观察出口返砂情况。

三、思考练习

① 简述套管补贴法堵漏操作步骤。

② 简述填砂堵漏操作步骤。

学习情境九
油井找水与堵水作业

在油田进入高含水后期开发阶段，由于窜槽、注入水突进或其他原因，使一些油井过早见水或遭水淹，消耗了地层能量，大大降低了油藏采收率。同时，由于地层大量出水冲刷地层，造成地层出砂、坍塌，使油井停产，甚至报废。为了消除或减少水淹造成的危害，发现油井出水后，要尽快利用各种找水措施确定出水层位，并根据具体情况采取相应的堵水措施。所采取的一系列封堵出水层的井下工艺措施进行油井堵水。

项目一　油井找水作业

油气水井出水后应进行封堵，封堵水层的前提是确定出水层位。

【知识目标】

① 了解油井出水的原因及危害。
② 掌握油井防水的方法。
③ 掌握油井找水的方法和原理。

【技能目标】

① 能据实际情况选择适当找水方法。
② 了解找水方法的施工步骤，会应用封隔器进行找水。

【背景知识】

一、油井出水的来源

油井出水按来源可分为：上层水、下层水、夹层水、底水、边水和注入水。

（一）外来层水

外来层水是指上层水、下层水和夹层水，是从含油层上部、下部及夹于油层之间的含水层窜来的水。这种水往往是由于固井质量差或套管损坏而窜入油井，使油井出水。

（二）同层水

同层水是指注入水、边水和底水，在油藏中虽处不同的位置，但它们都与油在在同一层中，可统称为同层水。

1. 注入水和边水

由于油层非均质或开采方式不当，造成注入水及边水沿高渗透区不均匀推进造成油层过早水淹。

2. 底水

油层开采过程中，破坏了油层原有的油水平衡关系，使油水界面呈锥形上升，造成底水锥进。同层水进入油井是不可避免的，但可缓出水或少出水。

二、油井出水的危害

① 油井出砂：油层出水会使砂岩油层胶结结构受到破坏造成油井出砂。

② 设备腐蚀：油井长期大量出水会腐蚀井筒和地面设备。

③ 油井停喷：油井见水后含水量不断增加，对井底造成的回压增大，从而导致油井过早停喷。

④ 形成死油区：高渗透层过早见水，使低渗透层形成死油区，降低油藏的采收率。

⑤ 增加采油成本：油井出水，井筒液柱重量也随之增大，使油井自喷能力降低甚至失去。迫使油井转成机械采油。另外还会给注水、脱水带来大量工作，增加采油成本。

三、油井防水措施

出水后会给油田开发带来一系列严重问题，而堵水工作在技术上又比较复杂，封堵成功率太低，很不经济。因此，应当采取积极的预防措施，进行油田防水作业。

油井出水的预防措施很多，首先要预防地层水和外来水的窜流。从钻开油层开始，就应注意外来水的侵入；完井过程中要求有良好的固井质量，避免油层、水层窜通；油井生产过程中要保护好井身结构，发现损坏立即修井；准确选择射孔位置；在油层部留有适当的厚度，防止底水锥进。在注水开发油田中，预防油田注入水的突进尤为重要，使油井迟见水或降低油井含水量。油井防水的主要方法是控制油层内水线推进，制定合理的开发方案，建立合理的工作制度。在油气水井上要采取对应的配产、配注，达到注采平衡。为使油井纵向上水线均匀推进，常用的方法是在注水井中对低渗透层进行压裂、酸化处理，对高渗透层（或部位）注入增黏剂等以控制吸水能力，调整油井中高、中、低渗透层的吸水剖面。

对付油井的各种不正常出水，应以防为主，防堵结合，单靠出水后在油井上采取各种措施堵水是难以达到堵水效果的（如有效期短、产液下降等）。综合性防止不正常出水的措施可归纳为以下几个方面。

① 制定合理的油田开发方案，特别是要根据油层的特点，合理地划分注采系统，采取分采分注的方式；制定合理的油气水井工作制度，以控制油水边界均匀推进。

② 在工程上要提高固井质量和射孔质量，避免采取会造成套管损坏的井下工艺技术措施，以保证油井的密封条件，防止油层与水层窜通。

③ 加强油气水井的管理与分析，及时调整分层注采强度，保证均衡开采。

四、确定油井出水层位的方法

（一）综合对比资料判断出水层位

针对见水井的静态资料（井身结构、开采层位、油气水井连通状况等）进行精细研究，结合开采过程中的动态资料（产量、压力、含水变化、水质分析等）以及与本井连通的注水井压力变化进行综合分析，可初步确定来水方向及层位。为了准确确定出水层位，应结合采出油含水样化验分析水的矿化度和所含离子组成，判断油井见水是注入水还是地层水。

（二）化学分析法判断地层水和注入水

化学分析法是利用采出水的化验分析结果来判断地层水还是注入水的方法。地层水一般具有矿化度高，含硫化氢及二氧化碳等特点。注入水矿化度低，且含硫酸根离子。

例如，胜利油田地层水矿化度为2000～4000mg/L左右。不含硫酸根离子，而注入水的矿化度一般在500mg/L左右，且含硫酸根离子，其浓度为100mg/L左右。不同深度的地层，其矿化度和水型也不同，有的油田地层越深，地层水矿化度越高，这就有助于根据矿化度来判断是上部的地层水还是下部的地层水。

（三）根据地层物理资料判断出水层位

1. 流体电阻测定法

根据不同矿化度的水具有不同的导电性（即电阻率不同），高矿化度的水具有较高的导电性，利用电阻计测出油井中流体电阻率变化曲线（图9-1-1），电阻率曲线突变的地方为出水层位，这种确定出水层位的方法就是流体电阻测定法。

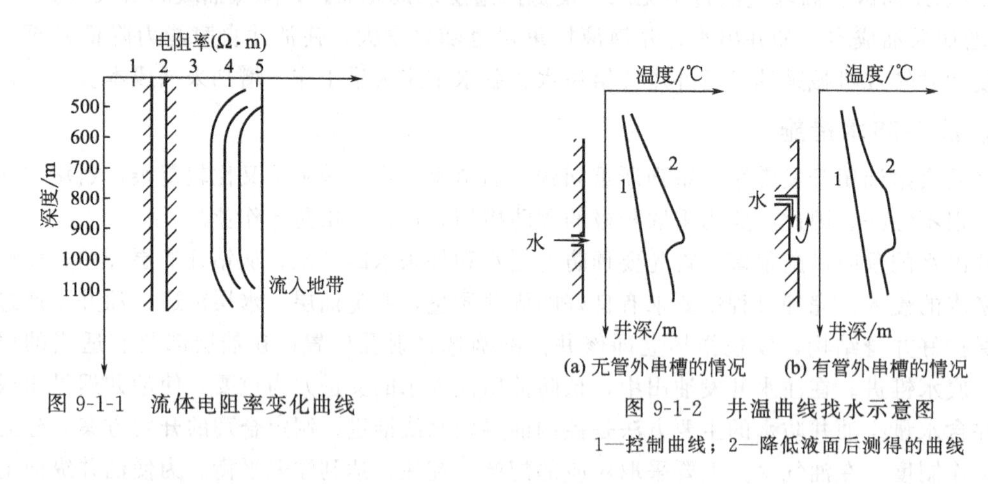

图9-1-1 流体电阻率变化曲线

图9-1-2 井温曲线找水示意图

1—控制曲线；2—降低液面后测得的曲线

2. 井温测量法

利用地层水具有较高温度的特点来确定出水层位值。由于水的比热容大于油的比热容，在出水层位往往有高温显示，井温曲线发生突变的部位就是出水位值，如图9-1-2所示。该法要求井温仪必须有较高的灵敏度。

3. 放射性同位素法

向井内注入同位素液体，人为地提高出水层段的放射性同位素强度，来判断出水层，如图9-1-3所示，先测井内自然放射性曲线1，再往井内注入一定数量含同位素的液体，并用清水将其替入地层；洗井后，再测放射性曲线2。对比前后两次测得的曲线，如后测曲线在某处放射性强度异常剧增，则说明套管在该处吸收了放射性液体。根据此异常，结合射孔资料，便可确定套管破裂位置及与套管破裂位置连通的渗透地层。

放射性同位素法在追踪套管破裂和管外窜槽方面效果较好，但在确定油水层时则受到限制，为此往往采用相渗透法及次生活化钠法。

相渗透法建立存油层、水层对油水具有不同的渗透率的基础上。施工时将含有同位素的油和水分两次挤入地层，每挤完次测一次放射性曲线。根据注入同位素油和废后测得的放射性曲线强度不同，可判断油层和水层，如图9-1-4所示。

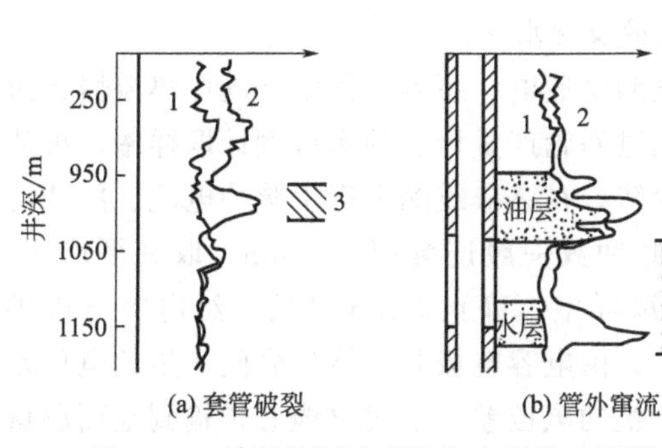

图 9-1-3　放射性同位素测出水层位示意图

1—注同位素前的曲线；2—注同位素后的曲线；3—套管破裂位置；4—管外串通段

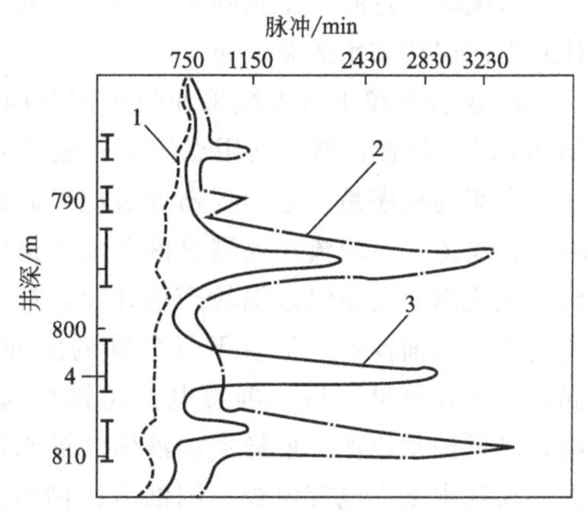

图 9-1-4　相渗透率法划分油水层曲线

1—基线；2—放射性水线；3—放射性油线；4—射孔层段

（四）机械法找水

1. 压木塞法

对套管有一处损坏引起出水的油井，将木塞放在套管内，然后注入液体挤压木塞下行，最后木塞停留位置正好是套管损坏的位置。

2. 封隔器找水

利用封隔器将各层分开，然后分层求产，找出出水层位。特点：工艺比较简单，能准确确定出水层位，但施工时间长，在窜槽井上，必须封窜后进行。

（五）找水仪找水

找水仪能在油井正常生产情况下，测得个小层的产量，确定出主要出水层位。

73 型找水仪由电磁振动泵、注排换向器、皮球集流器、涡轮产量计、油水比例计等组成，如图 9-1-5 所示。测量时，把找水仪下到预定位置，电磁振动泵开始工作，用井内原油

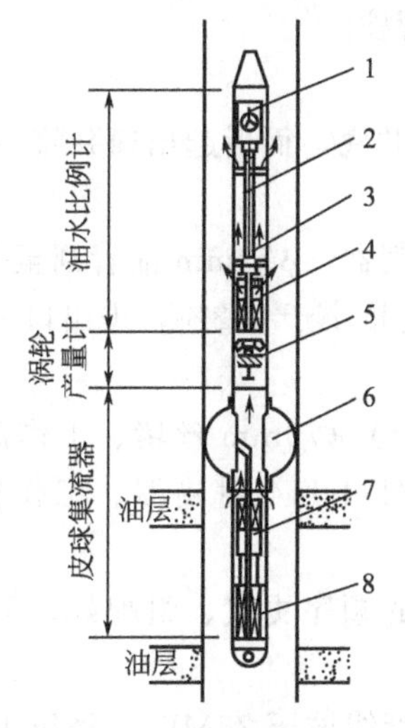

图 9-1-5　73 型找水仪

1—电子线路；2—油水比例计；3—取样室；4—锥度阀、球阀继电器；5—涡轮产量计；6—皮球集流器；7—泄压阀；8—电磁振动泵

将皮球流输器打胀，密封找水仪与套管的环形空间，使液流全部由仪器内部通过，涡轮流量计测出该层油和水的总流量。

73 型找水仪下人笼统采油的生产井内，经过油管的喇叭口进入套管，停在射孔井段顶部 2m 以上位置，然后利用点测方式测量油层产液量及含水率。

点测的程序是：地面仪器通过电缆芯给电磁振动泵通电；泵入液体张开皮球集流器、封隔套管通道，使液流经仪器进液孔流入进内腔，经过涡轮产量计、油水比例计取样罐，再从出液孔流出。液流经过涡轮产量计时，冲动涡轮旋转，在感应线圈上产生脉冲电流。脉冲经电缆送到地面仪器，记录下每分钟的脉冲数值。脉冲数一般连续记录 5min，取其平均值。涡轮产量计测量完后，再通电关闭锥度阀，密封取样室，静止 3min 之后，给电容电极供电，测量油水比例。取样室内液体的油水比例大小，由电容电极与仪器外壳间产生的电位差大小反映出来，电容电极上因油水比例的影响所产生的电位差，经过电缆芯传输到地面测量仪表记录下来。脉冲和电位差录取完后，第一点测量即告结束。然后给泄压阀通电，使集流器泄液收缩，下放仪器到第二点进行测量。以此类推，将设计的测点全部测完。

【技能训练】

一、封隔器找水施工步骤

(一) 洗压井

完善井口，用油嘴控制，放完套管气，用与地层配适性好的地层水对洗井管线试压（预计施工压力的 1.5 倍），稳压 15min，压力小于 0.5MPa，不刺不漏为合格。而后用两倍井筒内容积的地层水反循环洗压井，停泵后要求无溢流。

(二) 起原井管柱

卸井口，按 HSE 有关要求安装 SFZ18-21 闸板防喷器，平稳提出管挂，装好自封，起出原井管柱，仔细检查原井管柱，发现问题及时记人施工板报和施工总结。

(三) 探冲砂

下 ϕ73mm×0.5m 的笔尖、ϕ73mm 油管探冲砂至井底，洗井至出口含砂量小于 0.2‰，进出口一致停泵。而后起出冲砂管柱。

(四) 通井

下通井规、ϕ73mm 油管通至井底，而后起出通井管柱。

(五) 刮削

下机械式 GX-T140 型套管刮削器、ϕ73mm 油管刮至井底，特别是封隔器座封的井段刮削不少于 3 次。洗井至出口含杂物量小于 0.2‰，进出口一致停泵。而后起出刮削管柱。

(六) 找水

① 找窜管柱组合：（自下而上）ϕ73mm 丝堵、工作筒丙（不带堵塞器）、Y211-114 封隔器、工作筒乙（带堵塞器）、Y111-114 封隔器、工作筒甲（带堵塞器）、ϕ73mm 上部油管。

② 按找窜管柱组合自下而上的顺序丈量、组配好，下入井内，当下封隔器下至预定位置时，停止下放。

③ 装井口、连接地面水泥车管线试压 25MPa，稳压 10min，不刺不漏为合格。

④ 替喷（井口压力太高采用二次替喷法替喷）。

⑤ 上提管柱，坐封封隔器，管柱完成在预定位置。

⑥ 装井口采油树，开井，如井喷则用油嘴控制，放喷求产，不自喷则抽汲诱喷求产，抽子沉没度小于 300m。

⑦ 求产最下层：在一个生产周期下求产液量、产气量，测定原油含水、含砂量，取液样气样分析化验，测流压静压。

⑧ 上返测试第二层：清水挤压井至油层以上 15m 左右，打捞堵塞器乙，投递堵塞器丙。测试中间层位（方法同上）

⑨ 上返测试最上层：清水挤压井至油层以上 15 米左右，打捞堵塞器甲，投递堵塞器乙。测试最上层（方法同上）

⑩ 起出找水管柱，结束找水施工。

⑪ 将三层的测试资料对比分析，找出出水层，根据结果定下步措施。

二、归纳总结

① 通井必须通至人工井底或最低油层底界以下 30～50m，通井规内径小于套管内径 6～8mm，长度为 1.2m，下井油管仔细检查合格后才能下井。

② 套管刮削要刮削到最下油层底界，在射孔井段要反复刮削三次；

③ 必须丈量准确，累计无误，要求卡点准确，避开套管接箍，工作筒对准油层。

④ 下找窜管柱涂好密封脂，保证管柱不漏失，逐根过 ϕ59mm 油管内径规，保证投球与冲球顺利进行。

⑤ 清水洗井时进出口一致不少于两周，出口含杂物量小于 0.2‰。

⑥ 下大直径工具速度不大于 150m/h，防止卡钻。

⑦ 替喷水质清洁，出口无杂质，深度在油层以下 30m。

⑧ 油井放喷、求产要用油嘴控制。

⑨ 诱喷抽汲抽子沉没度不能超过 300m。

⑩ 起出的油管、杆按顺序排放整齐，10 根一组，防止压弯或损坏。

⑪ 起下油管时使用小滑车拉送油管。

⑫ 油管、杆洗干净，不得有腐蚀、砂眼、穿孔、裂缝、弯曲等。

⑬ 油管下完座悬挂器时检查密封圈完好，座悬挂起，顶好顶丝。

三、思考练习

简述封隔器找水操作步骤。

项目二　油井堵水作业

由于油井出水的原因各不相同，采取的封堵方法也不同。一般情况下，对于外来水或水淹后不再准备生产的水淹油层，在搞清出水层位并有可能与油层封隔开时，采用非选择堵剂（如水泥、树脂等）堵死出水层位。不具备与油层封隔开时，采用具有一定选择性的堵剂进行封堵。为控制个别水淹层的含水，消除合采时的层间干扰，大多采用封隔器来暂封高含水层。对于底水，在有条件的情况下则采用在井底附近油水界面处建立隔板，以阻止锥进。

【知识目标】

① 掌握机械堵水的原理。

② 掌握化学堵水的原理。

【技能目标】

① 会进行分割器堵水操作。

② 能够根据现场的实际情况选择合适的堵水方法及堵剂。

【背景知识】

一、机械堵水

机械堵水是用封隔器将出水层位在井筒内卡开，以阻止水流入井内。它适合于多油层开采时，暂时将高含水层封住，而生产低含水层的油井。

堵水管柱主要由丢手接头、防顶卡瓦、封隔器和配产器组成。在深井机械堵水中，利用丢手上提堵水管柱，进行换封。常用的封隔器有压缩式 Y211 型，配产器有桥式配产器、625-3 型同心配产器等。

（一）机械堵水管柱

机械堵水要借助于井下管柱来实现。各种机械采油井（简称 JC）用的堵水管柱一般采用丢手管柱结构，所用的堵水管柱有以下 5 套。

1. JC 支撑防顶堵水管柱

该管柱主要由 KQW 防顶器、KNH 活门、KPX 配产器（或 KHT 堵水器）、Y141 封隔器和 KQW 支撑器等井下工具组成，如图 9-2-1 所示。卡堵层段的管柱丢手在井内，以便各类抽油机械设备在井内安装。该管柱的主要优点往于可进行不压井作业检泵及投捞、验封、找水和堵水等各类工艺措施。卡堵水可靠性高，但施工工序多，难度大，周期长，一般适用于中深井。

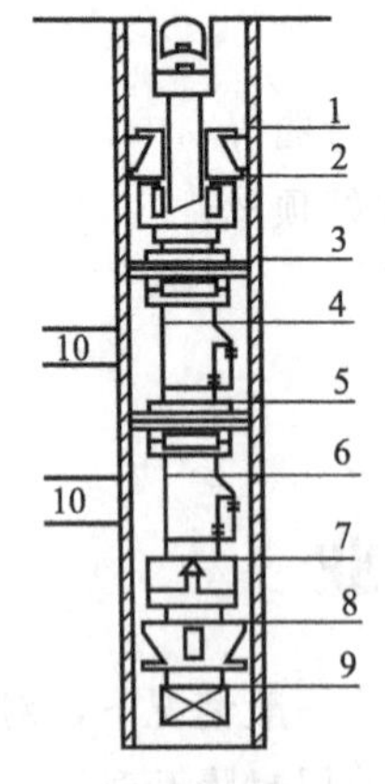

图 9-2-1 JC 支撑防顶堵水管柱

1—KQW 防顶器；2—KNH 活门；3,5—Y141 封隔器；4,6—KPX 配产器；7—撞击筒；8—KQW 支撑器；9—丝堵；10—油层

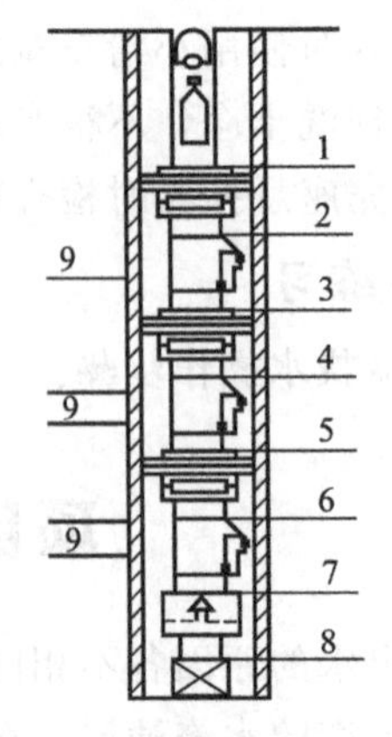

图 9-2-2 JC 整体堵水管柱

1,3,5—Y141 封隔器；2,4,6—KPX 配产器；7—撞击筒；8—丝堵；9—油层

2. JC 整体堵水管柱

该管柱主要由 Y141 封隔器、KPX 配产器（或 KHT 堵水器）等井下工具组成，如图 9-2-2

所示，卡堵层段的管柱与抽油泵的管柱为一整体，管柱底部支撑井底（或采用 KQW 支撑器），管柱自重使封隔器处于良好状态。在该管柱中，抽油泵固定阀是可捞的，实现了找水、堵水和采油为同一管柱，该管柱结构简单，施工方使，但由于抽油泵固定阀为可抽捞阀，因而降低了泵效，且检泵作业必须起出卡堵水管柱，也增加了施工的工作量。

3. JC 堵底水管柱

该管柱由 Y411 丢手封隔器等井下工具组成，如图 9-2-3 所示，封堵层之间允许工作压差小于 15MPa，下入打捞管柱，上提一定值的张力负荷，封隔器即可解封，该管柱优点足施上成功率高，工作可靠。

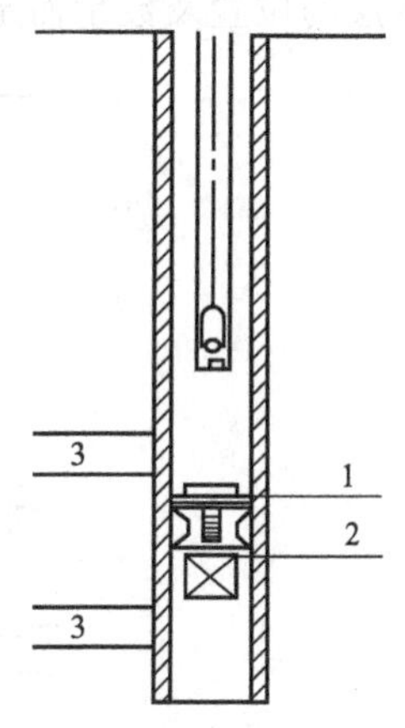

图 9-2-3　JC 堵底水管柱

1—Y412 封隔器；2—丝堵；3—油层

4. JC 平衡丢手堵水管柱

该管柱主要由 KSQ 丢手接头、KNH 活门、Y344 封隔器、KQS 配产器（或 KPX 配产器、KHT 堵水器）等井下工具组成，如图 9-2-4 所示。该管柱的卡堵段丢手于井内，尾管下至井底。

油层上部 2～5m 和油层下部 2～5m 各下一个平衡封隔器以平衡相邻封隔间液压产生的作用力，确保管柱安全可靠地工作。这种管柱结构简单，能实施不压井作业检泵，工作可靠，封隔层间允许压力差小于 8MPa。但封隔器采用液压解封时性能较差。

5. JC 固定堵水管柱

该管柱主要由 KSQ 丢手接头、Y443 封隔器、Y443 密封段、KDK 短节和 KXM 导向头等井下工具组成，如图 9-2-5 所示。该管柱也适用于斜井，卡堵层之间允许工作压力差为 30MPa，能与各类机械采油井井下抽油设备相适应。该管柱主要缺点是必须逐个安装封隔器，作业工作量大，封隔器不能解封，只能采用磨铣工艺才能清除。

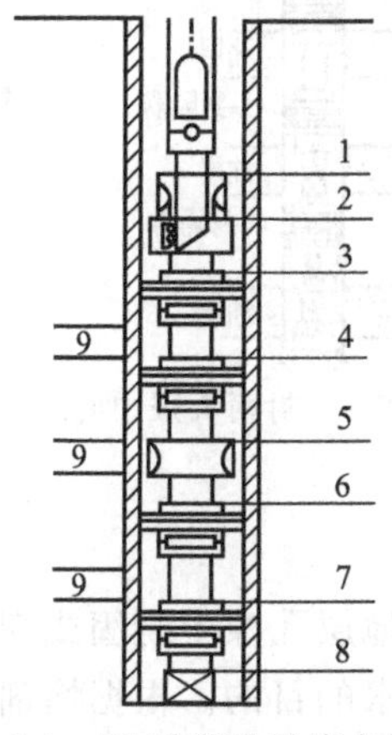

图 9-2-4　JC 平衡丢手堵水管柱

1—KSQ 丢手接头；2—KNH 活门；3,4,6,7—Y344 封隔器；5—KQS 配产器；8—丝堵；9—油层

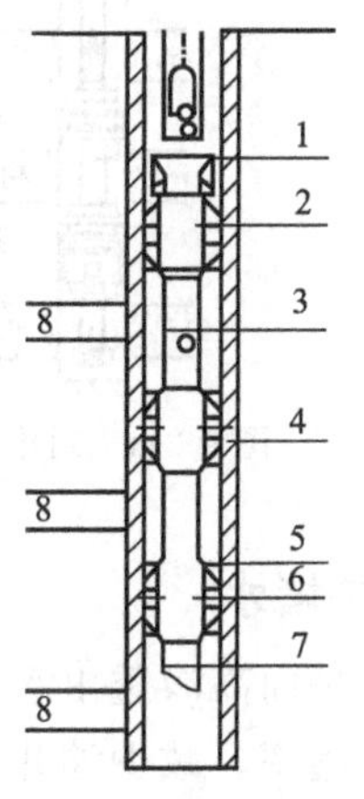

图 9-2-5　JC 固定堵水管柱

1—KSO 丢手接头；2,4,6—Y443 密封段 3—KDK 短节；5—Y443 封隔器；7—KXM 导向头；8—油层

（二）机械堵水施工工艺

1. 井层选择

机械堵水主要是解决层间矛盾问题，因此选井必须是多层位的油井。选井后必须准确判

断出水层位，这是提高机械堵水成率的重要保证。

2. 封隔器坐封严密准确

只有封隔器位置准确、坐封严密才能把水层与油层分开，这也是机械堵水成功与否的关键。如果油井中层层高含水，单纯地依靠机械堵水是解决不了问题的。

机械堵水一般有四种方式：封下采上（图 9-2-6）、封上采下（图 9-2-7）、封中间采两头（图 9-2-8）、封两头采中间（图 9-2-9）。一口井究竟采用哪种方式，要视每口井层位多少和出水层的位置及数量而定，然后配以合适的堵水管柱，即可达到堵水的目的。

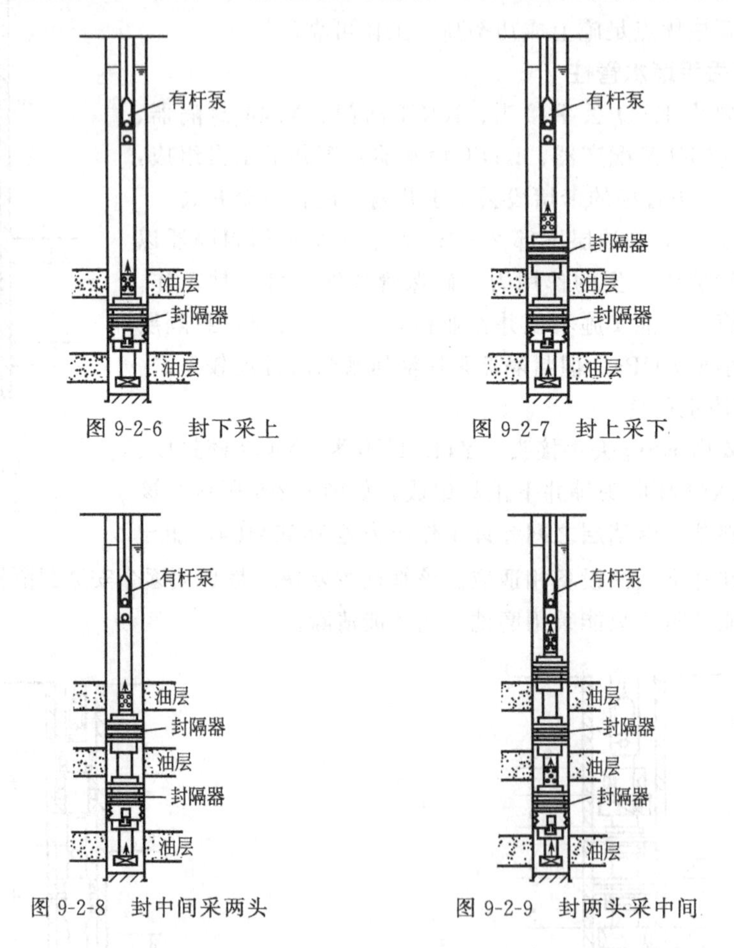

图 9-2-6　封下采上

图 9-2-7　封上采下

图 9-2-8　封中间采两头

图 9-2-9　封两头采中间

二、化学堵水

化学堵水是向高渗透出水层段注入化学药剂，药剂在地层孔隙中凝固或膨胀后降低近井地带的水相渗透率，减少油井高含水层的出水量，达到堵水的目的。根据堵剂在油层形成封堵的方式不同，分为非选择性化学堵水和选择性化学堵水。非选择性化学堵水是将堵剂注入到预堵的出水层，形成一种不透水的人工隔板，使油、水、气都不能通过的堵水方法；选择性化学堵水是将具有选择性的堵水剂笼统注入井中卡出的高含水层段中，选择性堵剂有些本身对水层有自然选择，并能与水层中的水发生作用，产生一种固态或胶态阻碍物，阻止水流入井内。

（一）选择性堵水

选择性堵水，就是将具有只堵水层、不堵油层特点的堵水剂挤入出水层，实现只堵水不堵油的堵水方法。

选择性堵水剂在挤入油井出水层后，不与油发生反应，只与水发生反应。选择性堵水剂与水层反应的结果，或产生沉淀或凝胶物质堵塞住出水层；或者改变油、水、岩石间的界面张力，降低水的相对渗透率，实现堵水的目的。

目前，油田上所选用的堵水剂和堵水的工艺方法较多，选择性堵水机理基本上可以从以下几个方面说明。

① 选择性堵水剂与油层中的电解质发生离子交换作用，反应物为不溶性的盐类和皂类沉淀物；或在吸附作用过程中与水中的电解质产生凝聚作用；或遇水膨胀。属于这类的选择性堵水剂有：水解聚丙烯酰胺，水解聚丙烯腈、膨胀体聚合物等。

② 另一种选择性堵水剂（黏性碳氢化合物、憎水性乳化液、两相泡沫、甲硅烷类等）由于与岩石表面的水膜反应，使岩石表面性质转变为亲油性；或者与油层孔隙内的水作用产生气阻或液阻效应，使孔隙内水流作用力增加，降低水的分流速度。

③ 使用油基水泥等选择性堵水剂时，堵水剂与油层内小矿化度的水发生水解和水化反应而凝固。

目前国内外大力发展选择性堵水剂，广泛应用选择性堵水工艺方法。比较常用的品种有聚合物类堵水剂、水泥类堵水剂、泡沫堵水剂、树脂类堵水剂、硅酸盐堵水剂等。

1. 聚合物类堵水剂

（1）水解聚丙烯酰胺

部分水解聚丙烯酰胺进入出水层后，其某些吸附基（特别是酰胺基—$CONH_2$）通过氢键吸附在地层岩石上，而水化基（尤其是羧基—COOH）使留在空间的未吸附部分在水中伸展开来，阻碍水的流动，从而起到堵水的作用。部分水解聚丙烯酰胺不亲油，其分子在油中不伸展，对油流动的阻力很小，因此为选择性堵水，如图 9-2-10 所示。

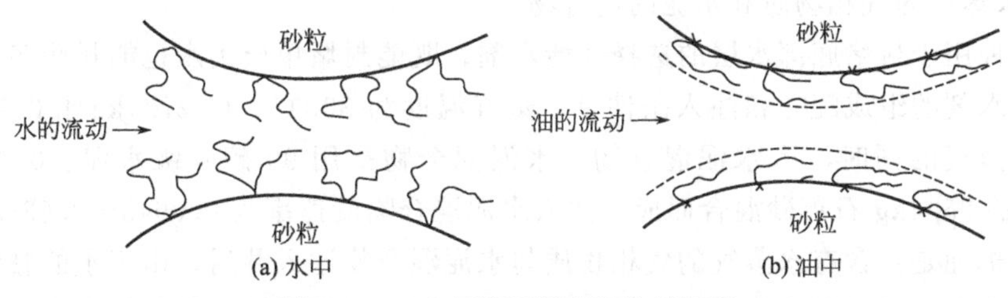

图 9-2-10　水解聚丙烯酰胺作用原理

（2）水解聚丙烯腈

聚丙烯腈是聚合物类中应用较广泛的一种选择性堵水剂，特别是水解聚丙烯腈发展更快。其原因是聚丙烯腈与地层水中的电解质作用，能够形成不溶性的聚丙烯酸盐沉淀。这是水解聚丙烯腈的主要特性之一。

水解聚丙烯腈的堵水机理是水解聚丙烯腈与含有多种金属离子（钙、镁、铁）的地层水作用，形成弹性凝固物。这种弹性凝固物可以自身硬化。弹性凝固物的数量和特性则取决于水中钙、镁、铁离子的含量，以及水解聚丙烯腈和水的混合比例。实验证明，水解聚丙烯腈与含有多种金属离子的地层水作用的必要条件是地层水中金属离子的含量超过 30g/L。在油井生产的实际过程中，开始阶段产出水的矿化度高，而随着原油的产出，产出水渐渐淡化，在进行堵水机理研究与堵水设计时必须充分重视这一点，才能取得较好的堵水效果。

2.水泥类堵水剂

油田上应用各种水泥进行堵水的历史最长，应用较广泛。用水泥类堵水剂进行堵水，首先要找准出水层，其次要选择吸收能力高的出水层。同时，还要根据油井与出水等具体条件选择合适的水泥堵水剂类型和注入方式，才能取得好的堵水效果。

（1）油基水泥浆

油基水泥浆选择性堵水剂，是用柴油或轻质油类作母液，加入适当比例的灰质混合均匀，具有只堵水层不堵油层的特征。

应用油基水泥浆堵封出水层，工艺简单，施工方便，成本也低。油基水泥浆堵水机理是：当油基水泥浆被挤入井内进入出水层后，地层中的水置换掉油基水泥浆中的油品，并与水泥浆化合而凝固，将出水层的孔隙堵塞；若油基水泥浆被挤入不含水的油层，由于水泥浆有亲水不亲油的特性，遇油后不发生作用（不凝固），并在以后的生产过程中随油流排出地层，故不会对油层有堵塞作用。

① 对油基水泥浆堵剂的性能要求：要按与封堵层特点相适应的配方配制堵水剂，配制成的堵水剂应具有良好的润湿性、稳定性、置换性、膨胀性。

② 油基水泥浆的配方：油：灰＝1：2（重量比）。此关系式中的“油”由95％的火油和5％的低含水（8％以下）原油组成；“灰”则由95％水泥和5％碳酸钠组成。

（2）索拉水泥

索拉水泥是油基水泥经过改性的一种产品，具有良好的渗透能力、合适的黏性和均质性。它的溶剂是由被称为“日光油”（或“太阳油”）、沸点为240～400℃的石油产品，再添加1％的表面活性剂组成。最合适的水泥溶液密度为1.55g/cm^3，用于封堵堵高渗透地层窜入的地层水。

（3）其他水泥堵水剂

1）含水蒸气的气相物质和水泥的混合物

这是一种用于封堵底部水层的选择性堵水剂，既能封堵单层出水也能封堵多层产水层。

这种堵水剂的组成配方和注入条件是：蒸气温度为300℃，以2724kg/h的速率向井内注入，在注蒸气的同时注入水泥混合物。水泥混合物是用99磅0级水泥、0.028m^{3}水和200目以下的25.4kg石英砂混合而成，注入水泥混合物的速率为0.0945～0.63L/s。

其堵水机理是：含有水蒸气的气相物质与水泥混合物注入井后，由于水的黏性比油的黏性小，因而进入油层的阻力比进入水层的阻力大，所以封堵剂混合物将优先进入产水层段将出水层封堵，达到减水增油的选堵目的。

2）水泥聚合物堵水剂

水泥聚合物堵水剂，是在水泥溶液中按一定的比例加入一些环氧树脂和硬化剂——聚乙烯聚氨溶液。

水泥聚合物堵水剂中的聚乙烯聚氨溶液能使封堵溶液在地层的条件下形成坚硬的封堵物质。而环氧树脂在水泥溶液中具有高液相黏性，能够保证沉淀物的高稳定性。

水泥聚合物堵水剂注入到含水地层中能扩大堵区。此选择性堵水剂主要用在封堵底部水淹油井和油层、水层窜通后，通过环形空间水侵入油井的含水油井。

3.泡沫堵水

由于泡沫是气体分散在水中所形成的分散体系，它的分散介质是水，所以它也是优先进入出水层。在出水层中，泡沫是通过气阻效应（即贾敏效应）的叠加产生堵塞。利用泡沫堵水剂控制地下水活动，可以提高油井增产效果。无论是用二相或三相泡沫堵水，都取得了良好的效果。

泡沫的特性：根据泡沫起泡液成分的不同，可以分为二相泡沫和三相泡沫.二相泡沫含有表面活性剂、起泡剂及各种添加剂；三相泡沫除含有起泡剂与各种添加剂之外，还含有黏土、白粉等固相物质。两种泡沫成分不同也产生了性能上的差别，主要表现在三相泡沫比二相泡沫稳定程度高出许多倍。

泡沫堵水机理：当泡沫堵水剂注入到水淹油层后，液气两相形成的小气泡进入油层孔隙内黏附在岩石孔隙的表面上，这样便阻止了水在多孔介质中的自由运动。岩石孔隙表面上原来存在的水膜是气泡黏附的障碍，用一定数量的表面活性剂处理这种水膜将有助于气泡的黏附。泡沫进入含水油层孔隙后，因为贾敏效应和孔隙中泡沫因压降而膨胀缩小了孔隙通道，致使水流在岩石孔隙介质中的流动阻力大大增加。又由于在岩石孔隙介质内形成乳化，从液体中析出的氧在一定条件下使多孔介质表面憎水，故能限制水的窜通，达到减水和堵水的目的。另一方面，泡沫在含油带不起作用，不会限制油流而减少油的产量。因此，泡沫堵水剂只堵水不堵油，成为减水增油的选择性堵水剂。

泡沫堵水剖的效果主要取决于泡沫存地层条件下的充气程度和泡沫用量，要获取最优的处理效果必须做到：

① 充气程度高于 2.0。

② 起泡剂溶液用量每米有效厚度不少于 $3m^3$。

4. 松香酸钠（松香酸钠皂或松香钠皂）

松香酸钠是由松香（含 80%～90%松香酸）与碳酸钠（或烧碱）反应生成。由于松香酸钠可与钙、镁离子反应，生成不溶于水的松香酸钙、松香酸镁沉淀，所以，适用于水中钙、镁离子含量较大（例如大于 1000mg/L）的油井堵水。而出油层不含钙、镁离子，所以不发生堵塞。

利用松香皂和脂肪酸皂进行选择性堵水时，由于地层条件和油井条件的不同，所采用的方式也不相同，具体方式有以下几种。

① 向出水油井内注入水溶性皂。此种皂进入地层后将同地层水中的金属离子反应，生成一种溶于油而不溶于水的皂，这种皂可以选择性地堵水。

② 先向井内出水层注入金属离子，然后再注入水溶性的皂。在地层中，皂和金属离子发生反应生成油溶性的皂，进行选择性堵水。

③ 应用挤注管柱将金属离子与水溶性皂同时挤入出水油井地层中，这些金属离子与水溶性皂在地层中反应生成油溶性皂将出水层堵塞。采用这种方法时，为了防止皂和金属离子过早反应，先将金属离子络合，使其只能在达到地层温度时才能与水溶性皂反应。

④ 把一种母酸不溶于水的水溶性皂和一种强酸酯一起注入地层，酸酯水解后产生强酸，强酸与皂反应生成不溶于水的母酸。

松香皂选择性堵水的原理是：地层水中有大量的钙、镁离子存在，当松香皂遇到这两种离子时立即反应牛成松香酸钙和松香酸镁沉淀物，将地层孔隙堵塞阻滞，出水层的水流入井内。倘若松香皂被挤进油层时，因油液内不含（或含少量）钙、镁离子，松香皂液不会发生反应生成沉淀物，而是随着油流从油层中排山，因此实现了选择性堵水的目的。

松香皂堵剂的配制方法是：将松香皂 100kg、碳酸钠 13～16kg、水 100L 混合配制成溶液，放进池子中加温到 80～60℃使其发生皂化反应，放出二氧化碳气体。在反应过程中要不断搅拌，直到形成凝胶状即配制合格。

5. 硅酸盐堵水剂

硅酸盐堵水剂应用较广，从岩性上看，可用于石灰岩和砂岩；从井况看，可用于裸眼井、射孔井、生产井和注入井；从封隔层性质来看，可用于隔离油水层、封堵漏失带和高渗透地层（如底水或夹层水），还可以整注水剖面。目前常用的硅酸盐堵水剂是硅酸钠，成功率一般达80%，有效期为三个月到两年。

硅酸钠堵水剂主要有三个品种：原硅酸钠（$2Na_2O \cdot SiO_2$）、正硅酸钠（$Na_2O \cdot SiO_2$）和二硅酸钠（$Na_2O \cdot 2SiO_2$）。硅酸钠能溶于水。

6. 其他类型堵水剂

堵水剂的种类很多，现仅举几例加以说明。

(1) 甲硅烷类堵水剂。

这类堵水剂与地层中的油不起作用但却溶解于油，而在含水部位能与水发生作用，形成胶质凝固状聚合物，具有有效的堵水能力。在地层的条件下，这种堵水剂的性能可以控制，且具有机械强度高等特点。

(2) 乳化石蜡堵水剂。

这是一种利用石蜡与硬脂酸进行乳化后形成乳化液的选择性堵水剂。

(3) 石油硫酸混合物堵水剂。

该堵水剂由石油磺化产品和高浓度硫酸所组成。

(4) 黏土粉末水溶液堵水剂。

黏土粉末在水中具有很高的扩散性，当将黏土粉末水溶液注入含水油井中时，黏土溶液必然选择性地进入渗透率较高的水淹层。黏土分散在岩石的孔隙内，遇水后膨胀将水流通道堵塞，达到了减低油井出水的目的。而在渗透率较低的含油层位黏土形成泥饼，油井重新投产时即可排除，不损害油层的产油能力。

(二) 非选择性堵水

非选择性堵水剂对出水层与出油层没有选择能力，所以必须采取相应的技术措施才能使堵水剂只进人出水层而不进入出油层。

应用非选择性堵水剂封堵出水层时，首先必须找准出水层，然后用封隔器或其他措施将水层与油层分开，把堵水剂挤进出水层，这样才能达到堵水层、保护油层的目的。

1. 非选择性堵水剂适用范围

① 单一水层，如：油层的上层水、下层水或夹层水。油井出现这样的出水层，是由于完井时固井质量不高或发生误射孔，使这些地层水窜入油井。

② 大厚油层的底水锥进。

③ 油层被注入水，严重水淹，或被油层厚度不太大的高含水油层。这样的出水层一般压力较大，会对其他油层造成大的干扰。

2. 水泥浆堵水

水泥浆堵水是应用较普遍的一种方法。现场常用水泥塞和挤入水泥浆封堵水层。水泥浆遇水后凝固变硬，于是造成一个不透水的封隔层而实现堵水的目的。水泥浆堵水多用于封堵下层水。

封堵方法是利用高压水泥车将水泥浆注入井筒预定的位置，形成一个悬空水泥塞，封隔其下部出水层。

3. 酚醛树脂堵水

酚醛树脂堵水的原理是：在219号酚醛树脂中加入氢氧化钠和草酸固化剂，挤入地层后，便形成坚固的不透水的人工井壁封堵住出水层。

4. 水玻璃加氯化钙堵水

将水玻璃（Na_2SiO_3）和氯化钙（$CaCl_2$）溶液隔开，通过化学堵水管柱，以4∶1比例循环交替注入高含水层内，两种溶液在层内接触反应，产生沉淀物硅酸钙（$CaSiO_3$）和膨胀性胶体，堵塞裂缝或孔隙，从而起到封堵、封窜作用。

堵剂注入顺序：水玻璃、隔垫、氯化钙、隔垫、水玻璃，循环交替。

【技能训练】

一、油井堵水施工

（一）机械堵水

1. 确定堵水井

① 根据地质动态分析，选择含水量上升、产油量下降的高含水井，初定堵水井。

② 进行分层测试，测试流压、每个层段的产液量、产油量及含水率。

③ 根据可靠的分层测试资料，预测（计算分析）堵水效果。

④ 根据预测堵水效果及地质动态分析资料，正式确定堵水施工井。

2. 施工准备

① 井况调查：调查井身结构、油层、射孔、历次施工、历年生产和测试资料及目前井下管柱和井场状况资料；

② 井眼准备：施工井必须做到套管内径清楚、射孔深度数据准确、卡点层段无窜槽、套管内表面光洁无黏结物。

③ 选择最佳堵水方案，编写施工设计。

3. 施工工序

① 洗井，起出原井管柱。

② 刮削、通井、冲砂。

③ 验窜。

④ 下堵水管柱。

⑤ 磁性定位。

⑥ 释放封隔器。

⑦ 丢手，起出丢手管柱。

⑧ 下完井管柱。

（二）化学堵水

1. 确定堵水井

① 封堵有接替层和高含水、高产液的油井。

② 封堵层间无窜槽、套管不变形、具备施工条件的井。

③ 分层堵水时，有卡住封隔器厚度的稳定夹层。

2. 施工准备

① 井况调查：调查井身结构、油层、射孔、历次施工、历年生产和测试资料及目前井

下管柱和井场状况资料。

② 井眼准备：施工井必须做到套管内径清楚，射孔深度数据准确，卡点层段无窜槽，套管内表面光洁无黏结物。

③ 选择最佳堵水方案，编写施工设计。

3. 施工工序

① 起出生产管柱。

② 冲砂洗井。

③ 通井。

④ 下入分层堵水管柱。

⑤ 坐封、验封、试挤。

⑥ 挤注堵剂（含顶替液）。

⑦ 按设计关井。

⑧ 解封起出分层堵水管柱。

⑨ 下泵恢复生产。

二、归纳总结

① 尽量采用不压井作业。对必须采取压井作业的井，应根据油层岩性及流体的主要物理化学性质和油藏压力特性，选择合适的压井液，避免再次污染油层。

② 下井工具必须有产品合格证，施工中下入井内的各种工具要作好详细记录备查。

③ 下堵水管柱前套管必须刮削处理，确保套管内壁光洁。

④ 严格按设计施工，如需改变施工工序，必须由设计单位提出补充设计。

⑤ 下井工具及油管内外表面必须干净，无油污和泥砂等杂物，并用标准内径规通过。

⑥ 验证封堵层上、下夹层是否窜槽。

⑦ 地面管线按设计压力的 1.5 倍试压，均无刺漏为合格。

⑧ 验证封隔器密封情况，确定化堵层吸水能力及挤注堵剂的泵压和排量。

三、思考练习

① 简述机械堵水的操作步骤。

② 简述化学堵水的操作步骤。

参考文献

［1］ 孙树强．井下作业．北京：石油工业出版社，2006.
［2］ 郭伟，孙树强，杨伟．井下作业．北京：石油工业出版社，2011.
［3］ 陆益萍．最新石油修井工具安全操作规程与通用技术标准实用手册．北京：石油工业出版社，2010.
［4］ 中国石油天然气集团公司职业技能鉴定指导中心．井下作业工．北京：石油工业出版社，2011.
［5］ 中国石油辽河油田公司．井下作业工．北京：石油工业出版社，2014.
［6］ 王新纯．井下作业施工工艺技术．北京：石油工业出版社，2005.
［7］ 周金葵，李效新．钻井工程．北京：石油工业出版社，2007.
［8］ 文浩，杨存旺．试油作业工艺技术．北京：石油工业出版社，2002.
［9］ 于光明．最新石油井下作业关键技术应用手册．北京：石油工业出版社，2007.